中国工程科技中长期发展战略研究项目

中国工程科技 2035 发展战略研究
——技术路线图卷（二）

工程科技战略咨询研究智能支持系统项目组
中国工程科技 2035 发展战略研究项目组　著
中国工程科技未来 20 年发展战略研究数据支撑体系项目组

电子工业出版社
Publishing House of Electronics Industry
北京·BEIJING

内 容 简 介

本书是中国工程院和国家自然科学基金委员会联合组织开展的"中国工程科技2035发展战略研究"的成果。全书分两大部分,第一部分主要介绍工程科技技术路线图的制定方法和工具;第二部分主要汇总智能海洋运载装备、智能共享汽车系统工程、基于新一代人工智能技术的应用软件、流程型制造业智能化、深海天然气水合物开发、核能、海绵城市建设、海洋立体观测-感知核心技术、园艺工程、经济林、暴恐袭击事件应急处置、重点慢性病新药创制、全人全程健康管理的创新医疗器械、工业烟气污染防治14个领域的面向2035年的技术路线图。

本书汇总的研究成果是对中国工程科技未来20年发展路线的积极探索,可为各级政府部门制定科技发展规划提供参考,还可为学术界、科技界、产业界及广大社会读者了解工程科技关键技术与发展路径提供参考。

未经许可,不得以任何方式复制或抄袭本书之部分或全部内容。
版权所有,侵权必究。

图书在版编目(CIP)数据

中国工程科技2035发展战略研究. 技术路线图卷. 二 / 工程科技战略咨询研究智能支持系统项目组等著. —北京:电子工业出版社,2020.12
ISBN 978-7-121-40142-8

Ⅰ. ①中… Ⅱ. ①工… Ⅲ. ①工程技术－发展战略－研究－中国 Ⅳ. ①TB-12

中国版本图书馆CIP数据核字(2020)第245021号

责任编辑:郭穗娟
印　　刷:北京市大天乐投资管理有限公司
装　　订:北京市大天乐投资管理有限公司
出版发行:电子工业出版社
　　　　　北京市海淀区万寿路173信箱　　邮编 100036
开　　本:787×1 092　1/16　印张:21.25　字数:544千字
版　　次:2020年12月第1版
印　　次:2022年 7月第2次印刷
定　　价:198.00元

凡所购买电子工业出版社图书有缺损问题,请向购买书店调换。若书店售缺,请与本社发行部联系,联系及邮购电话:(010)88254888,88258888。
质量投诉请发邮件至zlts@phei.com.cn,盗版侵权举报请发邮件至dbqq@phei.com.cn。
本书咨询联系方式:(010)88254502,guosj@phei.com.cn。

前言
Introduction

工程科技是改造世界的重要力量，是推动人类文明进步的重要引擎。创新是引领发展的第一动力，是国家综合国力和核心竞争力的关键因素。工程科技进步已成为引领创新和驱动产业转型升级的先导力量，正加速重构全球经济的新版图。

未来的几十年是中国处于基本实现社会主义现代化、实现中华民族伟大复兴的关键战略时期，全球新一轮科技革命和产业变革的来临正值中国转变发展方式的攻关期，三者形成历史性交汇。在这一时期，中国工程院同国家自然科学基金委员会联合开展了"中国工程科技中长期发展战略研究"，包括"中国工程科技2035发展战略研究"，旨在通过科学和系统的方法，面向未来20年国家经济社会发展需求，勾勒出中国工程科技发展蓝图，以期为国家的中长期科技规划提供有益的参考。

"中国工程科技未来20年发展战略研究"是中国工程院与国家自然科学基金委员会联合部署的"中国工程科技中长期发展战略研究"的第二期综合研究。该战略研究以5年为一个周期，每5年开展一次。2015年，启动了"中国工程科技2035发展战略研究"的整体战略研究。2016—2019年，分4个年度分别启动4批不同工程科技领域面向2035年的技术预测和发展战略研究。

为切实提高"中国工程科技2035发展战略研究"中技术预见的科学性，中国工程院特别重视大数据、人工智能等在技术预见中的应用，于2015年启动了"工程科技战略咨询智能支持系统（intelligent Support System, iSS）"建设。该系统旨在利用云计算、大数据、人工智能2.0等现代信息技术，构建以专家为核心、以数据为支撑、以交互为手段，集流程、方法、工具、案例、操作手册为一体的智能化大数据分析战略研究支撑平台，为工程科技战略咨询提供数据智能支持服务。在2016年度和2017年度的面向2035年的工程科技领域发展战略研究中,应用了智能支持系统提供的技术态势扫描、技术清单制定、德尔菲调查、技术路线图绘制等技术预见功能模块,通过客观的数据分析与主观的专业研判相结合的途径,为工程科技不同领域项目组提供了标准化的流程、客观的数据测度和科学的咨询方法,为提高研究成果的前瞻性、科学性和规范性提供了支撑。

本书是在"中国工程科技2035发展战略研究"提出的我国工程科技若干领域发展愿景和任务的基础上,结合我国国情和发展需求,通过客观数据分析和主观科学研判相结合的方法,定位我国在全球创新"坐标系"中的位置,开展工程科技发展技术路线图设计,提出关键技术的实现时间、发展水平与保障措施,绘制若干领域面向2035年工程科技发展技术路线图。

本书作为"中国工程科技未来20年发展战略研究""中国工程科技未来20年发展战略研究数据支撑体系"和"工程科技战略咨询智能支持系统"的系列研究成果,收录若干工程科技领域的技术路线图,以期指引中国工程科技创新方向,引导创新文化,保障工程科技发展战略的实施。本书汇集了智能支持系统支撑下2017—2019年度的14个不同工程科技领域的面向2035年技术路线图咨询研究成果,呈现智能海洋运载装备、智能共享汽车系统、基于新一代人工智能技术的应用软件、流程型制造业智能化、深海天然气水合物开发、核能、海绵城市建设、海洋立体观测-感知核心技术、园艺工程、经济林、暴恐袭击事件应急处置、重点慢性病新药创制、全人全程健康管理的创新医疗器械、工业烟气污染防治领域的技术路线图,明确2035年工程科技领域的发展需求和发展目标,拟定领域发展的关键技术路径,提出应重点部署的任务,以及为实现目标所需要的政策、人才、资金等保障措施,全面勾画14个领域近期及远期的发展图景,以期为中国面向2035年工程科技各领域发展提供有益的借鉴和参考。

本书在汇编过程中得到了"中国工程科技中长期发展战略研究"各领域项目组和中国工程院战略咨询中心的大力支持,在此一并表示感谢。由于时间仓促,故本书难免存在疏漏之处,敬请广大读者批评指正。

目录
Contents

第 1 章　工程科技技术路线图概述　/1

　　1.1　技术路线图　/2

　　1.2　国家技术路线图的实践　/4

　　1.3　技术路线图制作方法　/6

　　1.4　工程科技战略咨询智能支持系统　/7

　　小结　/10

第 2 章　面向 2035 年的智能海洋运载装备发展技术路线图　/12

　　2.1　概述　/13

　　2.2　全球技术发展态势　/14

　　2.3　关键前沿技术及其发展趋势　/17

　　2.4　技术路线图　/22

　　2.5　战略支撑与保障　/29

　　小结　/30

第 3 章　面向 2035 年智慧城市的智能共享汽车系统工程技术路线图　/32

　　3.1　概述　/33

　　3.2　全球技术发展态势　/35

　　3.3　关键前沿技术及其发展趋势　/41

　　3.4　技术路线图　/45

3.5 战略支撑与保障 /47

3.6 技术路线图的绘制 /49

小结 /51

第 4 章　面向 2035 年的基于新一代人工智能技术的应用软件发展技术路线图 /53

4.1 概述 /54

4.2 全球技术发展态势 /55

4.3 关键前沿技术及其发展趋势 /59

4.4 技术路线图 /63

4.5 战略支撑与保障 /69

小结 /70

第 5 章　面向 2035 年的流程型制造业智能化发展技术路线图 /72

5.1 概述 /73

5.2 全球技术发展态势 /74

5.3 关键前沿技术及其发展趋势 /86

5.4 技术路线图 /88

5.5 战略支撑与保障 /92

小结 /93

第 6 章　面向 2035 年的深海天然气水合物开发技术路线图 /95

6.1 概述 /96

6.2 全球技术发展态势 /98

6.3 关键前沿技术及其发展趋势 /104

6.4 技术路线图 /109

6.5 战略支撑与保障 /115

小结 /116

目 录

第 7 章　面向 2035 年的核能发展技术路线图　/119

7.1　概述　/120
7.2　全球技术发展态势　/121
7.3　关键前沿技术预见　/127
7.4　技术路线图　/131
7.5　战略支撑与保障　/135
小结　/136

第 8 章　面向 2035 年的海绵城市建设技术路线图　/138

8.1　概述　/139
8.2　国内外海绵城市建设的政策发展概况　/140
8.3　基于文献分析的海绵城市技术研发态势　/142
8.4　关键前沿技术及其发展趋势　/146
8.5　技术路线图　/152
8.6　战略支撑与保障　/158
小结　/159

第 9 章　面向 2035 年的海洋立体观测-感知核心技术路线图　/161

9.1　概述　/162
9.2　全球技术发展态势　/164
9.3　关键前沿技术预见　/169
9.4　技术路线图　/174
9.5　战略支撑与保障　/181
小结　/182

第 10 章　面向 2035 年的园艺工程发展技术路线图　/184

10.1　概述　/185
10.2　全球园艺科技发展态势　/186

10.3 关键前沿技术及其发展趋势 /193

10.4 技术路线图 /195

10.5 战略支撑与保障 /203

小结 /205

第 11 章　面向 2035 年的经济林科技和产业发展技术路线图 /207

11.1 概述 /208

11.2 全球技术发展态势 /210

11.3 关键前沿技术及其发展趋势 /217

11.4 技术路线图 /221

11.5 战略支撑与保障 /227

小结 /228

第 12 章　面向 2035 年的暴恐袭击事件应急处置发展技术路线图 /231

12.1 概述 /232

12.2 全球技术发展态势 /233

12.3 关键前沿技术预见 /237

12.4 技术路线图 /240

12.5 战略支撑与保障 /244

小结 /245

第 13 章　面向 2035 年的重点慢性病新药创制技术路线图 /247

13.1 概述 /248

13.2 全球技术发展态势 /250

13.3 关键前沿技术预见 /256

13.4 技术路线图 /259

13.5 战略支撑与保障 /263

小结 /264

第 14 章 面向 2035 年的全人全程健康管理的创新医疗器械技术路线图 /266

14.1 概述 /267

14.2 全球技术发展态势 /270

14.3 关键前沿技术预见 /276

14.4 技术路线图 /279

14.5 战略支撑与保障 /284

小结 /285

第 15 章 面向 2035 年的工业烟气污染防治技术路线图 /287

15.1 概述 /288

15.2 全球技术发展态势 /291

15.3 关键前沿技术及其发展趋势 /293

15.4 技术路线图 /311

15.5 战略支撑与保障 /313

小结 /314

参考文献 /316

工程科技技术路线图概述

1.1 技术路线图

1.1.1 技术路线图的含义

技术路线图（Technology Roadmapping，TRM）是重要的规划管理方法和工具之一，通常指特定技术的利益相关方共同制定该技术的发展目标，确定实现路径、优先事项和时间框架，将发展的需求、任务、关键技术以及保障措施等关联起来并按照时间节点分层展示，以实现对特定技术发展的全方位认识。技术路线图可以为制定技术发展规划、明确优先发展战略、优化配置资源提供决策依据，引导全社会各相关部门采取行动共同塑造未来。

技术路线图既是利益相关方取得共识的动态分析过程，也是这一系列分析的结果，可以一目了然地呈现特定技术的发展前景和路线。技术路线图有以下 3 个特征。

1. 技术路线图是群体智慧的结晶

技术路线图不是单一意见的表达，而是通过科学规范的方法组织所有利益相关方充分交流、反复讨论并达成共识的过程，是多方思想碰撞的结果，是集体智慧的体现。技术路线图的参与人员通常包括技术专家、学者、政策制定者、投资界人士等。技术路线图应用层面越高、越宏观，涉及的相关方也应越多，尤其是国家战略层面的技术路线图，需要"官、产、学、研"多方面力量共同协作。

2. 技术路线图是对特定技术的时空二维展望

技术路线图包括两个维度：一是时间维度，反映特定技术在各时间节点上的发展状态和发展目标，以及随时间演变的趋势，既展示现状又预测未来。二是空间维度，反映特定技术在某个时间所处的环境、所需的资源以及为达到当前目标而需要采取的措施。两者共同勾勒出未来技术发展的路径和蓝图。

3. 技术路线图不是一成不变而是动态发展的

技术的发展离不开经济社会环境，技术路线图是对处于一定经济社会环境下的特定技术的综合表达。随着时间的推移，经济社会发展的趋势和格局不断变化，需求和技术研发能力不断变化，技术路线图必须根据环境变化不断迭代更新，以便及时反映新情况和新动向，为支撑决策发挥更好的作用。

1.1.2 技术路线图的分类

技术路线图起源于20世纪,首先由企业主导编制,随后扩展到产业领域,并最终在国家层面得到了应用。技术路线图按应用范围或组织主体的层次,可分为企业技术路线图、产业技术路线图和国家技术路线图。

1. 企业技术路线图

技术路线图最早出现在20世纪70年代后期,美国汽车厂商为了降低汽车生产的成本,要求供应商提供汽车相关产品的技术路线计划。美国摩托罗拉公司是正式将产品技术路线图应用于技术和产品规划的企业,达到了降低成本、提高竞争力、明确企业发展方向的目的。摩托罗拉公司对技术路线图的成功运用使越来越多的企业关注这一重要的规划管理方法,其内涵和制定方法也得到了丰富和扩展。1987年,摩托罗拉公司的C. H. Willyard和C. W. McClees合作发表了 *Motorola's technology roadmap process*,正式提出Technology Roadmap一词,标志着技术路线图的诞生。之后,技术路线图作为一种综合管理工具日益得到广泛应用。

2. 产业技术路线图

20世纪末期,随着科技在经济发展中的作用日益突显,国家间的科技竞争日趋激烈,很多国家和政府认识到对国家科技战略需求进行系统管理的必要性,开始组织人员开展产业技术路线图的研究,以明确本国产业发展的瓶颈,把握产业发展的机遇,提升本国产业的竞争力。1992年,美国半导体工业协会完成了《美国国家半导体技术路线图》(*National Technology Roadmap for Semiconductor*),总结了半导体行业发展的规律,以及美国半导体行业面临的挑战,为美国半导体产业的发展指明了方向,成为产业技术路线图的典范。1998年,美国半导体工业协会联合欧洲、日本、韩国、中国台湾的半导体工业协会共同制作方《国际半导体技术发展路线图》(*International Technology Roadmap for Semiconductors*),旨在把握全球半导体工业未来15年的技术走向和发展规律,成为行业内企业制定发展战略的重要指南,也是全球各国制定相关产业规划的重要参考。

21世纪初,中国引入了技术路线图的产业规划管理方法,先后开展了氢能、半导体照明、煤化工、石墨产业的技术路线图研究。2006年,中国科学技术发展战略研究院制定了《中国半导体照明产业技术路线图研究报告》,该报告成为我国半导体照明产业发展和技术创新规划的重要依据。2015年,国家制造强国建设战略咨询委员会组织院士和相关专家,瞄准国家重大战略需求和未来产业发展的制高点,研究并制定了"制造强国战略"十大重点领域的技术路线图,为中国制造业企业的研发投入和技术创新提供了重要参考。2016年,中国汽车工程学会发布了《节能与新能源汽车技术路线图》，描绘了我国汽车产业技术未来 15 年的发展蓝图，为我国汽车产业创新发展提供技术指引。自 2016 年起，中国光伏行业协会与赛迪智库每年修订并发布《中国光伏产业发展路线图》，内容涵盖光伏产业链上下游各环节，覆盖了技术、产业、市场各层面，预测了未来 10 年的发展目标，为行业发展发挥了指导作用。

3. 国家技术路线图

随着国际竞争日益激烈，世界主要发达国家和新兴经济体纷纷瞄准科技创新，把它作为提升国力、促进发展的发力点。但各国用于创新的资源不是无限供给的，需要综合权衡各方面的要素，实现合理配置。为了抢占国际竞争的制高点，各国科技管理部门引入了具有前瞻引领作用的技术预见、技术路线图等方法，明确世界科学技术发展的方向和动向，明确优先发展领域，抓住未来科技发展的新机遇。

国家技术路线图通过对未来 5 年乃至更长时期的国家战略需求、科技发展趋势进行系统研究，提出国家发展目标、战略任务、发展重点及其相互关系，明确技术发展的优先顺序、实现时间和发展路径，为国家科技规划和计划的制订奠定基础。

1.2 国家技术路线图的实践

制定国家技术路线图对于制定国家科技发展规划是一项重要的基础工作。国家技术路线图的突出特征是对战略要素结构进行可视化呈现，需要解决 3 个核心问题：

（1）技术的当前水平，明确本国处在哪一层水平。

（2）国家战略任务对技术的目标定位，明确本国要达到什么目标。

（3）技术发展路径，明确如何达到目标。

这 3 个问题要求制定技术路线图时要重点考虑：技术的发展重点；每项技术的研发基础、技术差距、实现时间和发展路径；按照技术引进创新、自主创新、开放创新 3 个层次，通过时间序列系统地描绘每项技术对实现战略任务的重要性。

国家技术路线图是国家进行科技管理和规划的工具。与企业和产业技术路线图相比，国家技术路线图有以下 2 个显著特征：

（1）参与者众多。国家技术路线图的制定一般由国家相关科技部门主导，参与者涉及政府、企业、科研院所、高校、金融机构等不同领域的专家，数量往往达千余人。

（2）以国家战略需求为导向。国家技术路线图聚焦人口健康、资源环境和生态保护、提升产业竞争力、节能环保和新能源、公共安全、国防安全等国家经济社会发展的目标和战略需求，提出国家未来科技发展的思路、重点任务、重点研究领域、举措以及各项保障政策。

例如，自 1995 年起，加拿大原工业部（Industry Canada）启动了技术路线图编制计划，组织完成了一系列不同领域的技术路线图，包括航空航天、铝加工和产品、电力、林业、地质、木材和木制品、医疗成像和金属制造。进入 21 世纪，加拿大又开始编制其他领域的技术路线图，包括生物制药、智能建筑、海洋工程和光子学[1]。作为促进加拿大产业创新战略计划的一部分，加拿大工业部编制的技术路线图宗旨是帮助产业界识别和开发在高度竞争的全球市场中取得成功所需的创新技术。虽然这一技术路线图是由政府部门倡导制定的，但是它的关键特征是以产业为主导，政府在制定过程中起协同和支持作用，如提供资金、组织联络专家、提供政策法规、行业数据等信息。

2002 年，韩国科技部发布了国家技术路线图，提出了未来 10 年韩国科技发展的 5 个情景构想和 13 个发展方向，以及实现这些构想所需的 49 个战略产品和需要开发的 99 项关键技术，并在国家层次上制订了研发计划[2]。

日本是较早研制国家技术路线图的国家之一。日本经济产业省于 2000 年开始研制国家技术路线图，日本新能源产业技术综合开发机构（New Energy and Industrial Technology Development Organization, NEDO）和产业技术综合研究所（National Institute of Advanced Industrial Science and Technology, AIST）组织了 25 个产业领域专家绘制战略性技术路线图，于 2005 年首次发布。之后，每年修订更新，为本国制定科技发展规划奠定基础[3]。

在我国，科技部、中国科学院、中国工程院也组织开展国家技术路线图的编制工作。2007 年，科技部首次开展了国家技术路线图研究，提出了未来 10～15 年我国科技发展的 30 项战略任务，包括优先发展的 90 项国家关键技术和 286 个技术发展重点，并对各项技术的重要性、研发基础、技术差距和实现时间等进行了综合分析，以时间序列系统地描述了各项战略任务的技术路线图，推动了国家中长期科学和技术发展规划纲要的实施[2]。

2007 年，中国科学院组织开展了针对能源、人口健康、农业、先进材料等 18 个重要领域面向 2050 年的科技发展技术路线图研究，厘清了未来中国现代化建设对科技的战略需求，提出了以科技创新为支撑的八大经济社会基础和战略体系，归纳了 22 项制约我国未来发展的关键科学技术问题，形成了《创新 2050：科学技术与中国的未来》系列报告[4]。

从 2009 年开始，中国工程院与国家自然科学基金委共同组织开展中国工程科技中长期发展战略研究，动员院士专家面向未来 20 年国家经济社会发展需求，在有重要影响的工程科技领域开展战略研究，提出对我国经济社会发展有重大影响的战略工程和重大关键共性技术，促进中国工程科技更好地服务于国家经济和社会发展。在此合作框架下，2015 年，"中国工程科技 2035 发展战略研究"正式启动，系统引入技术预见、技术路线图等支撑性工作。2016—2018 年度，共组织开展了机器人、增材制造等领域 52 项战略研究，明确了相应的技术路线图，旨在全面提升我国工程科技水平和核心竞争力。

2011 年，中国机械工程学会组织包括 19 名两院院士在内的 100 多名专家编写了"中国机械工程技术路线图"，横跨中国机械工程技术 11 个领域，按照时间序列给出不同时间节点的发展重点、技术发展路径、实现时间等要素，确定影响未来主导产品（产业）的关键技术及发展路径，旨在引导我国机械制造技术面向 2030 年如何实现自主创新、重点跨越、支撑发展、引领未来发挥作用[5]。

2015 年，中国工程院围绕"制造强国战略"确定的新一代信息通信技术产业、高档数控机床和机器人、航空航天装备、海洋工程装备及高技术船舶、先进轨道交通装备、节能与新能源汽车、电力装备、农业装备、新材料、生物医药及高性能医疗器械十大重点领域未来 10 年的发展趋势、发展重点和目标等进行了研究，提出了十大重点领域 23 个优先发展的方向和路径，汇编成《重点领域技术路线图（2015 年版）》，对指导市场主体开展创新活动，引导社会资本和资源向制造业汇集发挥了重要作用。这是中国政府在重大战略规划中首次采用技术路线图，涉及领域之广、动员专家之多、层次之高前所未有。该技术路线图根据市场和技术的变化情况每两年滚动修订一次。2017 年新版的重点领域技术路线图发布，该技术路线图在 2015 年版本的基础上根据 23 个方向的具体情况，补充了关键材料和关键专用制造装备等内容，进一步提高了科学性、前瞻性、战略性，增强了时效性和参考价值[6]。

1.3 技术路线图制作方法

制定技术路线图是一项复杂的系统工程，不仅需要充分收集、分析相关信息，也需要集成各方面专家的意见，通过定量与定性相结合，数据与专家意见经过多轮交互迭代，最终达成共识，并根据环境与形势的变化不断修订更新。通常来说，绘制技术路线图包括准备阶段、实施阶段和绘制修订阶段 3 个阶段。

准备阶段是决定技术路线图效果的关键一环。在准备阶段，需要完成以下工作：

（1）组建工作团队，确定专家组，明确任务分工。

（2）收集文献资料，建立资料库、专家库，明确技术路线图的范围、目的和框架类型。

（3）开展需求调研和愿景分析，制定详细的工作流程。

在实施阶段，需要按以下 3 个步骤完成工作：

（1）对本领域发展的现状、挑战与机遇、整体需求以及未来发展的目标从技术水平、市场需求、领域运作模式等方面进行全面分析，厘清研究领域的宏观态势和竞争态势。

（2）组织专家围绕目标层、实施层、保障层展开多轮细致研讨，明确目标、具体任务、挑战和用途。

（3）确定各层之间的关联关系，制定技术清单，初步确定本领域关键技术清单，对关键技术和典型产品的研发基础、差距、风险、实现的时间节点进行分析，明确研发项目的优先发展顺序及时间节点，梳理影响技术、市场、产品发展的重大政策。

（4）将专家意见汇总填充至前一阶段确定的技术路线图框架中，反复讨论，直至达成一致意见。

在绘制修订阶段，需要完成的主要工作如下：

（1）绘制并优化技术路线图，确定各个阶段的技术解决方案，提出本领域发展的政策建议和实施计划，撰写技术路线图报告。

（2）对技术路线图进行动态监测，对环境变化以及技术发展的新趋势进行分析，评估这些变化对技术路线图带来的影响，并将其体现在技术路线图中；定期更新技术路线图，以保持技术路线图的时效性。

1.4 工程科技战略咨询智能支持系统

近年来，科技创新与产业发展愈加迅速，产业范式正在经历重大变革（如工业 4.0、"互联网+"等），科技、经济、社会都发生巨大变化，对传统的技术预见与技术路线图研究方法提出了新的挑战。同时，随着知识爆发式增长和大数据时代的来临，人工智能、大数据等技术已成为辅助咨询研究的重要手段，数据分析已成为战略咨询研究的必要补充。

为提高中国工程院战略咨询研究的前瞻性、科学性和规范性，在发挥院士和专家战略思想和经验的基础上，加强数据挖掘与分析成为中国工程院提高咨询研究质量的重要途径。2015年，依托中国工程院中国工程科技知识中心，由中国工程院战略咨询中心牵头，联合清华大学、华中科技大学、湖南大学、浪潮集团等多家单位，着手建设工程科技战略咨询智能支持系统（intelligent Support System，iSS，网址：http://iss.ckcest.cn），为工程科技领域高端智库战略研究提供智能化、流程化的线上支持服务。iSS 是以专家为核心、以数据为支撑、以交互为手段，集流程、方法、工具、案例、操作手册为一体的嵌入式战略咨询研究的智能化大数据分析支撑平台，包括科技动态、技术预见、咨询报告、数据库、科研项目等模块，其中技术预见是核心模块。iSS 借鉴国内外科技战略研究的方法理论和经验，引入了技术预见以及相关系统性定量分析方法和路线图绘制工具，为展望未来我国工程科技的发展方向和重点任务、制定各领域技术路线图提供丰富、翔实的数据支撑，以提高研究的系统性、全面性和规范性。

为支撑中国工程院中长期项目研究，智能支持系统（iSS）以技术预见为突破口，系统地总结国内外技术预见理论与方法，构建了以专家为核心、以数据分析为支撑的技术预见特色功能模块，包括技术态势分析、技术清单制定、德尔菲问卷调查、技术路线图绘制 4 个环节，如图 1-1 所示。在技术态势分析这一环节，重点分析工程科技的发展现状和基础条件；在技术清单制定这一环节，重点分析工程领域迫切需要发展的关键技术；在德尔菲问卷调查这一环节，收集广大专家对关键技术及其优先发展顺序的判断意见；技术路线图以可视化的方式呈现工程科技未来的图景和路径。

图 1-1 iSS 技术预见功能模块

1. 技术态势分析

通过梳理各国战略研究报告、政府资助基金项目、本领域相关论文、专利等信息和数据，围绕高端智库战略咨询研究需求，从全球、国家、研究者、研究主题等多个维度进行分析，支持专家了解所研究领域的历史以及当前的宏观态势和发展趋势，了解我国目前在该领域的国际地位和竞争态势。

2. 技术清单制定

基于多方面信息的综合，遴选出本领域关键的技术清单。流程如下：

（1）组织专家研讨与专家访谈，由专家提出关键技术。

（2）使用 iSS 中的全球清单库，检索该领域其他国家和地区开展的面向未来关键技术的研究内容，把它调整为符合我国国情的条目。

（3）基于领域技术态势分析结果，利用自然语言处理、聚类算法，进行深度挖掘，形成领域知识聚类图，分析领域内主要的研究主题，经过人工整理后，形成相关技术条目。

（4）将以上 3 个方面的技术条目汇集，经过合并相似项、补充遗漏内容、调整颗粒度，并对保留的每项技术从概念与内涵、未来潜在发展方向等方面进行描述，最终形成本领域的关键技术清单。

3. 德尔菲问卷调查

德尔菲问卷调查也称专家调查法，通过背靠背地征询专家对技术发展的意见，对未来技术进行预测；基于遴选的关键技术清单，使用 iSS 设计并制定问卷，围绕技术的重要性、核心性、带动性、颠覆性、成熟度、该技术领先国家、我国发展情况、该技术实现时间等方面开展问卷调查，广泛征求本领域专家意见。最后，对专家意见进行汇总与分析，梳理出本领域重要发展方向与技术发展的重要里程碑。

4. 技术路线图绘制

技术路线图绘制过程就是使技术未来发展路径可视化，通过技术路径规划指导不同阶段的重点任务和未来发展方向，明确该领域的近期、中期、长期发展战略规划蓝图。在技术态势分析过程对本领域发展现状的分析、技术清单制定过程中的关键技术遴选和德尔菲问卷调查过程专家意见汇总的基础上，组织专家分析本领域发展愿景、经济社会发展需求，领域战略目标与任务，围绕目标层、实施层、保障层进行多轮细致研讨，明确各层之间的关联关系、重要里程碑和关键技术实现的时间节点，确定重点任务与发展路径。专家经过一系列讨论，意见趋向收敛，而后使用 iSS 提供的路线图绘制工具绘制本领域技术路线图。

iSS 技术预见功能模块的主要特色如下：专家是核心，数据是支撑，交互为手段，通过规范化的流程，使专家和数据迭代交互，深度融合，将广泛、无序的信息逐渐收敛为清晰的对未来技术发展的愿景和展望。具体来说，在技术预见类项目研究中，研究人员通过 iSS 完成数据检索、筛选与分析，再将分析结果呈现给本领域专家，作为专家研判的客观依据。在交互过程中，一方面，提供客观数据辅助支撑专家们对问题的研判，之后再将专家意见融入下一轮数据分析，不断修正分析结果，更为准确地描述领域客观发展态势；另一方面，引导专家按照规范化的流程开展技术预见工作。为了避免单维数据带来的偏差，iSS 建立了包括论文、专利、基金、报告等数据的多源数据库，并集成了中国经济信息网（简称中经网）、国务院发展研究中心信息网（简称国研网）、世界银行等产业、经济、政策数据。基于上述多源数据，iSS 引入了基于新一代人工智能方法的大数据挖掘技术对上述多源数据进行挖掘，在传统文献计量分析方法的基础上，还开发了路径分析、主题河流图、交叉学科新兴技术识别等分析工具。

基于上述多源数据与分析工具，iSS 按照标准化的流程支撑战略研究项目的开展工作，支持专家更全面、系统地把握本领域发展态势，降低因专家领域背景不同而带来的偏好性，并保证本领域技术颗粒度的一致性。2016 年，iSS 首次在"中国工程科技 2035 发展战略研究"的项目中得到应用，并继续在 2017 年度"中国工程科技中长期发展战略研究"项目中发挥了支撑作用。iSS 的应用为展望未来 20 年我国工程科技的发展方向和重点任务、制定各领域技术路线图提供丰富翔实的数据，切实提高了工程科技领域咨询研究的系统性、全面性和规范性。

小结

中国工程科技 2035 发展战略咨询研究项目是一项重要的预见性与引导性咨询工作。2017 年，基于 iSS，充分利用论文、专利等数据，构建机器学习分析模型，规范数据支撑与专家交互的过程，以专家为核心绘制完成技术路线图，是中国工程科技 2035 发展战略咨询研究项目引入大数据分析与新一代信息技术，辅助研判未来 20 年工程技术发展方向的探索。通过两年的研究，初步形成了一套由数据支撑、由专家完成技术路线图绘制的流程与方法，培育了一支既懂专业又懂数据分析的战略咨询研究队伍。同时，面向 2035 年的工程科技发展战略研究涉及诸多领域与细分技术，各个工程领域的发展情况不一致，知识体系结构各异，数据类型各异，工作开展方式也不尽相同，在项目实施过程中面临的问题复杂多样。为此，iSS 项目组在统一规范流程与方法的同时，也采用不同的方式支撑各领域组对不同来源数据的分析。

技术路线图的绘制必须建立在对现实有清晰和客观认识的基础上。中国工程科技 2035 发展战略咨询研究项目组尝试通过专利挖掘、论文分析、基金文本分析、机器学习等客观数据，分析并解决专家研判中存在的主观偏好性和信息不对称的问题，为专家确定现有技术基础提供了有效支撑。但技术路线图作为联系当下和未来的桥梁，对未来趋势的研判需重点考虑社会福祉和可持续发展的需求，战略任务的实现需要重点考虑资源的整合和配置、各利益相关方的长效合作和协调机制，需要调整和变革组织和治理方式。当前，iSS 基于数据支持的技术路线图绘制方法与流程还处于初步探索和应用阶段，在数据挖掘方面对专家研判本领域技术现状，从技术驱动角度获得关键技术提供了有效支撑。本课题组将在本期研究结果的基础上，进一步探索数据分析流程模式、人工智能应用模式、专家与数据交互方式，以期为我国工程科技发展战略研究和技术路线图绘制提供更好的支撑。

第 1 章编写组成员名单

组　长：周　济　钟志华

成　员：周　源　唐　卓　延建林　郑文江　穆智蕊　刘宇飞　邓万民
　　　　杨建中　刘怀兰　惠恩明

执笔人：穆智蕊　郑文江　刘宇飞

2

面向2035年的智能海洋运载装备发展技术路线图

　　海洋运载装备是保卫国家海洋安全与主权、维持海洋经济稳定发展、推动海洋科学创新研究的"脊梁骨"。在人工智能、大数据等新一代信息技术的驱动下，在国家海洋强国、造船强国、交通强国等建设目标的牵引下，智能化是21世纪海洋运载装备的主要特征和重要需求之一。参考《智能船舶发展行动计划（2019—2021年）》中关于"智能船舶"的相关定义，本领域研究的智能海洋运载装备是指"运用感知、通信、网络、控制、人工智能等先进技术，具备环境及自身感知、多等级自主决策及控制能力，比传统海洋运载装备更加安全、经济、环保、高效的新一代海洋运载装备"。由于海洋运载装备种类繁多，并且受研究时间和条件限制，故本课题重点围绕智能船舶、智能海洋工程装备（以智能海洋油气工程装备和智能渔业装备为主）、智能水下无人装备（以无人潜水器为主）3个方面开展研究。

　　本课题报告包括概述、全球技术发展态势、关键前沿技术与发展趋势、技术发展路线图、战略支撑与保障等内容，研究成果可为国家有关部委、企事业单位及高校等布局未来研发方向提供参考。

2.1 概述

2.1.1 研究背景

海洋是人类可持续发展的战略资源宝库，同时也是国际交往的大通道，全球 90% 以上贸易由海运完成。西方大国的兴衰历程表明，大国的崛起无不始于海洋。进入 21 世纪以来，以争夺海洋资源、控制海洋空间、抢占海洋科技制高点为特征的国际海洋权益斗争日益激烈。工欲善其事，必先利其器。经略（统筹治理）海洋离不开海洋运载装备，海洋运载装备对我国经济和社会的发展有着重要的影响。

随着人工智能、大数据等技术的发展，海洋运载装备智能化已经成为发展的必然趋势。当前，为了在智能海洋运载装备市场抢占先机，日本、韩国、中国及欧美国家和地区的企业、科研院所、高校、船级社等均积极投身于智能海洋运载装备的研制。因而，有必要立足长远（面向 2035 年），规划智能海洋运载装备分阶段发展目标，系统地研究智能海洋运载装备发展所涉及的关键技术和重点任务等，以加快我国智能海洋运载装备的研发与应用进程，支撑国家战略运输和海洋贸易发展对装备的需求，促进对海洋资源的综合开发利用，助力我国突破海洋科考事业瓶颈问题，推动海洋强国、造船强国和交通强国建设。

2.1.2 研究方法

本课题主要采用文献资料调研法、德尔菲问卷调查、文献计量、专利分析、专家研讨和情景分析等研究方法，采用工程科技战略咨询智能支持系统（iSS）、Web of Science 数据库及 Derwent 数据库等工具，开展智能海洋运载装备技术动态分析、技术清单制定和技术路线图绘制等工作。

2.1.3 研究结论

基于文献分析结果得出以下结论：当前，世界主要海洋国家对智能海洋运载装备的研究日益重视，中、美、英、日、韩等国是该领域研究的主要力量；较为活跃的研究机构包括美国伍兹霍尔海洋研究所、美国蒙特利海湾研究所、东京大学、美国海军、哈尔滨工程大学、中国科学院沈阳自动化研究所、洛克希德·马丁公司等；自主作业、运动控制、通信导航、探测识别、路径规划等技术是本领域的研究热点。

基于全球技术发展态势分析和专家研讨等情况，本领域报告形成了船舶智能航行操控技术、全船安全智能监控技术、船舶能源与动力系统智能管理技术、船舶智能货物管理技术、智能船舶一体化信息技术、船舶智能设计工业软件技术、船舶制造过程智能管控技术、海洋油气智能钻井/完井技术、海洋油气田智能综合管理技术、海洋油气集输智能运维技术、渔业养殖装备自动化技术、深海复杂环境下自主感知分析技术、深海新型通信与定位导航技术、智能深海无人装备高效安全供能技术、水下无人装备自主航行与作业控制技术、水下有人/无人装备集群智能协同技术 16 项关键前沿技术，分别提出了面向 2025 年和面向 2035 年本领域的发展目标，从国际海事法规、海洋开发需求和我国船舶工业转型升级 3 个层面论述了发展需求；提炼了远洋智能船舶重大工程、智能海洋油气开发装备重大工程、船舶虚拟设计与建造科技专项、无人值守深远海渔业养殖平台科技专项、智能无人潜水器谱系化/国产化研制科技专项 5 个重点任务，并绘制了本领域技术发展路线图。

2.2 全球技术发展态势

2.2.1 全球政策与行动计划概况

当前，世界主要海洋国家出台了一系列产业政策和发展规划，积极推动智能海洋运载装备的发展。

1. 智能船舶

近年来，智能船舶成为世界主要海洋国家广泛关注的焦点，船舶设计、制造及配套国家都在积极探索智能船舶技术的应用方式和发展路径，力图占据船舶产业新一轮发展的先发优势。我国也高度重视智能船舶技术的发展，相关部委及地方政府相继推出了一系列政策法规，支持智能船舶技术的发展。世界主要海洋国家的智能船舶政策与行动计划见表 2-1。

表 2-1　世界主要海洋国家的智能船舶政策与行动计划

国家	主要政策与行动计划
英国	（1）英国劳氏船级社于 2016 年 2 月发布了智能船舶入级指南。 （2）英国罗尔斯-罗伊斯于 2017 年 6 月完成了世界上第一次无人商用船舶远程遥控测试。 （3）英国政府提出"海事战略 2050"，目标是使英国在海上自主航行技术以及其他创新船舶技术的设计、生产及运用等方面处于世界领先地位
芬兰	制定"智能化交通发展战略"，计划在 2025 年实现无人船舶在波罗的海海域航行

续表

国家	主要政策与行动计划
日本	（1）2015年8月，由国际标准化组织船舶与海洋技术委员会（ISO/TC8）发起的关于《船载海上工况数据服务器》和《船载机械和设备标准数据》两项国际标准立项正式获得通过，这些标准成果来自日本的"智能船舶应用平台项目"。 （2）从2013年至2015年7月，日本在ISO/TC8中牵头并发布的国际标准共计15项，其中9项标准涉及船舶通导和信息传输等内容
韩国	（1）2016年启动"Smart Navigation"智能航海计划。 （2）2016年10月，韩国正式发布了《造船产业竞争力强化方案》，提出投资约2.1亿人民币支持智能船舶在内的十二大新产业发展。 （3）启动《智能自航船舶及航运港口应用服务开发》项目
挪威	（1）2017年3月，建立全球首个无人船测试基地。 （2）建造世界第一艘无人集装箱船，并于2018年下水
中国	（1）2019年9月，国务院印发了《交通强国建设纲要》，支持智能船舶装备、航运体系的智能化升级、智能船舶与智能制造协同发展等项目。 （2）2019年5月，交通部、工信部等七部委联合颁布了《智能航运发展指导意见》，提出智能航运的五大要素，即智能船舶、智能航运监管、智能航保、智能航运服务和智能港口。 （3）2018年12月，工信部、交通部、国防科工局三部门联合印发了《智能船舶发展行动计划（2019—2021年）》，在顶层设计、关键智能技术、船用设备智能化升级、网络和信息安全防护等方面明确了本国近3年的发展重点任务

2. 智能海洋工程装备

在数字化、信息化、自动化等技术的大力支撑下，海洋工程装备的智能化已提上日程，许多国家尤其是欧美国家的企业针对无人值守的海上油气开采装备和渔业养殖装备等开展了深入研究。

在海上油气开采装备方面，英国为降低北海边际油田的成本支出、提高开采效率，进行了很多无人值守装备研究。2016年，英国国家水下研究院（Britain's National Subsea Research Initiative）在一份报告中建议，在北海边际油田中采用无人值守平台来降低运营支出。2018年，英国Crondall Energy联合相关领域专家共同开展了针对小型边际油田开采的新型无人值守浮式采油装置研究，该研究吸引了诸多企业参与，包括Premier Oil、道达尔、劳氏船级社、西门子、瓦锡兰等，主要探讨无人值守浮式采油装置作为北海边际油田独立生产设施的可行性，并启动"未来设施"计划。2019年，芬兰瓦锡兰推出全新的Wärtsilä Power解决方案，用于提高无人值守海洋油气开发平台的作业效率，最长可维持6个月不需要任何维护或现场人员；当前瓦锡兰的一些边际油田的采油浮筒已基本实现无人操作，未来，瓦锡兰的目标是将这一技术推广到FPSO、FSO以及各类浮式平台上。我国在2018年初发布的《海洋工程装备制造业持续健康发展行动计划（2017—2020 年）》中，也提出了产业体系进一步完善，专用化、系列化、信息化、智能化程度须不断加强的要求。

在渔业养殖装备方面，为推动渔业养殖向更深更远海域进军，解决近海养殖的一系列问题，挪威在 2012—2018 年推出了深远海三文鱼养殖装备相关的研发执照项目，从事新型装备研发并投入运营者将获得三文鱼养殖执照；截至 2018 年底，约有 150 个设计申请，包括 4 个超大型渔场，其中 3 个已在中国制造（均是智能化养殖平台）。2016 年，欧盟的"HORIZON 2020"计划（第二期）提出要发展高效、合规且环保的智能渔业技术，通过借鉴无人驾驶汽车或无人机的相关技术，完善捕捞及养殖的价值链，提高效率。同时，欧盟还提出了 SMARTFISH 2020 项目，旨在利用水声和声呐技术、物联网、水下机器人（ROV）技术、大数据分析技术等，为欧盟渔业部门开发、测试和推广一套渔业数据自动采集高科技系统。我国在 2019 年也成立了中国渔业协会智慧渔业分会，着力推进我国渔业科技创新和可持续发展。

3. 智能水下无人装备

在人工智能、探测识别、智能控制、系统集成等技术的驱动下，智能水下无人装备依靠自身决策和控制能力可高效完成各类水下任务，成为深海探测与作业装备的发展重点。新型的智能水下无人装备如水下滑翔机、遥控/自主作业复合型潜水器发展迅速，并走向万米海底深渊；同时应用场景也不断拓展，未来将广泛应用于深渊、极地等极端环境的考察与探测。

许多海洋国家尤其是发达国家都致力于智能水下无人装备技术和产品开发，制订了相关研发计划。2011 年 9 月，美国发布了《2030 年海洋研究与社会需求的关键基础设施》报告，提出面向 2030 年关于观测平台（包括水下滑翔机、水下机器人等）等各类海洋研究基础设施规划建设的建议。2015 年，日本在下一代机器人关键技术重点科技计划项目中，部署了资源勘探用自主型无人潜水器、遥控型无人潜水器的高效率海中作业系统及多台自主型无人潜水器协同作业的研究开发项目。2015 年，英国劳氏船级社等推出了《全球海洋技术趋势2030》报告，提出未来一系列自主型水下、水面和空中装备将完成联合自主行动和任务，为探索、监测以及与海洋空间互动提供一种新的方式。2016 年，美国发布了《2025 年自主潜航器需求》报告，提出要致力于提高自主潜航器的独立性，确保自主潜航器可在最少人员干预下运行数日或数周；2018 年，美国又发布了《美国国家海洋科技发展：未来十年愿景》报告，提出研发智能船舶及潜水器等装备。美国国防部高级研究计划局（DARPA）重点关注水下无人系统、水下态势感知、水下及跨域通信等领域，正在开发新型长航时、长距离、可搭载大型有效载荷的无人潜航器和先进自主型水下机器人系统等智能水下无人装备。近年来，我国在国家重点研发计划中，也支持了全海深无人潜水器、水下机器人自主避障与规划控制等方面的研究，不断提升我国水下无人装备的作业能力与智能化水平。

2.2.2 基于文献分析的研发态势

采用工程科技战略咨询智能支持系统（iSS）、Web of Science 数据库、Derwent 数据库开展智能海洋运载装备相关技术动态分析，包括文献计量和专利分析。

近年来，智能海洋运载装备领域的研究论文和专利的数量总体上均呈增长趋势，说明全球海洋国家对智能海洋运载装备领域的研究日益重视。美国、中国、日本、意大利、韩国、英国、西班牙、法国等国家是智能海洋运载装备领域的主要研究力量，这些国家的相关高校、科研院所及企业承担智能海洋运载装备的研究与技术开发工作，研究方向涉及自动控制系统、计算机、机器人、遥感、通信、仪器仪表、材料等。其中，提升自主航行与作业能力成为智能海洋运载装备研发的重要趋势。

2.3 关键前沿技术及其发展趋势

通过在工程科技战略咨询智能支持系统（iSS）中筛选智能海洋运载装备领域的全球技术清单和开展文献聚类分析，结合全球智能海洋运载装备技术发展最新态势和专家研讨结果，形成了面向2035年的智能海洋运载装备技术清单，各项技术的内涵与发展趋势如下：

2.3.1 船舶智能航行操控技术

船舶智能航行操控技术是指利用计算机技术、控制技术等对感知和获得的信息进行分析和处理，对船舶航线、航速进行设计和优化；通过建立岸基中心，实现船舶在运营过程中的远程遥控，所涉及的技术主要包括航行环境智能感知与分析技术、航行安全性与经济性优化技术、智能导航自动驾驶技术和恶劣海况下的智能安全操控技术等。未来，船舶智能航行操控技术是智能船舶技术的重点发展方向之一，船舶可在开阔水域、狭窄水道、复杂环境条件下自主避碰，实现自主航行。

2.3.2 全船安全智能监控技术

全船安全智能监控技术是指利用传感器技术等，实现对船舶设备的安全、舱室环境的安全、船体结构的安全等进行自动化、智能化监测和控制，所涉及的技术主要包括机电设备安全智能监测技术、舱室环境安全智能监测技术、船体结构安全智能监测技术、火情火灾监测与智能控制技术、船舶在线自诊断技术、智能预警和灭火技术等。未来，全船安全智能监控技术重点向自主化方向迈进，船舶能够对船体结构、舱室、船舶设备等的安全和运行情况进行自主监测和控制。

2.3.3 船舶能源与动力系统智能管理技术

船舶能源与动力系统智能管理技术是指利用信息采集和感知技术，对船舶能源与动力系统的运行状况、船舶能效情况等进行分析，达到减少排放、提高能效的目的，所涉及的技术主要包括主动力与综合电力系统运行参数监测技术、健康状况与故障智能诊断及控制技术、全船智能能效管理技术等。未来，船舶能源与动力系统智能管理技术向集成化发展，逐步实现全船能源与动力管理的实时优化。

2.3.4 船舶智能货物管理技术

船舶智能货物管理技术是指利用传感器等感知器件对货物、货舱和货物保护系统的参数进行自动采集，并基于计算机技术、自动控制技术和大数据处理和分析技术，实现对货舱、货物和货物保护系统状态的感知和控制，进行货物优化配载和自动装卸，所涉及的技术主要包括货物储运状态监测与状况评估技术、货物装卸位置与过程智能监控技术、货物储运环境智能控制技术、船港一体化智能管理技术等。未来，船舶智能货物管理技术向网络化和智能化方向发展，推动货物自动装卸和海运物流向网络化、智能化发展。

2.3.5 智能船舶一体化信息技术

智能船舶一体化信息技术是指通过构建智能船舶网络安全体系、船舶一体化数据管理平台、海陆空天综合通信系统等，实现船岸一体互通互联，所涉及的技术主要包括大数据融合与实时仿真分析技术、全船任务管理技术、船舶一体化数据管理技术、海陆空天综合通信技术等。未来，智能船舶一体化信息平台在接收海量信息数据的同时，能够实现数据、信息整合、分析、处理，并给出相应的决策依据，辅助智能船舶体系乃至整个智能航运体系运营。

2.3.6 船舶智能设计工业软件技术

船舶智能设计工业软件技术是指利用计算机技术、虚拟仿真技术等，开发基于统一模型的三维设计软件、数值分析与可视化仿真评估软件等。未来，船舶智能设计工业软件将向一体化、集成化发展，通过建立算法库、专家库、母型船信息系统等，为船舶在设计过程中提供辅助决策和优化建议，从而达到最优设计要求。

2.3.7 船舶制造过程智能管控技术

船舶制造过程智能管控技术是指基于物联网技术，收集并整理船舶制造过程中的各个流程信息，然后进行分析，从而对整个船舶制造实行智能管控，达到提高建造效率、精简建造流程的目的，所涉及的技术主要包括船舶制造过程组网/感知/传输与管控技术、车间作业计划排产与自适应调整技术、全过程物流实时管控技术、船舶制造精度和品质管控技术、数字虚拟船厂技术、船舶工业云平台技术等。未来，船舶制造过程智能管控技术向自主化、协同化发展，船厂制造的各项流程实现自主精准控制，在最大程度上达到节约材料、节省建造时间和优化建造流程的目的。此外，船舶制造过程中所有信息均将上传到信息平台，实现造船过程中各项进程的实时跟踪。

2.3.8 海洋油气智能钻井/完井技术

海洋油气智能钻井/完井技术是指在海洋油气钻井/完井过程中，通过对井口监测监控、实时数据采集、智能分析成像等，实现海上钻井的智能化导向，提高钻井/完井效率及安全性的相关技术。海洋油气智能钻井/完井技术是智能海洋工程装备的关键技术之一，也是未来一段时间的技术热点。其核心技术包括智能化导向钻井技术、智能完井技术、油气田虚拟现实技术、自动化数据采集技术、油气田井口监控系统技术、智能机器人钻井系统技术等。未来，海洋油气将实现钻井/完井过程数据的实时采集和传输，通过智能机器人实现连续起下钻、连续循环、连续送钻、连续下套管等功能。

2.3.9 海洋油气田智能综合管理技术

海洋油气田智能综合管理技术是指在油气田开发过程中，对油气田实施远程监测和远程作业控制，并对油气生产实时监测、对开采信息进行智能分析，以及瞬时决策控制响应等智能综合管理相关技术。其核心技术包括油气田开发实时数据采集技术、远程监测与控制技术、远程作业技术、生产监测与优化技术、工业控制系统及信息安全分析技术等。未来，海洋油气田的智能综合管理将实现海洋油气田开采的实时数据采集和远程监测，形成海洋油气田远程控制技术体系，具有远程作业和分析能力。

2.3.10 海洋油气集输智能运维技术

海洋油气集输智能运维技术是指在管线与管道的地理信息数字化感知技术的基础上，运用智能海底管道内外检设备、故障综合诊断系统等设备与系统，使海洋油气集输系统具备智能决策能力的相关技术。其核心技术包括管线与管道的地理信息系统及全球定位系统（GPS）管道巡检管理系统技术、管线检测的智能机器人技术、设备故障综合诊断技术、智能检测报警技术及数字化感知系统技术等。未来，随着机器人技术以及海底管线故障综合诊断技术的进一步发展，海洋油气的集输智运维将全面实现管道与管线机器人巡检和维修，并逐步形成管线与管道自动定位、综合诊断、检测报警等为一体的智能运维技术体系。

2.3.11 渔业养殖装备自动化技术

渔业养殖装备自动化技术是指实现深远海渔业养殖装备无人值守和远程作业控制的相关技术，其核心技术包括投饵装置/洗网装置/收鱼装置等渔业养殖相关配套系统的自动化技术、海上连续供能技术、防生物附着涂料技术、渔业养殖综合管理系统技术和远程控制作业技术等。未来，渔业养殖必将向更远海域进军，随着渔业养殖模式的进一步变革，渔业养殖装备也将不断发展，向着集智能投饵、水下智能洗网、水下智能监控、自动收鱼等功能为一体的智能化管理方向发展。

2.3.12 深海复杂环境下自主感知分析技术

深海复杂环境下自主感知分析技术是指实现对深海地理、物理、化学、生物环境的自主感知、探测、分析的相关技术。由于深海环境复杂多变，海洋生物、水流等的干扰增加了海洋探测感知与分析的难度，因此必须发展深海探测感知新技术。深海复杂环境下自主感知分析技术将向提升效率、可靠性、自主程度发展，同时解决大容量、多种类水下数据存储、处理与识别问题，包括深海复杂环境下智能探测传感器件及其系统配置技术、环境感知/认知与推理分析技术、多目标自主跟踪识别技术等。未来，通过突破相关技术，可实现对浅海、深海及极区等关键海域的自主探测、感知与分析等，大幅度提升水下运动与固定目标的自主感知、跟踪与识别能力。

2.3.13 深海新型通信与定位导航技术

深海新型通信与定位导航技术是指实现深海装备高效、可靠通信与精确定位导航所需的新一代技术。当前，深海水声通信存在通信质量较差和稳定性较低等问题，深海定位导航面临环境复杂、信息源少等特点，技术难度大。发展高精度、高效率、高可靠性的新型深海通信与定位导航技术，成为未来深海探测的关键环节，包括深海环境下的光学通信技术、静动组合通信与定位导航技术、海底 GPS 高精度定位系统技术、远距离水下高速通信及信息交互技术、极低频电磁波应用技术、海底地形匹配定位导航技术、重力场与地磁场定位导航技术等核心技术。未来，通过构建深海水下通信链和深海定位导航系统，实现各海洋观测平台和传感器之间以及海、空、天之间高速和稳定的数据传输，实现对目标对象的精确定位与导航。

2.3.14 智能深海无人装备高效安全供能技术

智能深海无人装备高效安全供能技术是指实现无缆的深海无人装备高可靠性、高密度储能供能的相关技术。为了满足日益增长的深海探测与作业需求，智能深海无人装备对续航力的要求越来越高，现阶段使用的电池在体积和质量上都影响系统性能。智能深海无人装备动力与供能技术的复杂程度远超水面船舶，储能的体积与质量密度是智能深海无人装备性能的关键要素。因而，高密度、高安全性的供能储能技术成为智能深海无人装备技术的主攻方向之一，包括耐高压/耐腐蚀高能量密度能源技术、水下小体积核动力技术、深海能源补给技术等。未来，通过突破相关技术，可实现对高稳定性、高安全性、高可控性、高容量的智能深海无人装备动力能源持续供给。

2.3.15 水下无人装备自主航行与作业控制技术

水下无人装备自主航行与作业控制技术是指在没有人工实时控制的情况下，水下无人装备在航行及作业过程中能够根据自身状态及外部环境的变化，及时自主地做出决策的相关技术。该技术是水下无人装备技术的重要发展方向，包括复杂环境水下自主航路规划技术、智能航行控制技术、信息融合及实时传输技术、自主对接与回收技术、作业姿态自主控制技术等。未来，通过突破相关技术，将实现智能水下无人装备依靠自主决策和控制能力高效率地完成预定的深海探测与作业任务。

2.3.16 水下有人/无人装备集群智能协同技术

水下有人/无人装备集群智能协同技术是指实现各类水下装备集群协同作业与管理的相关技术。单一水下装备作业效率有限，而且不同类型装备的作业能力也存在差异。因此，各类水下装备协同作业将成为完成水下复杂任务的有效方式之一，是新一代深海探测与作业技术的发展方向，涉及水下无人装备本身的智能控制和有人/无人装备之间的智能协同控制。水下有人/无人装备集群智能协同技术包括集群装备多单元空间与环境信息感知/实时融合技术、集群装备主从单元状态判断/抗交互干扰/时空协调/精确配合/故障诊断与自动排除等智能辅助控制技术、超高压环境下装备的对接与进出舱技术、集群协同作业管理技术等。未来，通过突破相关技术，将实现水下有人/无人装备的有效协同配合，形成构架灵活的水下集群作业能力。

2.4 技术路线图

2.4.1 发展目标与需求

1. 发展目标

到 2025 年前，补齐智能海洋运载装备技术链和产业链缺失环节；小型内河船舶突破自主航行关键技术，近海船舶实现少人化；智能无人潜水器谱系化发展，实现水下有人/无人潜水器的集群协同探测与作业；在海洋油气勘探、生产、管理、维护保养等方面以及渔业养殖平台运营上形成一体化远程操作体系，实现全面信息化与自动化；开发海洋运载装备设计、评估、建造、管理一体化软件，设计智能化水平国际先进；打造海洋运载装备智能制造示范车间、示范船厂。

到 2035 年，在智能海洋运载装备关键系统和配套设备方面的自主创新能力极大增强，达到国际先进水平；内河船舶和近海船舶实现自主航行，远洋船舶实现少人航行；在海洋油气勘探、生产、管理、维护保养等方面以及渔业养殖平台运营上实现少人化或无人化运行；深海智能无人集群探测作业装备及配套产业链发展成熟，产业链安全可控；成为智能海洋运载装备行业技术的引领者和标准制定者；形成自主可控的海洋运载装备设计、评估、建造、管理一体化工业软件体系，建成海洋运载装备数字化研发设计与制造一体化新模式。

2. 发展需求

1）智能海洋运载装备是满足国际海事环保及安全要求的重要手段

近年来全球气候变暖等环境污染问题日趋严重，国际海事组织（IMO）对船舶节能环保的要求日益严格，节能环保型远洋船舶的需求逐年攀升。船舶能效管理技术等新兴智能船舶技术，为船舶实现绿色智能、满足公约标准提供了新的契机和希望。

安全问题也是国际海事组织关注的重点。以船舶为例，近年来船舶海上事故频发，而且80%以上事故仍然是因人员操作失误而造成的。智能海洋运载装备能够感知外部和自身环境与状态，并及时向相关人员传达信息，同时具备自动化、自主化运行等功能，能够有效规避因人员操作失误而造成的海上事故。同时，少人/无人船舶和无人值守海洋平台的出现，将大幅度减少海洋运载装备所需的现场工作人员，为提高人员的安全提供了有效手段。

2）智能海洋运载装备是满足海洋科学研究与资源开发需求的有力支撑

全球社会与经济的可持续发展有赖于人类对海洋的科学研究及资源开发，人类对海洋，尤其是对占海洋面积90%的1000m以下深海的认识与开发利用总体上处于初级阶段，深海是人类尚未充分认识的科学与资源宝库。受水下极端、复杂环境的影响，少人/无人运行的智能海洋运载装备成为"深海进入、深海探测、深海开发"的重要支撑工具，智能海洋运载装备关键前沿技术的突破与发展，将成为世界对海洋运载装备技术与产业的重要需求。

3）智能海洋运载装备是满足我国船舶工业转型升级、加快强国建设的重要突破口

智能化是世界船舶工业当前及未来竞争的新热点、新机遇和新挑战，也是我国船舶工业供给侧结构性改革和新旧动能转换的重要抓手。加快突破智能海洋运载装备关键技术，补齐智能海洋运载装备技术链和产业链中感知与能动控制等关键器件的研究、设计、生产缺失环节，推动海洋运载装备智能技术工程化应用，增强船舶工业核心竞争力，实现向"引领型"发展的战略转变，有力支撑国家海洋强国、交通强国和制造强国建设，是我国海洋运载装备技术与产业发展的方向与使命。

2.4.2 重点任务

1. 远洋智能船舶重大工程

1）需求与必要性

当前，世界主要造船大国都将智能船舶提升到战略高度，按照国家深海战略与海洋强国战略，研发远洋智能船舶对我国海洋运载装备技术的发展、树立海洋强国地位具有十分重要的意义。

远洋智能船舶是指利用传感、通信、物联网等技术手段，能自动感知和获得船舶自身、海洋环境、物流、港口等方面的信息和数据，基于计算机技术、自动控制技术、大数据技术、智能技术等，实现航行、管理、维护保养、货物运输等方面智能化运行的远洋船舶。

2）工程任务

远洋智能船舶技术适用于散货船、油船、集装箱船、气体运输船等船舶，具有智能航行、智能船体、智能机舱、智能能效管理、智能货物管理和智能集成平台六大功能。

到 2025 年前，通过建立船体数据库及船体相关数据的自动采集与控制，实现船体全生命周期内的安全和结构维修保养的自主辅助性决策支持；通过利用状态监测系统，实现机舱内机械设备运行状态、健康状况的自主分析评估；通过大数据分析、数值分析及优化技术，实现船舶能效实时监控、智能评估及优化。

到 2035 年前，通过利用计算机技术、监测和控制技术等，实现远洋船舶航行路线和航速的自主设计、优化和自主航行；通过传感器技术、计算机技术、自动控制技术、大数据分析和处理技术，实现货舱、货物和货物保护系统状态的监测、报警、辅助决策、控制，以及船舶货物的智能化管理；通过建立远洋智能航行、机舱、能效管理集成平台，实现远洋船舶的全面监控、智能化管理和岸基数据交互等。

3）工程目标与效果

在远洋智能船舶技术方面，力争在 2025 年前，重点实现远洋主流船舶智能船体、智能能效管理、智能机舱三大功能；在 2035 年前，重点实现远洋主流船舶智能航行、智能货物管理、智能集成平台三大功能，构成完整的远洋智能船舶功能体系。

2. 智能海洋油气开发装备重大工程

1）需求与必要性

当前，一方面，全球油价一直在中低位震荡，新能源也正在逐步崛起挑战石油的垄断地位。如何进一步降低石油开发成本、提升海洋油气开发的经济性，是当前国内外业界重点关注的问题。另一方面，海上油田作业一旦出现安全事故，给环境造成的损伤难以预计且很难修复。为保障海上油田作业的安全性，提升作业效率，实现数字化与能源行业的充分融合，实施智能海上油田建设任务迫在眉睫。

2）工程任务

基于全方位监测、数据自动采集和实时传输，以支持核心装备自动化、机器自主学习为重点，结合云计算、大数据和物联网等先进 IT 技术，通过管理转变和流程优化，建立全面感知、自动控制、优化决策、智能预测的智能海上油田装备与技术体系。

3）工程目标与效果

到 2025 年，完成海上包括导管架平台、浮式生产储卸油装置（Floating Production Storage and Offloading，FPSO）等在内的生产平台无人化技术研发，启动陆地远程指挥中心建设，推进岸电项目的实施，研制智能化配套系统。

到 2030 年，将认知计算和人工智能技术应用到油田勘探开发中，通过同类油藏特征参数预测，提升决策的时效性和科学性。

到 2035 年，攻克用于海上油气田开发的相关装备的智能决策与管理技术，使所有装备均具备瞬时响应与智能分析能力，全面实现海上油气开发的少人化和智能化。

3. 船舶虚拟设计与建造科技专项

1）需求与必要性

船舶虚拟设计与建造技术是一种面向船舶全生命周期的虚拟仿真技术。随着大数据、互联网等技术的发展，该技术被用于建立大型船舶设计与建造虚拟数字服务平台。用户可根据自己的需要，在该平台上进行船舶设计与建造过程中的数值模拟。

现阶段，船舶行业低碳节能呼声越来越高。船舶虚拟设计与建造技术能够实现船舶设计与建造协同一体化，通过构建全生命周期的船舶虚拟仿真系统，对船舶设计与建造过程的提质增效、高效节约具有十分重要的意义。

2）工程任务

构建两大数字信息系统——船舶虚拟设计信息系统和船舶虚拟建造信息系统。基于物联网技术、传感器技术、数据处理技术、虚拟设计生产信息技术，实现不同阶段船舶设计和生产流程的实时仿真，以此实现提高船舶的设计质量，减少船舶建造费用，缩短其建造周期。

3）工程目标与效果

到 2025 年前，全面突破三维建模技术、建造工艺自动仿真技术、物流仿真技术、建造计划仿真与验证技术等。

到 2035 年前，全面突破船舶虚拟设计评估与优化技术、船舶建造工艺仿真优化技术、造船厂的物流仿真与能力评估技术、作业和运行保障仿真技术等。

4. 无人值守深远海渔业养殖平台科技专项

1）需求与必要性

我国近海环境持续恶化，鱼类捕捞量不断下降。例如，传统的黄渤海渔场、舟山渔场、南部沿海渔场、北部湾渔场资源枯竭，几近名存实亡，而目前我国近海养殖业技术落后，仍处于初级阶段。为改善浅海和近海的海域环境，促进海洋渔业可持续发展，开发大型化、规模化的深远海渔业养殖平台是养殖业今后发展的必由之路。无人值守深远海渔业养殖平台作为综合运用各种自动化、智能化技术的载体，对于提高深海养殖效率、保证海水产品的数量和质量具有重要的意义。

2）工程任务

基于自动投饵装置、机器人洗网装置、全自动收鱼装置，以综合养殖管理系统为核心，结合水下监测系统、海上供能系统等先进海洋技术，建立全面感知、自动控制、优化决策、智能预测的无人值守深远海渔业养殖平台。

3）工程目标与效果

到 2025 年，建立深远海渔业养殖装备设施自动化技术体系，实现关键设备系统的智能化。

到 2035 年，建立完善的综合性无人值守深远海渔业养殖平台技术体系，实现深海养殖平台的远程控制，使平台在无人或少人值守时可以做到安全运营。

5. 智能无人潜水器谱系化、国产化研制科技专项

1）需求与必要性

当前，已经研发的智能无人潜水器"自主"能力仍不高，处于"弱智能"状态。新一代人工智能技术将大幅度提升无人潜水器的智能化水平，新型通信与定位导航技术、新型能源技术等也将促进智能无人潜水器在可靠性、效率、续航、集群作业等方面的能力不断提升。

我国的深海探测与作业逐步走向全海深，应根据不同的需求，应用不同潜深和能力的智能无人潜水器，以提高效率、节约成本。当前我国智能无人潜水器的核心设备国产化水平低，研发进度受制于国外；深海智能化探测手段尚未成体系，需进一步在智能感知、水下定位及协同、控制与导航、系统安全可靠性等多个领域取得突破。

2）工程任务

研发适应不同应用环境和应用载荷的智能无人潜水器，形成下潜深度从浅海到万米深渊、能力涵盖探测和作业的谱系化智能无人潜水器，突破自主探测感知、深海通信与定位导航、高效安全供能、自主航行控制、协同作业等关键技术，实现从脚本式智能转变为自适应智能；开展智能无人潜水器传感器、核心元器件的国产化研制，形成具有自主知识产权的智能无人潜水器研发能力。

3）工程目标与效果

到 2025 年前，补齐我国智能无人潜水器技术链和产业链缺失环节，提高智能无人潜水器关键元器件的国产化率，使智能无人潜水器与各类有人/无人装备实现自主协同探测与作业。

到 2035 年前，核心设备技术达到世界领先水平，具有自主知识产权的谱系化智能无人潜水器的研发、设计、制造、测试、配套与运维能力，深海智能无人集群探测作业装备及配套产业链发展成熟，从而带动高端材料、新型动力、先进制造、配套设备等产业升级。

2.4.3 技术路线图的绘制

面向 2035 年的智能海洋运载装备发展技术路线图如图 2-1 所示。

项目	2020年 ———————————————————— >2035年		
需求	国际海事环保及安全要求更加严格		
	海洋科学研究与资源开发需求旺盛		
	我国船舶工业转型升级、加快海洋强国建设需求急迫		
目标	补齐技术链和产业链缺失环节	系统和配套设备自主创新能力极大增强,达到国际先进水平	
	小型内河船舶突破无人化关键技术,近海船舶实现少人化	内河、近海船舶实现自主航行,远洋船舶实现少人航行	
	在海洋油气勘探、生产、管理、维护保养以及渔业养殖平台运营上形成一体化远程操作体系	在海洋油气勘探、生产、管理、维护保养以及渔业养殖平台运营上实现少人化或无人化运行	
	智能水下无人潜水器谱系化发展,实现水下有人/无人装备的集群协同探测与作业	深海智能无人集群探测作业装备及配套产业链发展成熟,产业链安全可控	
	设计智能化水平国际先进,打造海洋运载装备智能制造示范车间、示范船厂	形成自主可控的海洋运载装备设计、评估、建造、管理一体化工业软件体系	
关键前沿技术	船舶智能航行操控技术	突破航行环境智能感知与分析技术	突破船舶智能航行操控技术	突破智能导航自动驾驶技术、恶劣海况智能安全操控技术
	全船安全智能监控技术	突破机电设备安全智能监测技术、舱室环境安全智能监测技术	突破船舶在线自诊断技术、智能预警和灭火技术	突破船体结构安全智能监测控制技术、火情火灾监测与智能控制技术
	船舶能源与动力系统智能管理技术	突破主动力与综合电力系统运行参数监测技术	突破健康状况与故障智能诊断及控制技术	突破全船智能能效管理技术
	船舶智能货物管理技术	突破货物储运状态监测与状况评估技术	突破货物装卸位置与过程智能监控技术、货物储运环境智能控制技术	突破船港一体化智能管理技术
	智能船舶一体化技术	突破大数据融合与实时仿真分析技术	突破全船任务管理技术	突破船舶一体化数据管理技术、海陆空天综合通信技术
	船舶智能设计工业软件技术	开展船舶智能设计工业软件算法研究	开发出基于统一模型的三维设计软件	开发出数值分析与可视化仿真软件
	船舶制造过程智能管控技术	突破制造过程组网/感知/传输与管控技术、车间作业计划排产与自适应调整技术	突破全过程物流实时管控技术、船舶制造精度和品质管控技术	突破数字虚拟船厂技术
	海洋油气智能钻井/完井技术	突破自动化数据采集技术、油气田井口监控系统技术	突破智能化导向钻井技术、油气田虚拟现实技术	突破智能完井技术、智能机器人钻井系统技术
	海洋油气田智能综合管理技术	突破油气田开发实时数据采集技术、生产监测与优化技术	突破远程监测与控制技术、远程作业技术	突破工业控制系统及信息安全分析技术

图 2-1 面向 2035 年的智能海洋运载装备发展技术路线图

项目	2020年		>2035年
关键前沿技术 — 海洋油气集输智能运维技术	突破管线与管道的地理信息系统及GPS管道巡检管理系统技术	突破管线检测的智能机器人技术、设备故障综合诊断技术	突破智能检测报警技术、数字化感知系统技术
渔业养殖装备自动化技术	突破投饵装置、洗网装置、收鱼装置等渔业养殖相关配套系统的自动化技术	突破海上连续供能技术、防生物附着涂料技术	突破养殖综合管理系统技术、远程控制作业技术
深海复杂环境下自主感知分析技术	突破深海环境下智能探测传感器件及其系统配置技术	突破深海多目标自主跟踪识别技术	突破深海复杂环境自主感知/认知与推理分析技术
深海新型通信与定位导航技术	突破深海光学通信技术深海极低频电磁波应用技术、深海海底地形匹配定位导航技术	突破深海静动组合通信与定位导航技术、重力场与地磁场定位导航技术	突破深海海底GPS高精度定位系统、深海远距离高速通信及信息交互技术
智能深海无人装备高效安全供能技术	突破耐高压/耐腐蚀高能量密度能源技术	突破深海能源补给技术	突破水下小体积核动力技术
水下无人装备自主航行与作业控制技术	突破复杂水下环境下自主路径规划技术、信息融合及实时传输技术	突破智能航行控制技术、自主对接与回收技术	突破作业姿态自主控制技术
水下有人/无人装备集群智能协同技术	突破集群装备多单元空间与环境信息感知/实时融合技术	突破超高压环境下装备对接与进出舱技术	突破集群装备主从单元精确配合/故障诊断与自动排除等智能辅助控制技术、集群协同作业管理技术
重点任务 — 远洋智能船舶重大工程	重点实现远洋主流船舶智能船体、智能能效管理、智能机舱三大功能	重点实现远洋主流船舶智能航行、智能货物管理、智能集成平台三大功能,构成完整智能船舶功能体系	
智能海洋油气开发装备重大工程	完成生产平台的无人化技术研发,启动陆地远程指挥中心建设	攻克海上油气田开发相关装备的智能决策与管理技术,全面实现海上油气开发的少人化和智能化	
船舶虚拟设计与建造科技专项	全面突破三维建模技术、建造工艺自动仿真技术、物流仿真技术、计划仿真技术等	全面突破船舶虚拟设计评估与优化技术、船舶建造工艺仿真优化技术、船厂物流仿真与能力评估技术、作业和运行保障仿真技术等	
无人值守深远海渔业养殖平台科技专项	建立养殖装备设施自动化技术体系,实现关键设备系统的智能化	建立完善的综合性无人值守深远海渔业养殖平台技术体系,实现深海养殖平台的远程控制,使平台可以达到无人或少人值守即可安全运营的状态	
智能无人潜水器谱系化、国产化研制科技专项	提高智能无人潜水器关键元器件的国产化率,智能无人潜水器实现与各类有人无人装备的自主协同探测与作业	具有自主知识产权的谱系化智能无人潜水器的研发、设计、制造、测试、配套与运维能力,深海智能无人集群探测作业装备及配套产业链发展成熟	
战略支撑与保障	做好统筹规划,保证资金投入		
	加大行业协同力度,深化"产、学、研"合作		
	强化政策引导,调整产业结构		
	强化成果推广,做好服务保障		
	加强多层次人才队伍建设,注重国际技术交流合作		

图 2-1　面向 2035 年的智能海洋运载装备发展技术路线图（续）

2.5 战略支撑与保障

1. 做好统筹规划，保证资金投入

加强顶层设计工作，做好统筹规划，根据不同海洋运载装备的特点和不同用户的需求，制定详细的分阶段研发目标，分步推进；发挥国家和行业的整体力量，引导相关企业将技术研发重点集中到确定的重点方向上。国家应继续加大科研投入，包括采取实施重大工程、制订专项科研计划等方式，组织攻克重要关键技术。同时，智能海洋运载装备领域企业、科研院所和高校应在自身专业领域加强自主研发与投入力度。

2. 加大行业协同力度，深化"产、学、研"合作

智能海洋运载装备技术涉及多个行业先进技术，单独依靠船舶行业的力量很难将所有技术问题全部解决，必须开展多行业、多领域协同研发。加大与数据信息处理、卫星通信、计算机技术等相关领域占据技术优势企业的合作力度，学习、借鉴智能汽车等领域的阶段性研发成果和经验；创建智能海洋运载装备产业技术创新战略联盟，深化智能海洋运载装备"产、学、研、用"合作，推动智能海洋运载装备技术向综合性发展。

3. 强化政策引导，调整产业结构

智能配套设备/系统是实现海洋运载装备智能化功能的关键。建议相关主管部门强化政策引导，逐步调整我国船舶工业重"总装建造"、轻"内脏与基础件"的失衡产业结构，构建配套齐全的智能海洋运载装备产业链；制定关于自主研发的智能海洋运载装备相关设计、评估、制造和运行软件推广应用的鼓励政策；实施自主研发的智能配套设备/系统"首台（套）信贷支持、税收减免"等产业鼓励政策。

4. 强化成果推广，做好服务保障

加速智能海洋运载装备研发成果的检验与市场应用，引导和鼓励现有船舶（如公务船）应用成熟的智能船舶技术与产品。建立完善的配套优惠政策和科技成果转化服务体系，开展智能海洋运载装备试验场建设，加强产品中试的投入，加大试验验证力度；扩大成果影响力，定期组织技术、产品推介会。建立覆盖全球的智能海洋运载装备及配套设备服务网络，使相关企业由单纯装备制造向综合服务的转变，加强我国智能海洋运载装备的品牌建设。

5. 加强多层次人才队伍建设，注重国际技术交流合作

以多种方式吸引智能海洋运载装备领域的各类人才，培养一批领军人才和青年拔尖人才，加强智能海洋运载装备相关学科专业体系和人才培养体系建设，探索合理有效的中长期激励制度。进一步加大参与相关国际组织事务的工作力度，大力开展国际技术交流活动，采取科技合作、技术转移、技术并购、资源共同开发与利用、参与国际标准制定等多种方式，快速提升我国智能海洋运载装备技术发展水平与创新能力。

小结

经略海洋离不开海洋运载装备，而智能化成为海洋运载装备必然发展趋势。本领域研究报告聚焦智能船舶、智能海洋工程装备和智能水下无人装备，系统地梳理了全球相关政策与技术动态；采用工程科技战略咨询智能支持系统（iSS）等工具，开展了基于文献分析的智能海洋运载装备研发态势研究，分析了该领域全球主要研发力量和研究热点；结合专家调查与研讨，提出了包括船舶智能航行操控技术、全船安全智能监控技术等在内的 16 项关键前沿技术，并进行技术描述；研究并提出了我国面向 2025 年和 2035 年的智能海洋运载装备发展目标与需求，提炼了包括 2 项重大工程和 3 项重大科技专项在内的重点任务，详细论述了需求、工程任务与目标；提出了涉及顶层规划、投入、行业协同、成果推广、国际合作与人才培养等方面的战略支撑与保障建议。基于研究成果，绘制了智能海洋运载装备发展技术路线图，可为国家有关部委、企事业单位及高校等布局未来研发方向提供参考。

第 2 章编写组成员名单

组　长：吴有生

成　员：陈映秋　张信学　金东寒　闻雪友　朱英富　曾恒一　徐德民
　　　　赵　峰　杨葆和　李小平　李志刚　范建新　汤　敏　谢　新
　　　　王硕丰　王传荣

执笔人：曾晓光　赵羿羽　徐晓丽　赵俊杰　阴　晴　郎舒妍

3

面向 2035 年智慧城市的智能共享汽车系统工程技术路线图

面向 2035 年智慧城市的智能共享汽车系统工程，是在数据驱动新型智慧城市建设体系下，提出的面向我国智能汽车领域发展的战略研究项目。

当前，城市化发展趋势使得交通出行需求持续快速增加，从而引发了停车空间、道路资源等城市有限空间资源与持续增长的交通需求之间的矛盾，带来了城市交通常态化拥堵、出行效率低下等问题。目前相关研究和实践表明，通过智能车辆技术、共享出行服务技术或基于（人工智能 AI）和大数据的智能交通技术等在城市交通中的应用实践，可显著地提升城市效能。本领域研究着眼于数据驱动新型智慧城市建设体系，探索智慧城市在数据驱动下，智能车辆、智能交通与智慧城市深度融合的智能共享出行需求场景及发展路径，旨在为提升城市效能提供有效的解决方案，实现高效的城市运输流动性，推动智慧城市发展。

3 ■ 面向 2035 年智慧城市的智能共享汽车系统工程技术路线图

在本领域技术路线图的制定过程中,首先基于对城市移动出行场景中居民出行的需求与交通供给要素的未来发展趋势和创新变革,预测未来城市出行需求;以需求为导向,以面向智慧城市(SC)、智能交通(ST)、智能汽车(SV)融合框架的协同式自动驾驶系统、车辆平台为主线,提出智慧城市、智能交通、智能汽车融合一体化(简称 SC-ST-SV 融合一体化)技术发展路线,进而提出构建支撑中国 SC-ST-SV 融合一体化智能网联汽车的宏观(智慧城市层面)、中观(智能交通层面)、微观(车辆平台层面)3 个层面的发展目标。

技术路线图主要涵盖智能车辆关键技术、智能车辆与智能交通、智慧城市融合技术两个层面,具体包括车辆产品设计关键技术、车辆控制架构设计关键技术、车辆赋能关键技术 3 个主要技术方向。然后,从未来城市战略制定、政策及法规标准建设、城市基础设施建设及区域协同示范等维度提出相应的保障措施。

3.1 概述

3.1.1 研究背景

近年来,我国大力推进智慧城市规划建设,国家推出了 10 多个相关政策文件,全国 100% 的副省级以上城市、90% 的地级以上城市和部分县级城市,总计 700 多个城市提出或在建智慧城市,已有 290 个国家智慧城市成为试点。全国主要城市更是按照 2035 年基本实现社会主义现代化的目标,提出面向 2035 的城市总体规划蓝图,如《北京城市总体规划(2016—2035 年)》《上海市城市总体规划(2017—2035 年)》《广州市城市总体规划(2017—2035 年)》《河北省雄安新区总体规划(2018—2035 年)》等,标志着我国重点地区的新型智慧城市建设将会加速推进高水准、世界级的国际化新城建设。当前在基于物联网、5G 通信、人工智能、大数据与云计算等技术的推动下,新型智慧城市的发展目标是基于数据驱动实现以人为本、统筹集约、注重成效的目的。交通与车辆是城市实现连接的"血脉",高效的交通运输能力和便捷的出行服务能力是城市其他生产生活的重要保障和先决条件。

面向 2035 年智慧城市的智能共享汽车系统工程以满足智慧城市空间释放、城市交通畅通、居民出行效率等多元化需求驱动为立足点,探索智慧城市数据驱动下,智能车辆、智能交通与智慧城市深度融合的智能共享出行需求场景及发展路径,以期实现高效的城市运输流动性,支撑智慧城市的发展。

3.1.2 研究方法

本项目小组充分利用中国汽车工程学会的相关研究基础、内外部跨领域专家资源及中国工程院的 iSS 平台，采用文献资料调研、文献计量分析、深度访谈和专家咨询等研究方法开展研究工作。

（1）文献资料调研。搜集智能交通、智能汽车、未来出行等国内外相关资料，分析重点国家和地区的国家战略与发展规划、产业发展现状、技术路线图等内容。

（2）文献计量分析。文献计量分析法也称为文件检索分析，基于中国工程院的 iSS 等相关数据库平台，利用平台数据库中的期刊/专利计量进行技术发展态势分析，从工程应用和前瞻性技术研究两个维度深入把握产业技术发展趋势。

（3）深度访谈。邀请来自汽车、交通、信息通信、智慧城市等领域的各界人士，包括政府人员、研究人员、企业人员等进行面对面深度交流，获得对未来发展战略、产业技术以及汽车与智能交通、智慧城市的融合创新等较全面且具有启发意义的反馈意见和建议。

（4）专家咨询。基于本项目依托单位——中国汽车工程学会现有的跨产业、跨行业专家智库平台，包括电动汽车联盟、智能网联汽车联盟、智能共享出行工作委员、中国汽车技术战略国际咨询委员会、节能与新能源汽车技术路线图咨询专家委员会等高端智库，成立专家咨询工作组，使之深入参与本项目方案的制定、资料的收集与筛选、重点专题研究、报告审核等各个环节，以保证研究质量。

3.1.3 研究结论

（1）通过城市出行场景中居民的出行需求与交通供给要素的未来发展趋势和创新变革分析，预测未来城市出行的 4 个方面发展需求：一是提升城市出行效率、出行经济性、便捷性以及释放城市空间是未来城市发展的总体需求；二是以个性化出行、第三空间衍生服务等为特征的出行需求将随着技术的迭代持续增强；三是具备显著提升效率与经济性特性的座舱与多功能底盘分离的车辆载具形态将随着技术的迭代持续演进；四是兼具个性化出行需求和经济型出行特征的"智能共享型汽车系统"服务模式将随着技术的迭代持续演进。

（2）基于城市出行发展需求，以面向 SC-ST-SV 框架的协同式自动驾驶系统、车辆平台为主线，提出智慧城市、智能交通、智能汽车融合一体化技术发展路线。SC 为智能共享汽车提供支撑自动驾驶的"城市出行需求数据与实时动态交通场景"；ST 借助于智能交通设施、智能交通系统和实时交通信息的充分结合，实现对动态交通场景的数字化管控；SV 借助于

5G-V2X 通信平台，实现车端与车外云端的信息物理融合，弥补单车智能缺欠。

（3）在技术路线引领下，提出构建支撑我国 SC-ST-SV 融合一体化智能网联汽车的智慧城市宏观布局目标、构建支撑我国 SC-ST-SV 融合一体化智能网联汽车的智能交通的中观目标、构建支撑我国 SC-ST-SV 融合一体化智能网联汽车的科技创新平台。

（4）为实现 3 个层面的发展目标，基于智能车辆、智能交通与智慧城市的融合体系，开展面向 SC-ST-SV 框架的自动驾驶关键技术研发，对技术清单从两个层面进行梳理，一是智能车辆自身的关键技术，主要包括车辆产品设计关键技术、车辆控制架构设计关键技术；二是智能车辆与智能交通、智慧城市的融合关键技术，重点突出智能交通与智慧城市融合下的车辆赋能关键技术，主要包括智能共享汽车支撑设施技术、网联-智能交通系统技术、智能共享汽车出行服务技术和面向 SC-ST-SV 精细化与超拟实动态仿真建模技术。

（5）在战略保障层面，立足智能时代到来、未来人类城市和社会生活全面重构的战略视角，制定"国家未来城市发展战略"进行新一代智能共享汽车系统工程前瞻性系统综合布局；制定标准法规保障体系，完善商业化政策环境以及监管体系，为研发新一代城市基于自动驾驶技术的智能共享汽车创造条件；建设城市智能共享出行"设施链"，推进新一代城市自动驾驶智能共享汽车应用示范。

3.2 全球技术发展态势

3.2.1 全球政策与行动计划概况

1. 国外基于智能交通导向的政策规划

1）美国

21 世纪初，随着无线通信技术、信息技术的快速发展，美国智能交通技术和智能汽车技术得到了大力发展。2010 年，美国交通运输部出台了《智能交通系统战略计划（2010—2014 年）》，第一次从国家战略层面提出了大力发展车辆网联技术。2015 年，美国交通部出台了《ITS 战略计划（2015—2019 年）》，通过支持车对车（V2V）和车辆到基础设施（V2I）技术测试和示范部署，加速车辆与交通环境的协同与技术规模应用，进一步探索车辆网联化与城市环境的融合发展；提出大力发展车辆的智能化技术，旨在使车辆和道路更加安全、加强机动性、增强环境友好、促进改革创新等。在智能交通系统战略计划的引导下，2016—2018 年，美国交通运输部先后发布了《美国自动驾驶汽车政策指南》《自动驾驶系统 2.0：安全展望》《准备迎接未来交通：自动驾驶汽车 3.0》3 份指导性政策文件，用来引导智能汽车的生产、设计、供应、测试、销售、运营以及监管。

2）欧盟

与美国类似，随着无线通信技术、信息技术的快速发展，欧洲也在 ITS 整体体系架构下，通过车辆网联化、智能化技术实现车与交通系统的协同发展。2008 年，欧盟委员会正式公布了《智能交通系统发展行动计划》，并于 2010 年在布鲁塞尔召开了专门讨论会，讨论该计划的部署和实施。其中，车辆智能化与网联化技术被用于支撑道路运输效率和改善交通安全。欧盟在 2010 年提出的《Europe 2020 经济发展战略》中，利用车辆网联化、智能化技术支撑数字欧洲和资源高效欧洲发展计划的实施。为推动相关战略的实施，2011 年，欧盟委员会又发布了《一体化欧盟交通发展路线——竞争能力强、资源高效的交通系统》。此外，在 2016 年和 2018 年，欧盟委员会分别发布了《合作式智能交通系统战略》和《通往自动化出行之路：欧盟未来出行战略》，旨在更加高效地推进智能车辆与交通系统融合创新发展。

3）日本

与美国和欧盟类似，受本国自然地理条件限制，日本的智能交通系统发展一直都被视为国家战略。在无线通信技术、信息技术的快速发展趋势下，2010 年，日本政府制定了《新信息通信技术战略》，支持基于无线通信技术的车-车与车-路协同的实用化技术开发；2013 年，日本内阁府正式公布了新的 IT（Internet Technology）战略《创建最尖端 IT 国家宣言》，在此框架体系下利用汽车智能化和网联化发展支撑的 ITS 发展；2014 年，日本内阁府分别制定了《SIP（战略性创新创造项目）自动驾驶系统研究开发计划》，2017 年，日本发布了《2017 官民 ITS 构想及路线图》，进一步明确智能汽车的发展路径。

2. 国外典型智慧城市建设案例

1）英国伦敦

早在 2009 年，英国政府就推出了一份纲领性文件——《数字英国》（Digital Britain）白皮书。具体包括智能交通、综合治安监控、智慧节能、基于云服务的数字政府、城市开放型数据中心、虚拟伦敦等内容，体现了智慧城市的先行者姿态。为了应对城市发展中面临的问题，2013 年 12 月，伦敦市政府提出了《智慧伦敦计划》（Smart London Plan），旨在利用先进技术服务伦敦并提高伦敦市民的生活质量，主要内容如下：以人为核心，创建键盘上的伦敦政府；推动数据开放，使相关数据触手可及；实行智能能源管理、智能交通等。

2016 年 3 月，伦敦市政府发布了《智慧未来：利用数字创新使伦敦变成世界上最好的城市——2013 年智慧伦敦计划更新报告》[*The Future of Smart: Harnessing digital innovation to make London the best city in the world——Update Report of the Smart London Plan*（2013）]。新智慧城市规划详细论述了智慧伦敦推进的四大战略：一是使用智慧技术来提高市民的参与范围和参与能力，调动和发挥伦敦市民的作用；二是使用数据和数字技术来解决伦敦发展过程中遇到的各方面问题，包括基础设施、环境和交通系统，激活良性增长；三是利用大数据技术，挖掘和分析城市运行的动态数据，四是通过与商业组织合作，提升创新的机会和商业的增长。例如，伦敦正在使用智能技术解决交通拥堵问题并使停车更加简单；运用新的、更清洁、更高效的技术更新了公交车和地铁车队；试行自行车共享计划和投资智能交通技术，尤其是有利于公交车和拥堵费实施的智能交通灯；利用自动穿梭机技术，解决"第一和最后一英里"的出行问题。

2）加拿大多伦多

Sidewalk Toronto 是 Sidewalk Labs 公司在加拿大多伦多东部计划打造的一个新型智慧社区项目，社区拥有大量可实时收集数据的智能设备、更安全便捷的智能交通系统、更实惠的住房，旨在提高人们的生活质量，建设未来科技之城。Sidewalk Labs 公司在 2017 年 10 月发布了该项目的规划，即 *Vision Sections of RFP Submission*，关于交通的愿景是建立一个与私人汽车同样便捷且更低廉的交通出行系统。系统要解决的问题包括向着无小汽车的社区方向发展、减少对私人汽车的依赖、在交通薄弱的地方提供共享电动汽车出行、社区逐步向自动驾驶过渡等。自动驾驶技术和共享服务将创造一种新的交通运输网络，它的功能更像现在的公共交通系统而不是出租车服务。对于居民的短途出行和偶尔的长途出行，共享电动汽车可以完全满足需求，依靠自动驾驶技术和数字导航工具，可以进行点对点服务，补充行人、自行车和公共汽车，更少甚至无等待时间。私家车减少的同时也减少了停车空间，给城市留出更多的活动场地。该规划预测，本项目可有效改变交通方式的分担率，慢行交通（步行和自行车）率由 14% 提高至 35%，公共交通占比由 30% 提高至 40%，共享汽车占比可由 2% 提高至 10%，而私人汽车占比将由 54% 下降至 15%；全市一个家庭拥有一辆车或两辆车的占比为 75%，而在项目范围内这一占比仅为 20%。因此，共享汽车意味着私家车需求减少。

3. 我国的政策与行动计划

1）我国智能网联汽车与智能交通政策与行动计划

2015 年，在"国家制造强国战略"提出的十大重点发展领域中，将智能网联汽车确定为国家战略。此后，国家发改委、工信部、交通部等与智能汽车相关的政府部门都积极支持智能汽车的发展。此外，基于中国强大的互联网产业背景，在国家制造强国建设领导小组下设立车联网产业发展专项委员会，由 20 个部门和单位组成，负责制定车联网发展规划、政策和措施，协调解决车联网发展重大问题，督促检查相关工作落实情况，统筹推进产业发展。

2018 年底，工信部发布了《车联网（智能网联汽车）产业发展行动计划》，旨在推动智能汽车核心技术研发、产业生态培育、基础设施建设、法规标准制定、运行管理、信息安全监管等重要工作。2020 年初，国家发改委发布了《智能汽车创新发展战略》，明确我国智能汽车战略方向，并明确智能汽车技术创新、产业生态、路网设施、法规标准、产品监管和信息安全体系框架等重点任务和保障措施。

在智能交通系统方面,交通部以交通管理规划、信息服务系统、车辆安全驾驶、营运管理等为基础,积极开展智能网联汽车政策规划,并通过加强示范试点验证、推广辅助驾驶技术应用等方式促进智能网联汽车的示范运行。

2)我国基于智慧城市导向的政策规划

我国智慧城市的政策规划可分为 4 类:

(1)智慧城市建设的具体规划与政策,包括政府长期规划、建设方案、指导意见、项目管理方法等。

(2)在政府发布的国民经济社会信息化建设总体规划中专门列出的智慧城市政策。

(3)"城市信息化建设"或"数字城市建设"的相关政策。

(4)由多个中央部委联合开展的试点项目,重点关注智慧城市建设或相关基础设施建设。

2014—2018 年,我国出台的智慧城市建设政策与规划见表 3-1。

表 3-1 2014—2018 年,我国出台的智慧城市建设政策与规划

发布时间	政策名称	政策解读
2014-03	《国家新型城镇化规划(2014—2020 年)》	明确提出要推进智慧城市建设,指明了智慧城市建设方向
2014-08	《关于促进智慧城市健康发展的指导意见》	到 2020 年,建成一批特色鲜明的智慧城市,聚集和辐射带动作用大幅增强,综合竞争优势明显提高,在保障和改善民生服务、创新社会管理、维护网络安全等方面取得显著成效
2015-01	《关于促进智慧旅游发展的指导意见》	到 2020 年,智慧旅游服务能力明显提升,智慧管理能力持续增强,大数据挖掘和智慧营销能力明显提高,移动电子商务、旅游大数据系统分析、人工智能技术等在旅游业应用更加广泛,培育若干实力雄厚的以智慧旅游为主营业务的企业形成系统化的智慧旅游价值链网络
2015-05	《关于推进数字城市向智慧城市转型升级有关工作的通知》	为测绘地理信息部如何在智慧城市建设中发挥基础性、先行性作用,如何推动智慧城市健康发展提出指导意见
2015-10	《关于开展智慧城市标准体系和评价指标体系建设及应用实施的指导意见》	到 2020 年,累计共完成 50 项左右智慧城市领域标准制订工作,同步推进现有智慧城市相关技术和应用标准的制定/修订工作;到 2020 年实现智慧城市评价指标体系的全面实施和应用
2016-02	《关于进一步加强城市规划建设管理工作的若干意见》	到 2020 年,建成一批特色鲜明的智慧城市,通过智慧城市建设和其他一系列城市规划建设管理措施,不断提高城市运行效率

续表

发布时间	政策名称	政策解读
2016-08	《新型智慧城市建设部际协调工作组 2016—2018 年任务分工》	明确了部际协调工作组中 25 个成员部的任务职责,共计 26 项
2016-11	《关于组织开展新型智慧城市评价工作务实推动新型智慧城市健康快速发展的通知》	研究制定了新型智慧城市评价指标、评价工作要求以及评价组织方式
2016-12	《新型智慧城市评价指标（2016 年）》	按照"以人为本、惠民便民、绩效导向、客观量化"的原则制定,包括客观指标、主观指标、自选指标三部分
2017-01	《推进智慧交通发展行动计划（2017—2020 年）》	到 2020 年逐步实现基础设施智能化、生产组织智能化、运输服务智能化、决策监管智能化等方面的目标
2017-07	《新一代人工智能发展规划》	构建城市智能化基础设施,推动地下管廊等市政基础设施智能化改造升级；建设城市大数据平台,构建多元异构数据融合的城市运行管理体系,实现对城市基础设施等重要生态要素的全面感知以及对城市复杂系统运行的深度认知；研发构建社区公共服务信息系统,促进社区服务系统与居民智能家庭系统协同；推进城市规划、建设、管理、运营全生命周期智能化
2017-09	《智慧城市时空大数据与云平台建设技术大纲》（2017 版）	在原有数字城市地理空间框架的基础上,依托城市云支撑环境,实现向智慧城市时空基准、时空大数据和时空信息云平台的提升,建设城市时空基础设施,开发智慧专题应用系统为智慧城市时空基础设施的全面应用积累经验。凝练智慧城市时空基础设施建设管理模式、技术体制、运行机制、应用服务模式和标准规范及政策法规,为推动全国数字城市向智慧城市升级转型奠定基础
2017-09	《智慧交通让出行更便捷行动方案（2017— 2020 年）》	加快城市交通出行智能化发展。建设完善城市公交智能化应用系统,到 2020 年,国家公交都市创建城市全面建成城市公共交通智能系统；推动城市公交与移动互联网融合发展鼓励规范互联网租赁自行车发展鼓励规范城市停车新模式发展
2017-12	《关于开展国家电子政务综合试点的通知》	到 2019 年底,各试点地区电子政务统筹能力显著增强,基础设施集约化水平明显提高,政务信息资源基本实现按需有序共享,政务服务便捷化水平大幅度提升,探索出一套符合本地实际的电子政务发展模式,形成一批可借鉴的电子政务发展成果,为统筹推进国家电子政务发展积累经验
2017-12	《促进新一代人工智能产业发展三年行动计划（2018—2020）》	力争到 2020 年,系列人工智能标志性产品取得重要突破,在若干重点领域形成国际竞争优势,人工智能和实体经济融合进步深化,产业发展环境进一步优化

续表

发布时间	政策名称	政策解读
2018-11	《关于工业通信业标准化工作服务于"一带一路"建设的实施意见》	在智慧城市领域，逐步完善我国智慧城市相关顶层设计及智慧成熟度分级分类评价标准体系的基础上，推动建立面向"一带一路"沿线国家的智慧城市建设标准对接合作沟通机制；加强与东盟、中亚、海湾等沿线重点国家和地区的标准化合作，推进智慧城市建设标准互认；加强基于云计算、大数据环境下的电子商务领域标准化合作，推动电子数据交换协议标准研制与互认，加快电子商务领域追溯体系标准建设，实现追溯数据共享交换

3.2.2 基于文献和专利分析的研发态势

本项目首先从智能交通、智能汽车、移动通信与车联网、移动出行服务与汽车共享4个与智能共享汽车系统相关联的当前热点领域，初步进行期刊、专利计量分析，以便从工程应用和前瞻技术研究深入把握产业技术趋势。

（1）智能交通领域。基于中国工程院的iSS等相关数据库平台，从申请专利规模来看，智能交通领域保持增长趋势；从英文期刊数量来看，2015—2017年，连续3年保持增长趋势。

从中国工程院iSS平台上的词云聚类分析来看，一方面人工智能、大数据、网联等技术在公路、交通管理等交通运输系统中的应用越来越广泛，以此来解决交通安全、交通效率的提升等诸多问题。从学科知识体系来看，电子、通信与自动控制技术、计算机科学技术等学科领域与交通运输工程学科领域联系密切。

（2）智能汽车领域。基于中国工程院iSS等相关数据库平台，从申请专利规模来看，智能汽车领域保持增长趋势；从英文期刊数量看，2015—2017年的增长趋势明显。

从中国工程院iSS平台上的词云聚类分析来看，人工智能、物联网、新能源、无人驾驶等技术在智能汽车感知、决策与控制等方面的应用日益加强。从学科知识体系来看，电子、通信与自动控制技术、计算机科学技术等学科领域、交通运输工程等学科领域与智能汽车联系密切。

（3）移动通信与车联网领域。基于中国工程院的iSS等相关数据库平台，从申请专利规模来看，移动通信与车联网领域保持增长趋势；从英文期刊数量来看，2015—2017年这3年保持在稳定状态，并稍有下降。

从中国工程院iSS平台上的词云聚类分析来看，5G通信技术、自组织网络技术等技术在车联网领域等的应用日益加强。同时，基于网络的车载服务，如车联网移动端产品/应用软件日益增多，这也从侧面反映了信息通信技术与汽车产业的融合日益加深。

（4）移动出行服务与汽车共享领域。基于中国工程院 iSS 等相关数据库平台，从申请专利规模来看，移动出行服务与汽车共享领域在 2013—2015 年保持最大规模；从英文期刊数量来看，其保持稳定状态的年份与专利规模的年份一致，这也从侧面反映了移动出行服务与汽车共享技术产品研究集中在 2013—2015 年，未来将面临产品的市场化应用。

从中国工程院 iSS 平台上的词云聚类分析看，通信技术、自动驾驶等技术与移动出行服务、汽车共享领域技术的融合日益加强，这也从侧面反映了信息通信技术、汽车产业与交通运输领域的融合日益加深。

3.3 关键前沿技术及其发展趋势

综上所述，全球在智能交通框架下，在安全、节能、环保以及高效等方面，已具备智能车辆与交通协同应用研究的基础。

3.3.1 车辆产品设计关键技术

车辆产品设计关键技术主要包括整车架构技术、电子电气架构及软件功能架构技术、线控底盘技术、免维护关键总成系统技术、智能座舱技术。

1. 整车架构技术

整车架构技术是指在保障平台化、体现个性化并充分考虑汽车共享出行/商业服务等特殊需求约束下的整车架构设计技术，包括承载式底盘、具备标准接口的模块化智能座舱等技术。利用智能汽车在主动安全方面的技术优势，研究短前悬、短后悬整车设计方法；在较小的整车尺寸下，设计出大空间、大车门开度乘员舱的整车布置理念和方法，以及基于共享需求的整车、底盘、座舱设计方法等。

2. 电子电气架构及软件功能架构技术

电子电气架构及软件功能架构技术包括两个方向：一是立足于软硬一体的电子电气总线架构及软硬一体的虚拟化技术，二是面向虚拟化系统的多功能复杂软件功能架构技术。新的出行概念、自动驾驶、数字化和电动化对汽车电子电气架构及软件功能架构将产生深刻影响进而催生新技术，智能汽车将变成物联网的节点设备，而城市智能共享汽车将充当新技术的探索者和先行者。整车企业进行电子电气架构设计时，强调自身的控制能力，将控制功能逐渐集中于中央计算平台；在进行软件功能架构设计时逐渐转向面向服务的系统架构设计，与车外服务软件衔接形成端到端（End to End）的软件平台，并在高性能计算机的支撑下实现新功能的"即插即用"。以上趋势将最终导致智能汽车采用基于高性能计算机的中央计算平台化的架构，这种架构变化将影响整车企业的研发能力和重塑供应商的产品形态。基于高性能计算机的电子电气架构及软件功能架构技术，是面向 2035 年智慧城市智能共享汽车的创新技术。

3. 线控底盘技术

线控底盘技术是指支撑车辆自动驾驶的高级别功能安全线控底盘技术，其中，线控转向系统、线控制动系统、底盘域控制器等总成设计和验证技术，需保障总成达到汽车安全完整性等级（ASIL）D 级功能安全标准。

4. 免维护关键总成系统技术

与传统汽车相比，智能共享汽车在维护方面的重要差别体现在乘员对车况的关注度极低。将传统汽车总成技术用于自动驾驶汽车，需增加大量传感器用于监测总成系统健康状况，这会增加成本和重量。因此，免维护成为智能共享汽车产品设计关键技术的一项重要要求，免维护是指各总成除了能源接入（如高压线）接口、通信接口，不需要其他接入。例如，在整车生命周期内不需要换水、换油等维护。其中，自冷却的轮毂电机总成、自冷却电池包、自冷却的机舱模块（包括电机控制器、DC-DC 转换器、车载充电机等）是需要重点研发的项目。

5. 智能座舱技术

智能座舱技术包括座舱技术和智能化人机交互系统两个方面。座舱技术主要包括人机工程设计、新型座舱结构、新材料和新工艺、座舱与底盘的快换接口等；智能化人机交互系统包括车内人机交互系统和车外人机交互系统。

车内人机交互系统的功能需求体现在以下 3 个方面：

（1）建立车内乘员所需的与车外世界的信息交互并清晰显示。

（2）能够保证车内成员在车辆启停、座舱内舒适度调节等方面指令的准确接收、准确执行并清晰反馈。

（3）在特殊的、需要乘员协同进行决策和行车控制的情况下，车内人机交互系统能够准确地表达协同决策或控制的请求，并完成乘员决策意图的输入和反馈。

车外人机交互系统必须能够保证车辆与行人之间的模糊交流顺利实现，既能表明本车意图，又能理解行人意图。

3.3.2 车辆控制架构设计关键技术

车辆控制架构设计关键技术包括整车控制架构设计技术、底盘控制器设计技术、座舱控制设计技术、中央控制器设计技术、使能赋能与"驾驶行为规范和谐"融合一体化的计算平台技术。

1. 整车控制架构设计技术

整车控制架构设计技术是指考虑整车物理架构、人机交互系统、信息传输的方式、能力和信息延迟要求、功能安全和网络安全要求等约束条件,基于服务的车内控制架构设计技术。鉴于智能共享汽车采用底盘和车身分体式的总体物理架构,车内控制系统需设计成以底盘为主的、底盘集成自动驾驶系统的、能够与座舱控制系统对接或拆分的中央集中控制系统。中央控制器是位于底盘的高性能车载计算机,支持座舱的即插即用。

2. 底盘控制设计技术

底盘控制设计技术具体指监控底盘系统功能状态和道路状态的控制器设计技术,即按中央控制器指令协调底盘各总成系统,完成车速控制、车辆位置和航向控制、封闭/处置底盘系统故障、采集行车状态并反馈至中央控制器。

3. 座舱控制设计技术

座舱控制设计技术具体功能要求包括接收、确认乘员指令、将乘员行车指令传递给中央控制器、按乘员指令实施座舱控制、反馈行车状态信息给乘员、通过车载设备为乘员连接外部网络、通过车载显示设备显示车对外界的交换信息(Vehicle to Everything,V2X)连接信息、与其他动态交通参与物进行模糊交流、将本车与其他动态交通参与物的交流结果传递给中央控制器、在特殊或紧急状况下实施车身装备应急控制、对外显示警示信息、事故取证等。在座舱内外的人机交互界面中,除应急按键外,均采用语音、触屏或手势等方式作为输入,以声音、屏幕显示等方式进行反馈。

4. 中央控制器设计技术

中央控制器设计技术是指全面掌控整车信息并进行整车行车控制的控制器设计技术。中央控制器须接收本车自动驾驶系统、底盘、车身、V2X 4 个方面的信息和请求,做出认知判断、进行自动驾驶行车决策、发布行车指令、处置故障并实施预案、与车内乘员协同处置紧急或特殊状况等功能要求。中央控制器是智能共享汽车端到端服务软件平台中车载软件的载体。

5. 使能赋能与"驾驶行为规范和谐"融合一体化的计算平台技术

使能赋能与"驾驶行为规范和谐"融合一体化计算平台,是智能共享汽车端到端服务软件平台中服务于自动驾驶控制的软件平台。该平台由多输入感知数据处理模块、拟人决策模块组成。感知数据处理模块获取人类能够感知到的绝大部分信息,通过 V2X 交互可获取比人类更能感知丰富的交通信息,这些信息经过处理后传递给决策模块;决策模块的功能要求包括战略层、战术层和应变层 3 个层面。在战略层面,基于 SC、ST 和本车位置信息对行车路线和行车速度进行全局任务规划;在战术层面,基于本车感知信息和 V2X 信息进行局部行为规划;在应变层面,基于感知数据处理模块的信息输入,动态规划行车轨迹。决策目标包括出行效率、出行安全、出行能耗 3 个方面。决策系统的拟人化决策体现在"智商"(环境感知能力与任务规划能力)、"情商"(协调沟通能力与行为控制能力)、"逆境商"(健康管理能力、安全防范能力与容错纠错能力)3 个方面。决策模块的输出包括车辆的运动控制指令、车外人机交互内容、V2X 交互信息等。

3.3.3 车辆赋能关键技术

车辆赋能关键技术包括智能共享汽车支撑设施技术、网联-智能交通系统技术、智能共享汽车出行服务技术和面向 SC-ST-SV 精细化与超拟实动态仿真建模技术。

1. 智能共享汽车支撑设施技术

智能共享汽车支撑设施技术主要指智能共享汽车运行所需的物理及数字化路侧设施、布设的智能路侧单元及其数据算法、V2I 通信等技术,包括我国支持自动驾驶的道路设施(ISAD)标准、C-ISAD 设施技术、基于区块链的路侧计算单元(RSU)和 5G-V2X 的自动驾驶汽车赋能技术、道路交通设施动静态数字化信息交互技术、基于交通规则数字化设施优化布设与动态重构技术等。

2. 网联-智能交通系统技术

网联-智能交通系统技术主要指智能共享汽车运行所需的交通管理系统、云智能平台、车路协同控制系统等,包括面向下一代汽车运行的交通组织技术、基于车路协同的超视距泛在感知技术、基于北斗和移动互联的组合定位技术、基于群智计算的群体车辆运行态势演化与事件辨识、基于数据驱动的边云融合敏捷决策技术、基于端-边-云架构的交通系统路车智能融合控制技术、网联-ITS 系统信息交互与安全保障技术等。面向未来交通系统进行中心云、边缘云(路侧)、车端网联分层任务处理与系统研发,搭建车端-边缘云架构下的智能融合控制系统,实现统一目标下由云端辅助的车-车、车-路的协同控制。

3. 智能共享汽车出行服务技术

智能共享汽车出行服务技术主要指智能共享汽车所需的服务平台、远程出行需求调控及调度系统、事故处理及救援系统等,包括面向出行服务的大规模车辆流式数据并发处理技术、出行需求智能辨识与调控方法、个体动态出行路线生成与自主匹配技术、出行事故处置与应急服务技术等，研发适合我国超大城市移动出行服务系统的 MaaS 平台，构建 MaaS 服务中心及应用系统软件支撑智能共享汽车出行有序、高效运行。

4. 面向 SC-ST-SV 精细化与超拟实动态仿真建模技术

为支撑基于场景的智能共享汽车运行多尺度仿真分析，研究数据驱动下的系统要素运行特征融合计算和演化趋势知识聚合技术，研究面向交通主题与场景的"车、路、环境、服务"实体与动态数字化仿真映射技术，超拟实场景的快速建模与自动化生成技术，研发支撑动态规划、路车融合控制、群体智能调度等车辆运行模型库，研究面向场景的智能网联车辆运行仿真评估技术。

3.4 技术路线图

（1）在经济发展方面，智能共享汽车系统工程是智能汽车产业技术发展的现实需求。汽车产业是国民经济的支柱产业，而信息化（以互联、交互等为代表）、智能化（以人工智能和大数据为基础）是未来汽车产业战略发展的制高点和重要技术发展方向。当前智能汽车的发展正面临基于单车高等自动驾驶技术发展瓶颈和产业化前景不清晰等挑战。从国际发展趋势来看，2019 年以来欧盟和美国等国家和地区纷纷提出，利用数字化道路交通设施支撑的车路协同式自动驾驶发展路线，车路协同式自动驾驶技术路线已被看作高等级智能汽车突破技术瓶颈与实现产业化的关键。在顶层战略和技术路线的指引下，新型城市智能共享汽车因具备车辆自动化、道路智能化和网络互联化三化深度融合发展的技术特征，正在成为全球相关研发企业重点聚焦的 3 个研发方向（自动驾驶乘用车、自动驾驶商用车、自动驾驶城市共享汽车）之一。因此，基于车路协同式自动驾驶技术和共享出行的理念、方式、技术的新型城市智能共享汽车，将为智能汽车突破单车高等级智能技术瓶颈，实现产业化，这也是智能汽车产业技术发展的现实需要。

注：智能汽车或智能网联汽车的显著特点是软件驱动，发展智能汽车是国家数字经济的重要组成部分，可更好地为国家经济发展赋能。根据麦肯锡的相关研究数据，仅车辆产品的数字化就将极大地带动数字经济发展。目前，数字化软件在 D 级乘用车的整车价值中占约为10%，预计今后每年将以 11%的速度增长，预计到 2030 年数字化软件将占整车内容的 30%。同时车辆数字化软件的快速发展可带动智能终端、机器人、可穿戴设备等其他具有数字经济特征的新兴产业快速发展。

（2）在社会贡献方面，智能共享汽车系统工程对缓解城市交通拥堵、节能减排、交通安全等诸多社会问题具有重要意义。我国经济平稳发展，城市化进程加快，这些带来了城市交通出行需求增加。然而，私家车保有量的增长以及道路资源的有限引发了严峻的交通供需矛盾、交通环境污染等诸多社会问题。智能共享汽车将为缓解上述社会问题提供重要动力，在智能共享汽车涉及的智能网联技术方面，研究表明，先进驾驶辅助（ADAS）、车-车/车-路协同（V2X）、高度自动驾驶等智能网联汽车技术，可减少汽车交通安全事故 50%~80%，提升交通通行效率 10%~30%。在智能共享汽车涉及的共享方面，根据美国麻省理工学院的相关研究成果，一辆高效运行共享汽车可减少 9~13 辆私家车上路使用。截至 2018 年底，我国小型载客汽车保有量达到 2.01 亿辆，按照共享汽车与私家车 1∶9 的比例推算，智能共享出行系统的高效运行可使小型载客汽车保有量降低一个数量级。因此，智能共享汽车将为汽车产业有效解决安全、拥堵、能源和环保问题提供全新可能，对降低城市交通拥堵以及有效减少车辆尾气排放具有重要意义。

3.4.1 发展目标与需求

1. 城市移动出行场景需求

1）城市移动出行总体需求

智能车辆技术、共享出行服务技术及智能交通技术的进步与发展，将从整体上驱动城市出行效能、出行经济性、便捷性等的大幅度提升释放城市空间。

2）城市居民出行需求

城市居民出行成本的降低、消费行为习惯的持续影响、智能汽车技术及共享出行服务技术的发展与应用，将促使具备"共享特征"的个性化出行需求得到满足。同时，自动驾驶技术的应用使得出行"第三空间愿景"成为可能。

3）出行载具变革需求

受自动驾驶和车辆模块化技术的影响，"第三空间"与多功能底盘分离，能同时满足"多用途运输"车辆形态，从而显著提升载具的运行效率与经济性。

4）出行服务创新需求

自动驾驶和智能交通技术的叠加影响，将产生新的交通供给服务形态——"智能共享型出行服务系统"，促使个性化出行需求和经济型出行得到平衡。

2. 发展目标

1）宏观布局目标

到 2025 年，搭建动态交通模型与动态出行模型，充分发挥动态交通模型的功能和优势，实现智慧出行的数字孪生模拟。

到 2030 年，建立基于大数据的城市道路地标与导航地图识别系统，以及基于天气环境影响下的智慧城市服务系统，实现智慧城市的精确网络。

到 2035 年，建立一体化的城市机动出行协同服务与城市交通信息管控中心，实现智慧城市便捷、舒适的用户端体验。

2）中观布局目标

到 2025 年，完成面向智能共享车辆运行的通行规则与交通组织方法，完成路与车智能融合感知、定位等关键技术的研究，形成新型的感传一体化感知设备，突破群体车辆运行安全状态辨识与认知关键技术，研发路车智能融合控制方案与区域交通控制关键技术，在限定区域开展示范应用。

到 2030 年，完成道路交叉口群的路车融合控制与控制节点协同关键技术的研发，完成融合一体化车外支撑平台中核心功能智能路侧设施的研发，并开展基于 SC-ST-SV 框架和 5G-V2X 系统融合的智能共享出行规模化集成应用。

到 2035 年，在中心城市实施基于 SC-ST-SV 框架和 5G-V2X 系统的智能网联汽车融合一体化的、功能完备的车外支撑平台常态化集成应用。

3）微观布局目标

到 2025 年，在车辆技术层面，突破自动驾驶系统融合感知和决策技术、5G-V2X 核心技术、功能安全和网络安全技术、全新整车架构和线控底盘技术；在交通技术层面，突破智能路侧设施技术、基于网联-智能交通系统的交通调度管理核心技术、城市智能共享汽车出行服务平台等核心技术；在社会生态层面，突破智能共享汽车的安全性认证流程和方法，提出智能共享汽车认证所需的工具链需求，推动并完成相关政策法规的初步修订和完善，完成城市智能共享汽车的整车研发，并在局部区域开展示范运行。

到 2030 年，基本完成智慧城市出行云服务系统建设，提供可靠的不间断服务，城市网联智能交通设施形成规模，基于智慧城市、智能交通、智能汽车融合一体化的智能共享汽车技术基本成熟，城市智能共享汽车开始大规模服务于城市居民的出行。

到 2035 年左右，城市智能共享车成为部分智慧城市个性化出行的首选。同时，载具的运行效率与经济性得到有效提升，并支撑城市居民出行效率、出行经济性，便捷性和安全性地大幅度提升。

3.5 战略支撑与保障

3.5.1 制定"国家未来城市发展战略"，前瞻性地布局新一代智能共享汽车系统工程

从智能时代下未来人类城市和社会生活全面重构的战略视角，进行前瞻性思考和综合研

究。当未来智慧城市和智能交通成为一种生态、智能共享汽车成为一种服务时,从国家层面统筹推动交通出行宏观和中观的布局与管理,将智能共享汽车系统工程的发展确立为国家战略。落实《面向 2035 年智慧城市的智能共享汽车系统工程总体战略》,确定智能汽车、智能交通、智慧城市、管理平台及法规/标准体系等协调一致的发展规划与战略目标,成立由相关政府部门组成的智能共享汽车工程联合工作组;加强各部门之间的协同,部省联动;做好统筹分工,形成发展合力;明确相关的发展路线,制订行动计划,有序推进工程落地。

3.5.2 制定相关政策、标准与法规,为研发基于自动驾驶技术的新一代城市智能共享汽车创造条件

1)构筑智能共享出行产业链融合协同的国家标准与法规保障体系

在车辆方面,加快解决自动驾驶汽车上路行驶的合法性、法律事故责任界定、机器人驾驶伦理等问题。统一适用于共享出行的智能汽车标准、评价体系,为智能共享汽车加快商业化提供标准与法规支撑。

在交通方面,建立并完善智能交通云平台标准、智能交通基础设施标准以及智能交通协同管控标准,为智能共享出行的区域应用示范和运营提供标准与法规支撑。

在智慧城市基础设施方面,建立并完善面向智慧城市的智慧交通评价指标体系、城市出行数字化标准等。

在共性关键技术方面,完善相关关键技术的标准与法规体系,主要包括信息安全、专用通信网、高精度地图及定位、数据标准、人工智能及其算法评价等。构建智能车辆、智能交通、智慧城市基础设施相协同的智能共享出行产业链融合协同的政策保障体系。

2)创新支持智能共享汽车商业化发展的政策环境

国家在政策制定过程中,应确保政策法规体系的战略性、全面性和系统性。强化政策组合,形成政策协同性,充分发挥组合效应,最终形成目标一致、相互支撑、凝聚合力的政策法规组合和运行体系。在市场准入方面,研究出台相关政策,鼓励企业合理化定制、开放式设计、研发先进智能共享车型,并以安全、高效、绿色等指标进行有效引导。

在商业运营层面,建立运营准入机制与考核指标体系,总体上确保智能共享车辆投放总量的供需平衡,对符合标准的车型提供路权优惠、交通资源倾斜等实质性支持。例如,鼓励地方政府为智能共享汽车提供临时停靠场地、充电设施等便利及优惠措施。在使用便利性、降低成本方面,进一步鼓励用户选择共享汽车出行,提高单车利用率,推动智能共享汽车商业模式进入良性循环。例如,可采用基于大数据的 UBI(Usage-based Insurance)保险,对智能共享汽车的违章、事故处理、车辆监管等形成简化流程和规范。

3）建立智能共享汽车协同监管体系

建设智能共享汽车使用、车辆准入、服务运维三位一体的智能共享汽车系统工程监管体系，具体如下：

（1）将智能共享汽车的使用及管理与国家用户信用体系建设相关联，规范智能共享汽车的文明使用。

（2）建立智能共享汽车产品研发、测试、准入监管体系，做到开发测试有标准、政府监管有依据、数据信息可溯源。

（3）建立智能共享汽车运行监管平台，打通用户、车辆、交通、城市数据，对智能共享汽车运营企业及运营车辆进行有效监管，确保运营安全，严防市场风险。

3.5.3 建设城市智能共享出行"设施链"，推进新一代城市自动驾驶智能共享汽车应用示范

建设城市智能共享出行"设施链"，主要包括基础设施建设和应用示范，具体如下：

1）协同推进智能共享汽车系统工程所需的基础设施建设

基于政府的合理规划、前瞻性布局、行业企业多方参与的原则，协同推进支撑智能共享汽车运营的道路交通、信息通信、智慧能源基础设施建设。统筹推进城市智慧道路和智慧路网建设，搭建 5G 车载专用通信网络、城市高精度地图与高精度定位服务系统；建设国家级智能汽车与智能交通协同云平台，搭建以企业为主体的一体化智能出行平台，并积极推动各类交通工具在一体化平台上的互联互通。同时，推进新能源充电基础设施、能源互联网、智能停车场的建设，为智能共享汽车的运行提供智慧、互联的基础设施及条件。

2）统筹规划，积极推进智能共享出行应用示范

从国家层面统筹规划，以开放创新为原则，在国家智能汽车、智能交通、智慧城市、智慧能源协同战略的基础上，总体规划智能共享出行示范区建设，有效分类，避免因重复建设而造成资源浪费。例如，部分地区可形成区域合力：构建京津冀、长三角、珠三角等一体化智能共享出行应用示范区。率先在有条件的重点城市，鼓励开展智能共享出行与城市一体化交通出行相结合的应用示范项目，推动其商业化应用。选择重点地区，推进智能共享汽车率先示范试点。逐步扩展应用示范的场景和规模，积累数据和经验，提升企业运营能力。

3.6 技术路线图的绘制

面向 2035 年智慧城市的智能共享汽车系统工程技术路线图如图 3-1 所示。

项目	2020年 ———————————————————————— 2035年	
需求		
总体需求	城市出行效率、出行经济性、便捷性等的大幅提升	
	城市道路、停车空间等资源的释放	
出行需求	个性化出行需求得到满足,"第三空间愿景"成为可能	
载具需求	"第三空间"与多功能底盘分离,显著提升载具的运行效率与经济性	
服务需求	"智能共享型出行服务系统",个性化出行需求和经济型出行需求实现平衡	
目标		
智慧城市	搭建动态交通模型与动态出行模型,充分发挥动态交通模型的功能和优势,实现智慧出行的数字孪生模拟	建立基于大数据的城市道路地标与导航地图识别系统以及基于天气环境影响下智慧城市服务系统,实现智慧城市精确的网络级覆盖	建立一体化的城市机动出行协同服务与城市交通信息管控中心,实现智慧城市舒适的用户端体验
智能交通	完成面向智能共享车辆运行的通行规则与交通组织方法,形成新型感传一体化感知设备,突破群体车辆运行安全状态辨识与认知、路与车智能融合控制方案与区域交通控制关键技术,开展限定区域集成示范	完成交叉口群路车融合控制与协同技术研发,完成融合一体化车外支撑平台智能路侧设施研发,开展基于SC-ST-SV框架和5G-V2X系统融合智能共享规模化集成应用	在中心城市实施基于SC-ST-SV框架和5G-V2X系统的智能网联汽车融合一体化的功能完备的车外支撑平台的常态化集成应用
智能车辆	突破智能共享汽车的安全性认证流程和方法,提出智能共享汽车认证所需工具链需求,完成城市智能共享汽车的整车研发,并在局部区域开展示范运行	基于智慧城市、智能交通、智能汽车融合一体化智能共享汽车技术基本成熟,城市智能共享汽车开始大规模服务于城市出行	城市智能共享车成为部分智慧城市内个性化出行的首选,同时,载具的运行效率与经济性得到有效提升,并支撑城市出行效率、出行经济性、便捷性及安全性的大幅度提升
关键技术		
车辆产品设计关键技术	整车架构技术	基于智能城市共享车辆使用需求的整车、电子电气架构、软件功能架构、底盘、座舱设计方法	产品设计技术不断完善,支撑量产产品研发
	电子电气架构及软件功能架构技术		
	线控底盘技术		
	免维护关键总成系统技术		
	智能座舱技术		
车辆控制架构设计关键技术	整车控制架构设计技术	整车控制能够满足区域内规模化运行需求	车辆控制架构技术不断完善,支撑量产产品开发
	底盘控制设计技术		
	座舱控制设计技术		
	中央控制器设计技术		
	使能赋能与"驾驶行为规范和谐"融合一体化的计算平台技术		

图 3-1 面向 2035 年智慧城市的智能共享汽车系统工程技术路线图

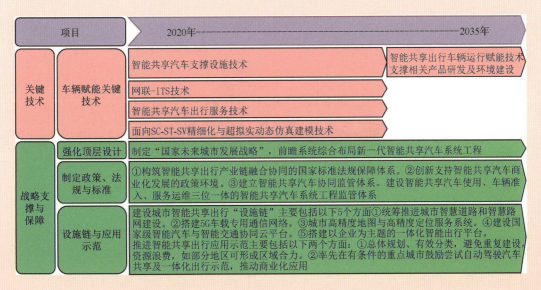

图 3-1　面向 2035 年智慧城市的智能共享汽车系统工程技术路线图（续）

小结

在面向 2035 年智慧城市的智能共享汽车系统工程技术路线图研究过程中，本课题组从基于智能交通导向的全球政策与行动计划、智慧城市建设典型案例、基于文献和专利分析的研发态势等方面着手，对面向智慧城市、智能交通、智能汽车的全球技术发展态势进行调研，进一步基于智能车辆、智能交通与智慧城市的融合体系，开展智能车辆自身的关键技术、智能交通与智慧城市融合下的车辆赋能关键技术等关键前沿技术梳理，形成技术发展路线图。

2035 年智慧城市的智能共享汽车系统工程技术是一个持续且复杂的课题，展望未来，研究团队将持续跟进智能车辆、智能交通与智慧城市的融合体系关键前沿技术与发展趋势，深入挖掘城市居民出行需求、出行载具变革需求、出行服务创新需求等城市移动出行场景需求，不断完善面向 2035 年智慧城市的智能共享汽车系统工程技术路线图。

第3章编写组成员名单

组　长：李　骏

成　员：张进华　侯福深　王云鹏　赵福全　张晓燕　郑亚莉　冯锦山
　　　　孙　宁　黄朝胜　张新钰　于海洋　刘宗巍

执笔人：孙　宁　黄朝胜　于海洋　刘宗巍

4

面向2035年的基于新一代人工智能技术的应用软件发展技术路线图

随着新一代人工智能技术的发展，传统应用软件的商业模式和产业生态等开始重塑。国务院和工信部先后出台了《新一代人工智能发展规划》《促进新一代人工智能产业发展三年行动计划（2018—2020年）》《工业互联网App培育工程实施方案（2018—2020年）》《工业控制系统信息安全行动计划（2018—2020年）》等重要规划，鼓励"产、学、研、用"各方力量共同推进我国应用软件的创新发展。新一代人工智能技术引领下的应用软件产业作为技术创新的竞争制高点，为我国不同行业和企业带来全新的发展机遇，同时也是引领新一轮产业变革的主导力量之一。

近年来，新一代人工智能技术引领的应用软件产业蓬勃发展，其数量已达到历史高峰。同时也成为国内外顶尖学术研究机构、跨国技术企业、国际软件行业组织的研究热点。在全球范围内，我国新一代人工智能技术引领下的应用软件产业虽然在部分领域实现了重要突破，但总体而言，在市场份额、产业应用广度和深度等方面与国外相比仍存在一定差距，产业化程度有待提高。

为更系统地推进新一代人工智能技术引领下的应用软件的创新发展和落地实施,本领域研究报告重点研究技术路线图以支撑应用软件的发展规划,所绘制的技术路线图能够以直观的方式,高度概括地展示技术、产业和应用的发展路线。本章主要对面向 2035 年的基于新一代人工智能技术的应用软件发展技术路线图的绘制过程进行阐述,对全球技术发展态势、关键前沿技术与发展趋势进行分析,明确本领域的发展需求与目标,提出需研究的重点任务,以 2020 年、2025 年、2035 年为 3 个发展阶段形成技术路线图,并提出相应的战略支撑与保障建议。

4.1 概述

4.1.1 研究背景

新一代人工智能处于新科技革命的核心地位,在该领域的竞争意味着一个国家未来综合国力的较量。我国在与新一代人工智能技术相关的应用软件产业的发展上有着独特优势,如稳定的发展环境、充足的人才储备、丰富的应用场景等;同时,需要注意的是,我国应用软件产业发展起步较晚,与以美国为主的发达国家相比还有一定差距。在新一代人工智能技术引领下的应用软件产业格局极有可能重新洗牌,我国应抓住应用软件产业发展的重要机遇。

在《新一代人工智能发展规划》[1]中,明确提出了建设和布局人工智能创新平台,强化对人工智能研发应用的基础支撑。人工智能开源软件、硬件基础平台的建设重点是,支持知识推理、概率统计、深度学习等人工智能范式的统一计算框架平台,形成促进人工智能软件、硬件和智能云之间相互协同的生态链。群体智能服务平台的建设重点是,基于互联网大规模协作的知识资源管理与开放式共享工具,形成面向"产、学、研、用"创新环节的群智众创平台和服务环境。混合增强智能支撑平台的建设重点是,构建可支持大规模训练的异构实时计算引擎和新型计算集群,为复杂的智能计算提供解决方案。自主无人系统支撑平台的建设重点是,构建面向自主无人系统复杂环境下的感知、自主协同控制、智能决策等人工智能共性核心技术的支撑系统,形成开放式、模块化、可重构的自主无人系统开发与试验环境。

作为新一轮科技革命中创新最活跃、交叉最密集、渗透性最强的技术,新一代人工智能技术正逐步成为新一代通用技术,并迅速渗透各领域,推动产品设计、过程管控、应用服务等向数字化、网络化、云化、智能化转型升级,引发系统性、革命性、群体性的技术突破和产业变革。随着互联网基础设施建设的逐步完善,以及 5G 等移动互联网基础支撑技术的快速发展,网络应用出现了爆发式增长,物联网技术的规模化应用,带来了各领域巨量数据的采集和接入问题。各领域平台的计算框架和计算能力的提升,以及大数据、深度学习、人机交互等智能技术在各领域场景的融合性应用创新,正在驱动软件及服务产品智能化迭代,推动软件及相关产业加速转型升级。

4.1.2 研究方法

基于新一代人工智能技术，对平台软件、系统软件和行业软件的应用进行分析，通过以下4个研究方法，充分挖掘新一代人工智能技术引领下的应用软件在智能制造领域的应用潜力，力求全面、准确地绘制面向2035年的应用软件发展技术路线图，具体研究方法如下：

（1）技术体系研讨。研究并提出技术体系框架，然后邀请相关领域专家进行研讨，初步形成软件技术体系框架。

（2）技术动态分析。基于初步形成的软件技术体系框架，通过 Web of Science、iSS 等信息平台对国内外本领域的文献、专利进行检索分析，提出初步技术清单。

（3）专家研讨。通过多轮专家研讨，迭代更新技术清单，形成最终的技术清单。

（4）技术路线图绘制。对确定的每个技术清单的技术范畴、内涵、未来发展趋势进行研讨，并分析相应的科技专项、产业发展及应用示范。

4.1.3 研究结论

经过前期调研、文献和专利动态扫描、专家研讨等研究方法，本项目以全面提升产业发展智能化水平、推动建成新一代人工智能技术引领下的软件应用生态链为目标，基于新一代人工智能技术的特点，围绕系统软件、平台软件及其在智能制造领域的应用展开融合技术点的挖掘，拟定了新一代人工智能技术引领下的软件发展关键前沿技术，并确定一系列需要着重部署的基础研究方向与重大工程专项，提出战略支撑与保障意见和建议。

4.2 全球技术发展态势

4.2.1 全球政策与行动计划概况

1. 美国

2019年2月，美国总统特朗普签署了名为《维护美国人工智能领导力》的行政令，启动"美国人工智能倡议"，提出在制定财政年预算提案和资金使用规划时，优先将预算款用于人工智能研发；加大数据、模型和资源的开放力度，以解除资源的限制对美国人工智能突破性发展的束缚；编制适用于不同技术类别和行业部门的人工智能开发和使用指南，推动国际标准制定；优先开设相关奖学金和培训项目，帮助美国劳工获取人工智能相关技能，完善人工智能培训体系；打造促进研发的国际环境，确保美国保持长期优势等[2]。

2019年6月，美国白宫公布了《国家人工智能研究发展战略计划》[3]，提出持续在基础人工智能研究工作上的投资；开发能够补充和增强人类能力的人工智能系统，并日益关注未来的工作；处理人工智能引起的伦理、法律和社会影响；建立健康和可信任的人工智能系统；开发可共享的高质量数据集和环境来支持人工智能培训与测试；支持人工智能技术标准和相关工具的开发；推动人工智能研发队伍的发展，包括人工智能系统从业人员，以及那些与他们一起工作的人，以维持美国的领导地位；扩大公私（包括工业界、非营利组织和学术界）合作，加速人工智能的发展。

在制造领域，近年来美国先后出台了"先进制造伙伴关系计划""先进制造业战略计划""国家制造业创新网络计划"等战略，2018年10月，又发布了《美国先进制造领导力战略》，大力推动开发和转化涵盖半导体、人工智能、先进材料、工业机器人、数字制造等的新型制造技术。

2. 德国

自2013年以来，德国相继发布了《新高科技战略（3.0）》《数字议程（2014—2017年）》《数字化战略2025》《德国工业战略2030》[4]等，将信息物理系统（CPS）作为工业4.0的核心技术，并在标准制定、技术研发、验证测试平台建设等方面做出了一系列战略部署。在工业4.0计划中提出，通过智能人机交互传感器，人类可借助物联网对下一代工业机器人进行远程管理，同时工业4.0中的智能工厂和智能生产环节都需要借助不断升级的智能机器人。这不仅有助于解决机器人使用中的高能耗问题，还可促进制造业的绿色升级，全面实现工业自动化。

2019年发布的《德国工业战略2030》指出，机器与互联网互联（工业4.0）是极其重要的突破性技术，机器构成的真实世界和互联网构成的虚拟世界之间的区别正在消失，工业中应用互联网技术逐渐成为标配，这一变化才刚刚开始。在人工智能领域，2018年7月，德国出台了《联邦政府人工智能战略要点》，旨在将本国对人工智能的研发和应用提升到全球领先水平。

3. 英国

2017年3月1日，英国政府发布了《英国数字战略》。该战略详细阐述了英国脱欧后将如何打造世界一流的数字经济，并对未来如何推进数字转型做出了全面的战略部署，主要包括连接战略、数字技能与包容性战略、数字经济战略、数字转型战略、网络空间战略、数字政府战略和数据经济战略七大战略[5]。其中，数据经济战略旨在释放英国经济中的数据潜力，提升公众对数据的信心,提出支持数据基础设施的建设,包括"储存设备、软件工具、网络和数据管理平台等"。

2018年,英国出台了《英国人工智能发展的计划、能力和志向》和《产业战略:人工智能领域行动》,针对人工智能发展制定了具体措施,并于2018年4月启动了以人工智能技术为核心的"现代工业战略"。其中,《产业战略:人工智能领域行动》政策文件是针对2017年11月发布的《产业战略》中提及的"人工智能与数据经济"挑战,就想法、人民、基础设施、商业环境、地区5个生产力基础领域制定了具体的行动措施,以确保英国在人工智能行业的领先地位。

4. 日本

2019年6月,日本政府出台了《人工智能战略(2019)》,主要聚焦于奠定未来发展基础,构建社会应用和产业化基础,制定并应用人工智能伦理规范。

2019年6月,日本在内阁会议上发布了《综合创新战略2019》[6],提出数字化的浪潮不仅使无人驾驶领域发生了改变,还将对城市经济结构和社会结构具有巨大的影响。在大数据的发展趋势中数字汇流对未来最具冲击性,与物联网、人工智能、区块链等技术的发展息息相关、相辅相成。因此,从收集和利用大量基础原始数据到高质量的工业社会数据,以及在研发过程中获得的广泛数据(不局限于论文、专利、科研成果直接相关的数据)都极为重要,要打造下一代数字化平台。

在制造领域,为了保持日本机器人产业的国际领先地位,迎接欧美与中国的机器人技术赶超和应用领域的日益扩展所带来的新挑战,2015年1月23日,日本政府公布了《机器人新战略》。日本机器人革命首先是要实现任何人都可以熟练使用的"易用性"。根据各领域的实际需求,灵活改变机器人。未来的机器人将更多地应用于三品产业(食品、化妆品、医药品)领域,以及更广泛的制造领域、各种各样应用环境的服务领域、中小企业等。

5. 其他国家发布的相关政策

法国在核电、高速列车、航空航天、汽车等制造业领域处于世界领先水平,奠定了法国作为世界先进制造业强国的地位。法国政府于2013年推出《新工业法国》战略,与软件产业相关的内容包括嵌入式软件和系统计划、大数据计划和云计算计划。嵌入式软件和系统计划在法国经济中占有比较重要的位置,法国政府计划从加强软件出版、鼓励创新、鼓励出口等方面进一步促进这一领域的发展。在云计算领域,法国拥有众多新兴中小企业和数家大型信息技术企业。法国政府拟从支持创新和辅助软件出版商向软件即服务(SaaS)转型两大方面促进云计算的发展。

韩国从2014年起陆续发布《第二个智能机器人总体规划(2014—2018年)》《九大国家

战略项目》《机器人基本法案》，并提出 3 项重点研究计划：运用深度学习技术进行实时推理与大量图像、影像分析的"Deep View 计划"、整合人工智能与自然语言辨识技术在医疗、财经等领域提供专家服务的计划"Exobrain"，并在 2015 年提出《制造业创新 3.0 战略行动方案》，针对当前韩国制造业在工程工艺、设计、软件服务、关键材料和零部件研发、人员储备等领域的薄弱环节，加大投入力度，以取得重要突破，并将机器人、人工智能、自动驾驶和 3D 打印确立为智能制造产业发展的主攻方向。2019 年 1 月，韩国科学技术信息通信部（Ministry of Science and ICT）与相关部门在第一次创新发展战略会议上发布了《数据与人工智能经济激活计划（2019—2023 年）》报告。该报告的发布旨在促进数据与人工智能的深度融合，制定了"三大战略九项任务"，通过实施激活数据价值链，构建具有世界水平的人工智能创新生态系统，力争迈进人工智能先进国家。

4.2.2 基于文献分析的研发态势

目前，全球软件市场形成了以美国、欧洲、印度、日本、中国等国家和地区为主的国际软件产业分工体系，全球软件产业链的上游、中游和下游链条分布逐渐明晰。美国掌握着全球软件产业的核心技术、标准体系及产品市场，大部分操作系统、数据库等基础软件企业均位于美国。中间件企业集中在爱尔兰、印度、日本、以色列、新加坡等国家和地区。而应用软件企业主要集中在德国、中国、菲律宾等国家和地区。

通过对文献、专利的检索与分析，本课题组认为在新一代人工智能技术的影响下，当前全球的软件发展呈现以下 5 个趋势：

（1）新形态软件架构逐渐占据更大主导地位。随着云计算应用、容器技术应用的持续深入推进，软件架构范式仍在向微服务架构转变，将占据更大的主导地位。而随着边缘计算的发展，以及"云计算+边缘计算"混合计算等新型计算范式的发展，促成了云边协同的应用模式，也催生了云边协同的一体化新形态软件架构。一体化新形态软件架构能够较好地利用云计算的分布性和对边缘计算时间敏感的特性，实现数据快速处理、协同计算、智能化实时应用等，是未来软件架构发展的重点趋势之一[7]。

（2）低代码/无代码平台软件正在推动企业各个层面的创新。随着"软件定义一切"趋势的发展，为了使软件和 App 的应用能够确保人们日常生活正常进行，需要企业不断对软件和 App 进行维护、升级功能与创新，因此，对软件从业人员的技能要求较高，人力成本也较高。数字化能力较高的企业通过对企业内部的数据资源、服务资源进行接口化、服务化，推出低代码/无代码开发平台，以帮助不懂开发业务的人员进行低代码/无代码开发。

（3）软件的开发将更加依赖人工智能技术。人工智能技术（机器学习、深度学习、知识图谱、迁移学习等）大量应用于各类软件，特别是在对话聊天、流程自动化中广泛应用。目前聊天机器人已成为每个应用程序或网站中的新趋势，通过人工智能聊天机器人取代人类客户服务，进行更准确的客户行为分析，降低人力资源消耗。此外，RPA（机器人流程自动化）软件正越来越多地应用于银行、保险公司、电信公司和公用事业，通过模拟人工对计算机的操作，实现数据的跨系统、跨平台转移与录入，有效地降低人工错误，切实提高运营效率，提供能兼容旧系统的集成解决方案。

（4）研发使用安全且可信的软件是未来应用软件的重点，需要高度重视软件安全性。人们对软件的依赖度越来越高，如医疗保健、通信、运输、基本服务的获取等，都需要软件来进行。随着开源软件的应用范围的扩大、开源软件产业不断发展，许多软件都是基于开源软件进行再次开发的，软件安全问题不容忽视。越来越多的企业转向可以抵御恶意软件入侵的完全软件，因为它们是防止数据泄露和其他安全风险的重要防线[8]。

（5）异构数据互操作软件是实现数据中台的关键要素。在全球数字化浪潮驱动下，信息技术的深化发展已是不可逆的趋势，但在各类信息系统和平台中，仍存在诸多数据孤岛。在保证数据安全独立且不影响现存系统与平台的前提下，打破数据融合交换瓶颈，整合数据资产，挖掘数据潜在价值，能够对预测未来趋势、数据分析、机器学习、人工智能等提供更优化的指导[9]。实现跨系统、跨平台的异构数据互操作，是未来解决信息系统和资源互联互通及融合应用的关键，也是目前世界科技研究的前沿焦点。基于跨领域、跨学科知识融合的发展趋势，未来软件行业将从数据驱动的构件组合引擎、领域知识推荐、应用开发运行一体化环境和面向领域通用性的中间件软件等方面，推动形成云化、移动化、平台化、构件化的智能软件生态。

5G、VR（虚拟现实）、AR（增强现实）、MR（混合现实）等为代表的新技术、新模式、新业态不断涌现，将驱动软件及服务产品智能化迭代，不断推动软件及相关产业加速转型升级。

4.3　关键前沿技术及其发展趋势

新一代人工智能技术引领下的软件发展关键前沿技术包括面向新形态计算机的操作系统软件技术、自适应嵌入式操作系统软件技术、基于多处理模型融合架构的数据库管理系统软件技术、虚拟资源动态自适应和自调整软件技术、巨量数据实时智能处理/存储与调用软件技术、跨领域知识抽取及表示软件技术、跨领域知识融合引擎服务软件技术、类脑智能引擎服务软件技术、多模态人机交互引擎服务软件技术、工业知识图谱软件技术、工业可视化编程软件技术、工业模型库构建软件技术、知识驱动的产品设计软件技术及基于语义推理的制造供需资源匹配软件技术等。对以上软件发展重点方向可归纳为系统软件、平台软件及智能制造应用软件3个大的技术方向。软件系统技术体系如图4-1所示。

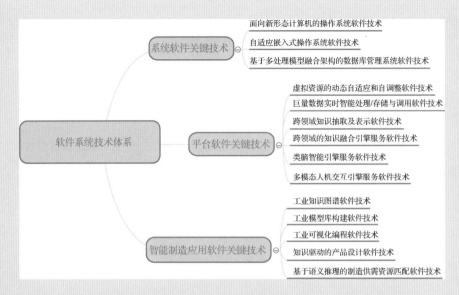

图 4-1　软件系统技术体系

4.3.1 系统软件关键技术

在系统软件中,主要从面向新形态计算机的操作系统软件技术、自适应嵌入式操作系统软件技术、基于多处理模型融合架构的数据库管理系统软件技术 3 个方向对系统软件进行研究。

(1)面向新形态计算机的操作系统软件技术。目前传统的操作系统软件,如针对服务器、桌面和智能手机等应用形态的通用操作系统软件,已被如微软、谷歌、苹果等公司牢牢把握,并且围绕 Windows、MacOS、Android 等的生态系统已相当成熟。操作系统独立自主可控的前提是掌握应用编程接口,以此为基础逐步形成生态系统。因此,面向新形态计算机的操作系统软件应该作为国产自主可控操作系统发展的主要方向。

(2)自适应嵌入式操作系统软件技术。随着边缘计算的发展,设备端的作用日趋突显,业界对设备端的安全性、响应及时性、数据处理高效性等性能均提出新的要求。因此,把提高嵌入式操作系统的通用性、灵活性、安全性等作为研究的主要方向,研究发展能够适应物联网和人工智能时代计算架构下的自适应嵌入式操作系统软件。

(3)基于多处理模型融合架构的数据库管理系统软件技术。随着大数据时代的到来,数据的重要性提到了前所未有的高度。目前,数据库管理系统软件中主要包括传统的数据库和关系型数据库管理软件,面向大数据、边缘计算、人工智能等技术的发展而产生的不同需求,使数据的管理方式也不同,较难开发一种可支撑不同应用场景、不同计算模式和性能需求的通用管理方式。因此，提出基于多处理模型融合架构的数据库管理系统软件，将人工智能技术中的统计、学习等能力应用到数据库管理中，对资源进行自适应调度优化，满足不同处理模型的需求，提高多模态数据处理模型的时效性和可扩展性。

4.3.2 平台软件关键技术

平台软件关键技术主要包括虚拟资源的动态自适应和自调整软件技术、巨量数据实时智能处理/存储与调用软件技术、跨领域知识抽取及表示软件技术，以及跨领域的知识融合引擎服务软件技术、类脑智能引擎服务软件技术、多模态人机交互引擎服务软件技术。

（1）虚拟资源的动态自适应和自调整软件技术。随着云计算、大数据、物联网、边缘计算、人工智能技术的发展，软件运行环境需求面对各类复杂的应用程序与实时变化的工作负载，如何提高动态场景下虚拟资源的管理效率成为一项挑战性的任务。目前过度配置是保证服务水平的常用做法，但极有可能造成资源和能源的浪费。对于不断增长的资源需求和有限资源间的关系，需要对于资源进行动态而准确的预测，实时根据预测进行调整，从而能够减少资源过少或过剩情况的发生。因此，基于深度增强机器学习，提出虚拟资源的动态自适应和自调整软件技术，以满足未来发展所需要的资源。

（2）巨量数据实时智能处理/存储与调用软件技术。通过对异构多模态海量数据进行处理和分析挖掘，找到未知的、可能有用的、隐藏的规则，再通过关联分析、聚类分析、时序分析等各种算法，发现一些无法通过观察图表得出的深层次原因。目前大数据技术不断发展，但主要集中在企业或消费领域，在工业、农业、医疗和城市领域中缺乏跨业务系统、跨企业、跨领域等面向多源异构海量数据的管理、分析与挖掘软件。因此，通过对多源异构的海量数据进行实时智能处理、分析与挖掘，可形成丰富的业务数据规则库，使异构数据的接入快速转成标准统一的格式，并对多源异构数据的实时存储及调用规则进行研究，提高数据调用与处理的效率。

（3）跨领域知识抽取及表示软件技术。目前，知识抽取主要面向的对象为单领域的数据，但面对多元化场景发展需求，未来需要更多不同领域的知识融合来支撑应用。因此，需要优先研究跨领域知识抽取及表示技术，以支撑跨领域知识的融合。

（4）跨领域的知识融合引擎服务软件技术。知识图谱是一种挖掘分析各领域知识之间的关系与关键权重的图形化方法，能够有效地导引使用者在最短时间内发现目标知识，并帮助使用者延伸寻找与目标相关的知识经验。目前，知识图谱在搜索引擎与文献检索领域已有较多应用，但对跨模态、跨语言的知识应用不多，对于跨模态、跨领域的知识获取和融合等问题的研究尚未深入，因此提出跨领域的知识融合引擎服务软件技术。通过对知识融合引擎的研究，促进跨领域知识图谱的生成。

（5）类脑智能引擎服务软件技术。类脑计算融合了脑科学与计算机科学、信息科学和人工智能等领域技术，借鉴人脑存储和处理信息的方式[10]，通过与计算机、软件的结合，以类脑智能引擎服务软件技术为形态，并把它作为通用人工智能的基础，使其智能处理能力更趋向于人脑，促进新一代人工智能向高人工智能（High AI）发展。

（6）多模态人机交互引擎服务软件技术。多模态就是多种感官融合，即通过文字、语音、视觉、动作、环境等多种方式进行人机交互，充分模拟人与人之间的交互方式。目前所涉及的语义还只是文本、视频、图片、运动数据等更多元的素材采集比较困难。从多模态交互的角度来看，在目前的智能语音技术上，若想扩展视频、图片、运动数据等素材的采集，只能通过语义处理语义、视频处理视频等方式。通过多模态人机交互引擎服务软件技术，集合多模态交互方式，融合多模态信号，打破传统键盘输入和智能手机的点触式交互模式，开发基于多模态人机自然交互的、能在各领域的应用软件。

4.3.3 智能制造应用软件关键技术

智能制造应用软件关键技术主要包括基于语义推理的制造供需资源匹配软件技术、工业知识图谱软件技术、工业模型库构建软件技术、工业可视化编程软件技术以及由知识驱动的产品设计软件技术。

（1）基于语义推理的制造供需资源匹配软件技术。随着工业互联网的发展，制造领域各类资源需求通过工业互联网提出，但由于种类资源需求数量众多，并且需求方的语言描述习惯不同，因此匹配到合适的供应资源需要花费大量的时间。通过语义推理技术，提取资源供需的特征，智能匹配合适的供需资源，提高工作效率。

（2）工业知识图谱软件技术。工业知识图谱作为面向制造领域的知识图谱，存在行业领域碎片化严重的现象，使得工业领域知识图谱的构建缺乏高质量数据和先验知识[11]。并且，此前在消费领域盛行的相关关系也很可能不适用于工业领域，因果关系仍将是很长一段时间工业领域追求的目标。因此，将工业知识图谱软件技术作为智能制造领域未来研究的重点方向之一。

（3）工业模型库构建软件技术。在实现可视化编程前，需要对工业各领域的知识、模型进行系统化梳理、分类与整合，初步形成工业模型库的结构；并结合工业知识图谱细化形成分支明确的工业模型库，为提高工业可视化编程的效率提供支撑。因此，通过对工业模型库构建软件技术的研究，可提高工业可视化编程时模型的推荐效率。

（4）工业可视化编程软件技术。工业 App 作为工业软件的新形态，使工业知识的软件化应用更加面向具体的场景。但工业 App 的开发受限于以下因素：懂工业知识的人员不懂软件开发技术，懂软件开发技术的人员对工业应用场景了解不深刻。因此，通过对工业可视化编程软件技术的研究，可降低工业 App 的开发难度，使得工业领域技术人员以可视化形式实现工业 App 的设计与编程工作。

（5）由知识驱动的产品设计软件技术。建模作为制造工程设计的核心内容，决定产品质量是否达标。由于设计时相当一部分工作采取已有的模型，故需要根据现有需求进行调整，耗时且容易出错。提取模型中有区分意义的特征，对模型进行分类，形成产品设计知识库，通过深度学习技术的训练，使技术人员在设计产品时可根据用户需求实现对模型的调用，提高产品设计效率。

4.4　技术路线图

4.4.1　发展需求与目标

新一代人工智能技术引领下的应用软件发展需求，主要是把新一代人工智能技术与基础软件、面向各领域的应用软件需求深度融合，促进应用软件产业升级；为应对发达国家在软件基础领域的垄断局面，加快基础研究成果向制造等产业应用转化的速度；同时推动建设我国人工智能开源社区的生态，提高领域影响力。

软件和信息技术服务业是引领科技创新、驱动经济社会转型发展的核心力量，是建设制造强国和网络强国的核心支撑。建设强大的软件和信息技术服务业，是我国构建全球竞争新优势、抢占新工业革命制高点的必然选择。作为新一代信息技术产业的灵魂，软件正在成为信息化和数字化发展的基础，"软件定义"正在推动各行业领域的跨界融合、创新发展和转型升级。随着云计算、大数据、移动互联网、物联网等技术的快速发展和融合创新，以及先进计算、高端存储、人工智能、虚拟现实、神经科学等新技术的加速突破和应用，人机物融合环境下的基础设施资源发生了巨大变化，社会环境正在向网络化、泛在化、智能化的人机物融合发展模式迈进[12]。在人机物融合发展的环境下，"软件定义"不再仅限于计算、存储、网络等传统意义上的基础硬件资源，还覆盖云网端的各类资源，包括电能、传感、平台、应用等软硬件与数据和服务资源等。万物皆可互联，一切均可由"软件定义"。

在传统软件开发领域，发展出"传统产品模式"和"软件服务化模式"，满足客户个性化需求；在信息技术服务领域，从单一的系统集成服务向产业链的前后端延伸扩展，基本形成信息技术咨询服务、设计与开发服务和信息系统集成、后期运维服务齐头并进的发展格局；在新兴产业领域，充分运用大数据、移动互联网、云计算等信息技术和手段，企业根据各自业务需求，实现相关技术的快速更新，催生出更多的新兴服务业态。

在以智能制造为代表的国计民生重要领域,大量工业知识被固化沉淀在各类工业软件和信息系统中,工业应用软件作为工业技术、工艺经验、制造知识和方法承载、传播和应用的重要载体,将推动软件在工业领域更好地发挥"赋值、赋能、赋智"作用。在新一代信息技术的影响下,工业软件将从产品、企业流程、生产方式、企业新型能力、产业生态5个维度重新定义和提升智能系统所应具备的状态感知、实时分析、自主决策、精准执行和学习提升能力。

基于以上的发展需求,本题课组初步提出3个阶段的目标。

(1) 2020年目标。到2020年,初步建立基于新一代人工智能技术的软件技术体系、安全体系、标准体系、管理体系、评估体系,形成对基于新一代人工智能技术的应用软件的安全评估和管控能力;基于新一代人工智能技术的应用软件的基础共性关键技术取得重要进展;发展面向各领域及企业个性化需求的智能化应用软件产业;形成面向特定行业、特定场景、具有重要支撑意义的基于新一代人工智能技术的领域App应用示范。

(2) 2025年目标。到2025年,建成更加完善的新一代人工智能技术引领下的软件技术体系、安全体系、管理体系、评估体系、标准体系、政策体系以及伦理规范;培育出由我国主导、全球参与的开源软件生态系统,形成面向应用领域行业通用的智能化中间件软件产业,形成一批面向各领域的多学科交叉的软件应用示范。

(3) 2035年目标。到2035年,基于新一代人工智能技术的应用软件的技术与应用总体上达到世界领先水平;基于类脑智能、自主智能、混合智能和群体智能等领域技术的应用软件取得重大突破,在国际人工智能和应用软件研究领域具有重要影响,占据应用软件科技制高点;基于新一代人工智能技术的应用软件为智能经济、智能社会的建设发挥突出作用。

4.4.2 重点任务

本课题的重点研究任务如下:研究基于新一代人工智能技术的应用软件的技术体系;研究并提出基于新一代人工智能技术的应用软件技术的发展目标、技术路线和科技专项设置建议;研究并提出基于新一代人工智能技术的应用软件应用示范与推广的目标、路线和示范推广工程设置建议;研究并提出战略支撑与保障等咨询建议。

以下从技术层面、产业层面和应用层面进行详细说明。

1. 技术层面

1) 在基础研究方面

重点研究面向云制、云控的云脑形态应用软件的新型架构技术和基于产业发展需求的具有互联互通互操作性的多学科交叉软件技术。

（1）面向云制、云控的云脑形态应用软件的新型架构技术。重点研究支撑大规模、分布式、场景动态变化的云边端协同学习与知识传递、云端知识聚合与机器决策要求的自适应可变架构技术；通过研究群智协同开发、智能仿真测试、自主智能运维、运行环境及系统智能安全、群智协作标准化、智能多源集成等技术，研究围绕云脑形态应用软件的智能构建技术、智能运维技术、智能安全技术；通过智能协同云制造软件、动植物疾病云监控预警软件、群体健康云监测软件、智能化城市交通云控软件等典型领域的应用与示范，研究云脑形态应用软件在重点行业领域的应用技术。

（2）基于产业发展需求的具有互联互通互操作性的多学科交叉软件技术。研究具有自学习能力的跨领域数据交互融合软件技术，通过研究云边端跨领域数据融合处理的软件架构、数据集成支撑技术、基于深度学习的跨领域数据集成技术、跨领域数据库管理软件等，实现具有自学习能力的跨领域数据交互融合软件；研究构建面向领域应用共性需求的通用中间件软件，通过研究云中间集成技术、平台集成技术等新型集成技术、领域知识图谱的构建技术、知识挖掘与推理技术等，挖掘领域内、领域间的共性需求，形成通用的中间件软件；研究平台之间的互联互操作软件，集成领域全生命周期活动内基于多学科知识的平台软件，实现领域内多学科知识的交叉融合。

2）在融合应用技术方面

在系统软件方面，重点研究面向新一代人工智能技术、云计算和云边缘计算技术、区块链技术等信息技术的操作系统和数据库管理系统相关的软件技术；在平台软件方面，重点研究资源虚拟化/服务化软件技术、巨量数据智能分析与管理软件技术，以及面向人工智能、知识图谱、类脑智能等引擎服务软件技术；在智能制造应用软件方面，重点研究能够覆盖领域常用场景的示范应用软件，并逐步完善。

2. 产业层面

重点进行基于新一代人工智能技术的软件开发云平台产业发展研究和新一代人工智能技术引领下的 App 产业发展研究。

1）基于新一代人工智能技术的软件开发云平台产业发展研究

在基础运行环境方面，基于云计算技术，研究具备强大弹性可伸缩能力、高性能计算能力、容灾能力等的智能服务器相关技术产业；研究能够兼容 TensorFlow、Caffe 等主流计算框架，支持分布式计算、图式计算、流式计算、CPU+GPU 混合计算等多种计算方式的通用人工智能算法运行环境；研究并提高多源海量语音、图像、视频等异构数据的高性能分析、处理及存储能力。

基于开源软件社区形成统一信息模型、框架，对不同行业的项目代码、软件知识等加以挖掘、分析、学习、沉淀，形成通用的知识图谱和面向医疗、金融等领域的知识图谱软件，逐步形成通用、高内聚、低耦合且易于扩展、能够灵活应对变化的模型库和算法库；研发可即时使用的可视化算法建模工具，提供分类、回归、推荐、跨媒体识别等通用人工智能模型，并能够支撑工业、农业、医疗、城市领域人工智能模型的快速搭建与应用的便捷开发。

通过新一代人工智能技术、云计算技术、容器技术等新一代信息技术与软件开发技术的融合性研究应用，使用户能够不受地域、空间限制，随时进行项目管理、配置管理、代码检查、编译、构建、测试、部署、发布等软件全生命周期活动，并通过用户代码过程的训练，丰富开发者相关产品及能力，形成便捷、高效的云端开发生态环境。

2）新一代人工智能技术引领下的 App 产业发展研究

重点发展基于类脑神经形态计算等新型内核的普适化、智能化、面向各类企业个性化需求的基础共性 App，包括嵌入式人工智能自主学习操作系统 App、集成嵌入式软件的紧凑终端系统 App 等。

重点发展面向智能制造领域的数据驱动、知识演化、自主推理的行业通用 App 软件产品产业，如智能制造领域的知识图谱 App、多学科协同设计 App 等。

重点发展面向各类企业个性化需求的多模态感控、自主诊断、先验预测的专用 App 软件产品产业，如由知识驱动的协同产品设计 App、基于群体智能的协同制造智能管控 App、基于知识图谱的智能预测 App 等。

3. 应用层面

在应用示范工程方面，应把研究和搭建"基于工业大数据的智能制造云与核心工业应用软件"应用示范作为重点任务。开发智能终端嵌入式操作系统、云脑操作系统软件，创新设计软件、智能协作软件、智能管控软件，以及面向智能服务的智能诊断和智能预测的应用软件等。

4.4.3 技术路线图的绘制

面向 2035 年的基于新一代人工智能技术的应用软件发展技术路线图如图 4-2 所示。

4 面向 2035 年的基于新一代人工智能技术的应用软件发展技术路线图

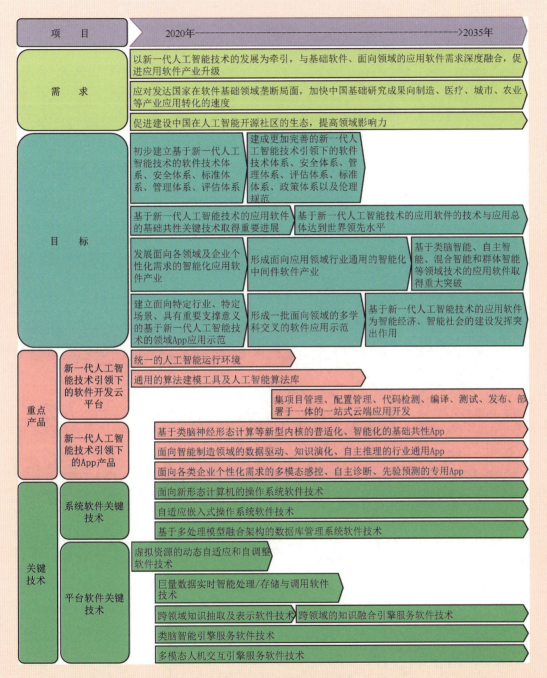

图 4-2 基于新一代人工智能技术的应用软件面向 2035 年的发展技术路线图

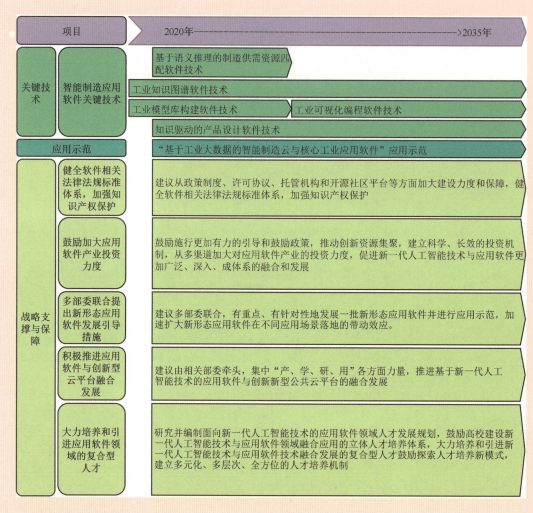

图 4-2 基于新一代人工智能技术的应用软件面向 2035 年的发展技术路线图（续）

本领域的技术路线图分为以下 2020 年、2025 年、2035 年 3 个阶段，各阶段的技术路线描述如下：

到 2020 年，重点研究软件的基础核心技术及管件技术，初步实现能适用于单一领域的知识抽取与表示技术；初步搭建类脑智能、知识融合、多模态人机交互的引擎框架；初步实现对制造领域复杂文本语义理解技术研究。初步构建新一代人工智能技术引领下软件的技术体系、标准体系、评估体系等基础体系等。

到 2025 年，重点突破交叉融合应用软件技术，实现对多处理模型进行融合的软件技术，实现对软硬件资源的自适应调度优化，以满足不同数据处理模型的需求；对不同领域不同模态的数据，通过关联分析、聚类分析、时序分析、迁移学习等方式，实现跨模态、跨领域的知识获取和融合；实现基于语义的制造供需资源匹配软件技术，通过挖掘和提取不同资源的供需特征，不断完善制造领域的语料库，为提高智能匹配合适的供需资源工作效率建立基础；通过对工业领域多模态数据的分析与处理，形成工业领域知识的抽取与表示软件技术，进而形成工业知识模型库。

到 2035 年，实现面向新形态计算机的操作系统软件技术，在面向不同形态的软件和硬件时，通过深度学习的训练，能够实现在不同场景下对软件和硬件资源的智能调度；能够提供基于多处理模型融合架构的数据库管理软件，并在对数据库各类性能历史数据的学习下，实现能够支撑不同应用场景、不同计算模式和性能需求的数据管理；通过对跨领域的知识融合引擎服务软件技术研究，生成跨领域知识图谱；与以类脑芯片为代表的硬件方向协同发展，通过软件方式实现对类脑硬件的调度和管理，并通过对类脑硬件系统进行信息刺激、训练和学习，使其产生与人脑类似的智能甚至涌现出自主意识，实现智能培育和进化，实现类脑智能引擎，促进实现类脑智能领域的技术研发和产业化，抢占科技创新和产业发展制高点；实现工业知识图谱软件、工业可视化编程软件等相关技术，实现低代码的、基于知识的工业产品设计软件技术。

4.5 战略支撑与保障

4.5.1 健全软件相关法律法规与标准体系，加强知识产权保护

建议从政策制度、许可协议、托管机构和开源社区平台等方面加大建设力度和保障力度，开展软件标准化工作的顶层设计，前瞻性地构建开源标准化体系，建立健全软件安全监管评估体系。推进知识产权运营交易和服务平台建设，加快推进专利信息资源开放共享，鼓励软件企业共同组建专利池；建立资源共享和利益分配机制；建立知识产权风险管理体系，加强知识产权预警和跨境纠纷法律援助，加大对软件创新成果的知识产权保护。研究完善法律法规，规范网络服务秩序，提高侵权代价和违法成本，有效威慑侵权行为。

4.5.2 鼓励加大应用软件产业投资力度

实施更加有力的引导和鼓励政策，推动创新资源集聚，建立科学、长效的投资机制，从多渠道加大对应用软件产业的投资力度，促进新一代人工智能技术与应用软件更加广泛、深入、成体系的融合和发展，催生大量新技术、新产品、新应用，推动基于新一代人工智能技术的应用软件领域的创新能力持续提升，助力我国应用软件技术产业抢占新一代人工智能技术发展制高点。

4.5.3 多部委联合提出新形态应用软件发展引导措施

建议多部委联合，有重点、有针对性地发展一批新形态应用软件并进行应用示范，加速扩大新形态应用软件在不同应用场景落地的带动效应，全方位、多层次加大对新形态软件的支持力度，为持续不断地突破创新创造良好条件，为在新一代人工智能技术引领下的应用软件发展持续营造创新的氛围。

4.5.4 积极推进应用软件与创新型云平台融合发展

建议由相关部委牵头，集中"产、学、研、用"各方力量，推进基于新一代人工智能技术的应用软件与创新型公共云平台的融合发展，充分发挥创新型公共云平台在跨行业、跨领域的连接引领作用和对新一代应用软件生态体系的基础培育作用，进而加快基于新一代人工智能技术的新型应用软件的研发、部署和实施，繁荣应用软件的生态体系。

4.5.5 大力培养和引进应用软件领域的复合型人才

研究并编制面向新一代人工智能技术的应用软件领域人才发展规划，鼓励高校建设新一代人工智能技术与应用软件领域融合的立体人才培养体系，大力培养和引进新一代人工智能技术与应用软件技术融合发展的复合型人才；鼓励探索人才培养新模式，建立多元化、多层次、全方位的人才培养机制。鼓励企业走出去，定期组织人才引进交流会，促进企业和政府的人才引进经验交流，探索人才引进新模式；结合地方人才引进政策建立具有区域特色的人才引进机制，建立健全成果导向型和创新导向型的人才激励机制，推动建设突破性创新型新一代应用软件领域的高端人才队伍。

小结

本章分析了当前全球在应用软件领域的政策与行动计划，基于文献分析发展趋势，从系统软件、平台软件、应用软件等软件技术方向提出关键技术，并从技术、产业、应用及战略支撑与保障方面提出建议，稳步推进新一代人工智能技术引领下的应用软件发展。未来，随着深度学习、类脑智能、知识图谱、深度神经网络等新一代人工智能技术、云计算技术、边缘计算技术、区块链技术、5G等信息通信技术在软件领域的渗透，软件的开发形式将面向人机物融合的环境向大数据驱动、群体智能驱动、知识驱动的智能化方向转变；将推动边缘侧智能软件快速发展，从云端-边缘端协同计算、智能化实时应用等方面，促进云边协同服务；

4 ■ 面向 2035 年的基于新一代人工智能技术的应用软件发展技术路线图

应用软件将从数据驱动的规则引擎、领域知识推荐、应用开发运行一体化环境、应用中间件等方面发展，推进应用软件向网络化、平台化、智能化方向迈进，将呈现"场景应用+数据驱动"的新模式。

第 4 章编写组成员名单

组　长：李伯虎

成　员：柴旭东　侯宝存　王永峰　李　潭　王建民　王　晨
　　　　安　达　刘　阳　邹　萍　宿春慧　韦达茵　党　刚
　　　　王艳广　于文涛　刘　哲　张晓娟　杨春伟　程　琳
　　　　杨　磊

执笔人：侯宝存　刘　阳　韦达茵

面向2035年的流程型制造业智能化发展技术路线图

习近平总书记指出，我国经济已由高速增长阶段转向高质量发展阶段，正处在转变发展方式、优化经济结构、转换增长动力的攻关期，迫切需要新一代人工智能等重大创新添薪续力。制造业是实体经济的主体，是现代化经济体系的重要组成部分。流程型制造业包括钢铁、石化、建材等工业，是制造业的重要组成部分。经过数十年的发展，我国流程型制造业已形成世界上门类最齐全、规模最庞大的流程型制造业体系。然而，我国流程型制造业未来发展还面临着严峻的资源、市场、环保、竞争等挑战，迫切需要加快转型升级、向绿色化和智能化方向发展。

目前，国内外研究较多的是针对离散型制造业的智能化，而流程型制造业的制造过程既有时空、几何形状变化，又涉及状态、成分、性质等物理化学变化，工艺参数众多且又互相关联、作用和制约，不少事物难以有确定解，难于数字化。流程型制造业智能化仍处于探索中，缺乏公认的研究结果和成熟案例。本课题重点研究流程型制造业制造流程的本构特征、耗散结构、耗散过程和建模机理等物理本体问题，并以钢铁工业和石化工业为主要对象，将智能化与信息物理系统（CPS）的概念相对接，研究如何实现全流程动态运行的过程自感知、自学习、自决策、自执行、自适应，以及如何构建基于信息物理系统的智能化工厂，并在此基础上，提出面向2035年的流程型制造业智能化发展的目标、特征和路径。

5.1 概述

5.1.1 研究背景

进入21世纪以来，信息技术呈现指数级增长，数字化网络化智能化加快普及应用，制造系统集成式创新不断发展，特别是新一代人工智能技术与先进制造技术深度融合所形成的新一代智能制造技术，已成为新一轮工业革命的核心驱动力。

流程型制造业智能化将引发企业发展理念、工厂模式发生重大而深刻的变革，重塑技术体系、生产模式、发展要素及价值链，推动流程型制造业获得新的竞争优势，步入发展新阶段，实现产业竞争力的整体跃升。到2035年之前，正是"智能制造"这个新一轮工业革命核心技术发展的关键时期，流程型制造业必须紧紧抓住这一千载难逢的历史机遇，集中优势兵力打一场战略性决战，实现战略性的重点突破、重点跨越，大力提高发展质量，助力制造强国建设。

为抓住时代机遇，实现制造业的转型升级，各国都不断地推出发展智能制造的新举措。德国发布了《保障德国制造业的未来：关于实施工业4.0战略的建议》，提出工业4.0战略，即"传统制造+互联网"，侧重于从硬件出发打通软件，核心内容是发展基于信息物理系统的智能制造。美国联邦政府、行业组织和企业联手推动智能制造发展，提出了工业互联网和先进制造业2.0，即"互联网+传统制造"，侧重于从软件出发打通硬件，其主攻方向是以互联网激活传统制造，发挥科技创新优势，以期占据世界制造业价值链高端。法国政府通过多种手段，大力支持以智能制造为核心的"新工业法国"计划。日本在发布机器人新战略的基础上，提出工业价值链参考架构，标志着日本智能制造策略正式落地实施。印度、越南等新兴国家正在加速进入全球制造业体系，带来资源、技术和市场的新组合。

我国制造业是全世界工业门类分类中覆盖面最广的国家，已连续7年保持世界制造业第一大国地位。2018年，我国制造业占国内GDP的比重为29.4%。以钢铁、石化等为代表的流程型制造业，是我国制造业的重要组成部分，占全国规模以上工业总产值的47%左右，是实体经济的基石。经过改革开放40多年的快速发展，总体规模大幅度提升，综合实力显著增强，但与世界先进水平相比，在竞争优势、技术能力、质量品牌、环境友好等方面还存在不同程度的差距，结构性供需失衡问题突出。

近年来，我国制造业出现了产能过剩现象，而流程型制造业的产能过剩现象尤为严重，意味着规模扩张型的传统增长模式难以持续，必须转向以创新驱动为主要特征的新型增长路径。在这样的大背景下，2015年，国家发布了"制造强国战略研究"和《关于积极推进"互联网+"行动的指导意见》；2017年11月，发布了《深化"互联网+先进制造业"发展工业互联网的指导意见》，从国家层面确定了我国建设制造强国的总体战略部署，提出要以新一代信息技术与制造业深度融合为主线，以推进智能制造为主攻方向，实现制造业由大变强的历史跨越。

在上述大背景下，在国家经济发展总体战略、产业转型发展要求以及新技术发展驱动的共同作用下，流程型制造业的智能化发展成为大势所趋。

5.1.2 研究方法

通过专家讨论，确定本领域的关键词，然后利用中国工程院中国工程科技知识中心进行检索，得到技术态势分析；再通过多轮专家讨论，初拟技术清单并进行描述。最后，结合技术预见调查，确定最终技术清单，绘制出技术路线图。

5.1.3 研究结论

加快发展智能制造，是推动流程型制造业提高质量效益、优化产业结构、转变发展方式、转换增长动力、实现高质量发展的主攻方向。流程型制造业的智能化发展是顺应我国打造制造强国的必然选择，是贯彻落实党的十九大精神的重大举措，更是推进我国供给侧结构性改革、实现我国经济高质量发展的重要途径。

5.2 全球技术发展态势

5.2.1 全球政策与行动计划概况

随着全球智能制造浪潮的推进，欧美国家纷纷制定各国的先进制造业发展战略，如美国的先进制造业和工业互联网战略、德国的工业 4.0 等。各国都非常重视这一轮以智能制造为核心的传统制造业的产业升级。

1. 美国流程型制造业智能制造情况

2009 年，美国发布了流程型制造业智能制造（Smart Process Manufacturing, SPM）路线图，2011 年启动"先进制造合伙计划（Advanced Manufacturing Partnership Plan, AMP）"，同年，智能制造领导同盟（Smart Manufacturing Leadership Coalition, SMLC）公布了"实施 21 世纪智能制造"报告。其中，SPM 路线图提出强化先进智能系统在石化、建材、冶金等流程型制造业的应用，打造一种集成式的、知识支撑的、基于模型的企业模式，加快新产品开发，动态响应市场需求，实时优化生产制造和供应链网络。流程型制造业智能制造（SPM）针对流程型工业与离散型工业不同的特点，提出了实现六大业务转变和五大技术转变的独特技术路线，即五条"路线图通道（Lane）"：从数据到知识、从知识到运行模型、把运行模型变成关键工厂资产、模型从关键工厂资产到全面应用、把人员-知识和模型变成组合的关键性能指标（KPI）。

2017 年 3 月投产的美国大河钢铁公司（Big River Steel, BRS），借助德国 SMS GROUP 最先进的特种钢生产技术，并融合了美国本土科技公司 Noodle.ai 研发的 AI 应用技术，实现智能化工厂。BRS 工厂通过广泛分布的传感器收集数据并发送至 BEAST 平台（BEAST 企业级 AI 超级计算技术）。该平台具有千万亿次计算能力并训练每个客户端的应用程序以允许处理大量的计划场景，帮助工厂在维护计划、生产线调度、物流运营和环境保护等领域取得突破性进展，全厂 600 人满负荷可生产 300 万吨钢铁。

霍尼韦尔公司面向制造业提出"互联工厂"解决方案，通过实现过程、资产与人员的互联，为制造为企业打造以一个开放性的创新平台。过程互联主要是指连接工艺过程和霍尼韦尔环球油品公司的专家系统，未来还将覆盖其他工艺过程供应商；资产互联是连接资产与原始设备制造商（OEM）的设备专家系统和人工智能分析工具；人员互联指的是人员与最佳的知识共享和协同工具的互联。霍尼韦尔（Honeywell 公司）还充分发展并运用云平台、大数据以及物联网等技术，构建互联工业软件平台 Honeywell Sentience。该平台包含数据的安全协议和数据分析软件，是连接工业物联网数据连接层、接口层和云服务层的重要工具。

2. 欧盟流程型制造业智能制造情况

2006 年，欧盟发布了钢铁技术平台计划 ESTEP（European Steel Technology Platform Vision 2030），提出钢铁智能制造（Intelligent manufacturing）技术重大研究项目，所确定的优先研发领域包括高度自动化的生产链技术、全面过程控制技术和模拟仿真优化技术；通过新检测技术或改进物理模型，在线测量和控制机械性能；集成过程监控、控制和技术管理，实现钢铁生产多目标优化,包括生产率、资源效率和产品质量。2012 年,欧盟成立了钢铁集成智能制造(Integrated Intelligent Manufacturing,I2M)小组,并于 2012 年、2014 年、2016 年召开 3 次讨论会,其愿景是以整体视角整合传感器、数据处理、模型和工艺知识,提升人与制造过程之间的交互能力。欧盟通过碳钢研发基金,支持启动了 DynergySteel(多过程集成)、PreSed(大数据)、I2M Steel(自组织生产)等集成智能制造旗舰示范项目。

3. 我国流程型制造业智能制造情况

当前,我国以制造强国战略为总纲,工信部采取了多项措施推动智能制造工作的落实,包括制定并发布《智能制造工程实施指南(2016—2020 年)》,开展智能制造试点示范专项行动、开展智能制造标准化工作等。此外,各省市企业也表现出对智能制造的强烈需求。从出台国家战略、地方政策提供强有力的支撑,到产业基层积极自发的原动力,中国智能制造的发展已形成了自上而下的外部合力,前景可期。构建制造业智能制造能力成熟度模型,开展制造业智能制造能力调研。

自 2015 年以来,工信部连续几年实施智能制造试点示范专项行动,宝钢、京唐、唐钢、九江石化、燕山石化、茂名石化、镇海炼化等 10 多家企业被列入试点示范名单,并取得了良好的示范效应。

5.2.2 基于文献和专利分析的研发态势

根据战略研究的范围和主要内容,本课题组邀请相关专家对面向 2035 年的流程型制造业智能化目标、特征和路径相关技术领域进行了 3 个层次的技术分解,详见表 5-1,用于界定此次文献专利分析的主要研究范畴。

表 5-1 技术分解

第一层	第二层	第三层	英文
流程型制造业	钢铁制造流程	钢铁	Iron and Steel
		焦化(炼焦化学)	Coking (Coking chemistry)
		烧结	Sintering
		球团	Pellets (Pelletizing)
		炼铁	Ironmaking
		高炉	Blast Furnace
		铁水预处理	Hot Metal Pretreatment

续表

第一层	第二层	第三层	英文
流程型制造业	钢铁制造流程	炼钢	Steelmaking
		转炉	Converter
		精炼	Refining
		电炉	Electric Arc Furnace
		连铸	Continuous Casting
		热轧/轧钢	Rolling/Hot Rolling
		冷轧	Cold Rolling
		长流程	Long Manufacturing Process
		短流程	Short Manufacturing Process
	铁钢界面	铁水罐周转	Hot Metal Ladle Turnover
		铁水脱硫效率	Hot Metal Desulfurization Efficiency
		铁水温度	Hot Metal Temperature
		界面模式	Interface Mode
	钢铸界面	钢包状态	State of the Steel Ladle
		钢包周转	Steel Ladle Turnover
		出钢温度	Tapping Temperature
		天车	Crane
	铸轧界面	热送热装	Hot Charging
		组坯模式	Set of Slab Model
	炼油制造流程	常减压蒸馏	Atmospheric and Vacuum Distillation
		催化裂化	Catalytic Cracking
		催化重整	Catalytic Reforming
		加氢裂化	Hydrocracking
		延迟焦化	Delayed Coking
		加氢处理	Hydrotreating
		加氢精制	Hydrorefining
		硫黄回收	Sulfur Recovery
		烷基化	Alkylating
	石油化工制造流程	乙烯蒸汽裂解	Ethylene Steam Cracking
		聚乙烯	Polyethylene
		聚丙烯	Polypropylene
		乙烯联合装置	Ethylene Complex
		芳烃联合装置	Aromatics Complex

续表

第一层	第二层	第三层	英文
流程型制造业	石油化工制造流程	合成橡胶	Synthetic Rubber
		合成纤维	Synthetic Fibre
		对二甲苯	Paraxylene（PX）
		甲醇制烯烃	Methanol to Olefins（MTO）
智能化	全流程质量管控	统计过程控制	Statistical Process Control
		质量在线评估	Online Quality Evaluation
		质量预测模型	Quality Prediction Model
		机器视觉	Machine Vision
		质量追溯	Quality Retrospect Analysis
	一体化计划调度	生产计划	Production Planning
		动态调度	Dynamic Scheduling
		流程仿真	Process Simulation
		库存与物流优化	Inventory and Logistics Optimization
		订单智能计划	Order Intelligent Plan
		产线分工优化	Production Line Optimization division
	能源管控	能源评估	Energy Evaluation
		能流网络模型	Energy Flow Network Model
		能量流网络	Energy Flow Network
		多能源介质优化	Multi Energy Media Optimization
		能源预测	Energy Prediction
		管网控制	Energy Net Control
	过程控制层	全流程智能控制系统	Full Flow Intelligent Control System
		先进控制	Advanced Process Control
	全流程优化	多工序优化	Multi-Process Optimization
		过程模型	Process Model
		在线检测	Online Detection
		工业机器人	Industrial Robot
		实时优化软件	Real-Time Optimization software
		过程控制系统	Process Control System
		安全仪表系统	Safety Instrumented System
		装置流程模拟	Device Operation Simulation
		操作员仿真培训系统	Operator Training and Simulation System
		设备管理系统	Equipment Management System
		工厂信息管理系统	Plant Information Management System
		实验室信息管理系统	Laboratory Information Management System

续表

第一层	第二层	第三层	英文
智能化	数字化平台	大数据	Big Data
		数据挖掘	Data Mining
		机器学习	Machine Learning
		可计算工艺软件	Process Software Tools
		三维数字化平台	3D Digital Platform
		数字化交付技术	Digital Delivery Technology
		智能巡检机器人	Intelligent Inspection Robot
		射频识别技术	Radio Frequency Identification Technology
		智能仓储技术	Intelligent Storage Technology
	经营管理层	企业资源规划系统	Enterprise Resource Planning System
		供应链管理系统	Supply Chain Management System
	生产运营层	生产执行系统	Production Execution System
		能源管理优化系统	Energy Management Optimization System
		原料评价系统	Raw Material Evaluation System
		计量管理系统	Metrology Management System
		环境监测系统	Environmental Monitoring System
		应急指挥系统	Emergency Command System
目标	动态	甘特图	Gantt Chart
	连续	一体化运行	Integrated Operation
		层流	Laminar Flow
	紧凑	占地面积	Covers Area
		平面布置	Layout
	数字化网络化智能化	智能化工厂	Intelligent Plant
		智能化生产	Intelligent Production
		智能化管理	Intelligent Management
		智能化供应链	Intelligent Supply Chain
		智能化服务体系	Intelligent Service System
		工艺设计	Process Design
		操作控制	Operation Control
		生产监控	Production Monitoring
		运行优化	Operation Optimization
	智能制造	数字物理系统	Cyber Physical System
		工业互联网	Industrial Internet

续表

第一层	第二层	第三层	英文
目标	智能制造	工业互联网平台	Industrial Internet Platform
		工业App	Industrial App
		横向集成	Horizontal Integration
		纵向集成	Longitudinal Integration
		端到端集成	End to End Integration
		人工智能	Artificial Intelligence
		数字化设计	Digital Design
特征	物理结构	逻辑关系	Logical Relationship
		存储关系	Storage Relationship
	关键要素	物质流	Mass Flow
		能量流	Energy Flow
		信息流	Information Flow
	信息物理融合系统	制造执行系统	Manufacturing Executive System
		能源管控系统	Energy Control System
		过程控制系统	Process Control System
路径	能源中心	能源调控	Energy Regulation
		能源潮汐	the Energy Tides
		煤气调度	the Gas Dispatching
		能源梯级利用	Energy Cascade Utilization.
	窄窗口控制	钢成分	Steel Composition
		产品稳定性	Stability of product
		钢温度	Steel temperature
	一体化排程	产品订单	Product order
		排程优化	Scheduling optimization
	价值链维度	研发与设计	R & D and Design, Research & development Design
		供应链	Supply Chain
		销售服务	Sales Service
		产业链	Industry Chain
	智能化要素	智能装备	Intelligent Equipment
		智能化专业应用	Professional Application of Intelligent
		关键技术	Key Technologies
		平台	Platform

1. 论文分析

对流程型制造业智能化的目标、特征、路径相关的文献数量变化趋势进行分析。

1) 流程型制造业智能化目标

从 1996 年开始出现相关研究，在 2016 年发表的相关文献数量最多，2018 年共有 71 篇相关文献。1996—2018 年流程型制造业智能化目标文献数量变化趋势如图 5-1 所示。

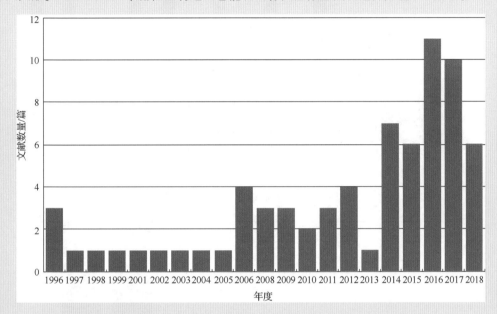

图 5-1　1996—2018 年流程型制造业智能化目标文献数量变化趋势

2) 流程型制造业智能化特征

从 1981 年开始出现相关研究，在 1994 年发表的相关文献数量最多，2018 年共有 54 篇相关文献。1981—2018 年流程型制造业智能化特征文献数量变化趋势如图 5-2 所示。

3) 流程型制造业智能化路径

从 2010 年开始出现相关研究，在 2016 年和 2017 年发表的相关文献数量最多，2018 年共有 54 篇相关文献。2010—2018 年流程型制造业智能化路径文献数量变化趋势如图 5-3 所示。

2. 专利分析

对公开的专利数量随时间（按年计算）的变化情况进行分析，由于专利在完成申请之后的 1~2 年内公开，因此所分析的数据有一定的延迟，且同一专利可能会有多次公开的情况。通常情况下，公开专利数量逐渐增多代表该领域技术创新趋向活跃；公开专利数量趋于平稳代表该领域技术趋于稳定，技术发展进入瓶颈期，技术创新难度逐渐增大。

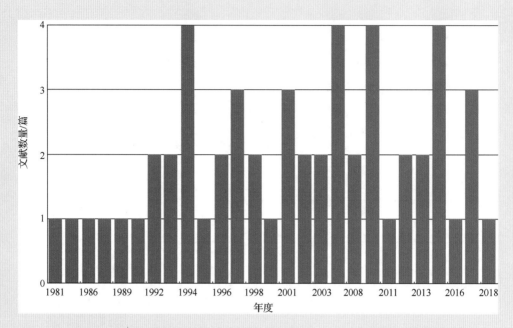

图 5-2　1981—2018 年流程型制造业智能化特征文献数量变化趋势

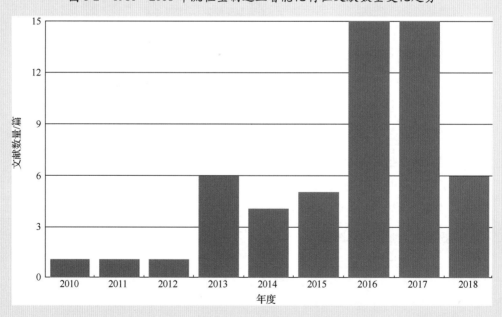

图 5-3　2010—2018 年流程型制造业智能化路径文献数量变化趋势

1）钢铁智能化目标

1989—2016 年钢铁智能化目标公开专利数量变化趋势如图 5-4 所示。

5 ■ 面向 2035 年的流程型制造业智能化发展技术路线图

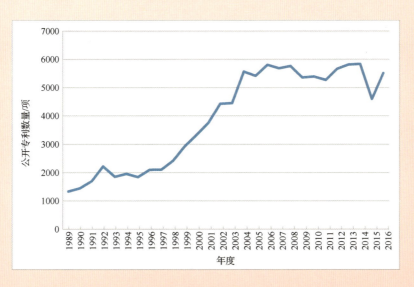

图 5-4　1989—2016 年钢铁智能化目标公开专利数量变化趋势

从图 5-4 可以看出，2014 年、2013 年、2006 年这 3 年公开的专利数量较多，分别为 5826 项、5806 项和 5790 项，分别占所分析专利总数的 5.15%、5.13% 和 5.11%。其中 1992 年、2004 年、1999 年公开专利数量的增速较快，增长速度分别为 31.59%、24.88% 和 21.11%，2015 年、1993 年降速较快，负增长速度分别为 -21.22% 和 -16.49%。

2）钢铁智能化特征

1989—2016 年钢铁智能化特征公开专利数量变化趋势如图 5-5 所示。

图 5-5　1989—2016 年钢铁智能化特征公开专利数量变化趋势

从图 5-5 可以看出，2013 年、2014 年、2012 年这 3 年公开的专利数量较多，分别为 1429 项、1417 项和 1346 项，占所分析专利总数的 5.66%、5.61%和 5.33%。其中，1992 年、1998 年、2000 年公开专利数量增速较快，增长速度分别为 26.3%、26.29%和 24.25%，2015 年、1993 年降速较快，负增长速度分别为-20.61%和-11.63%。

3）钢铁智能化路径

1989—2016 年钢铁智能化路径公开专利数量变化趋势如图 5-6 所示。

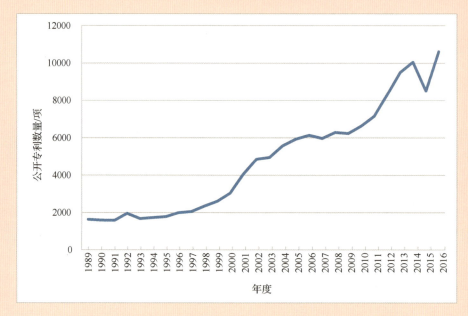

图 5-6　1989—2016 年钢铁智能化路径公开专利数量变化趋势

从图 5-6 可以看出，2016 年、2014 年、2013 年这 3 年公开的专利数量较多，分别为 10610 项、10054 项和 9498 项，占所分析专利总的 7.41%、7.03%和 6.64%。其中，2001 年、2016 年、1992 年公开专利数量增速较快，增长速度分别为 33.36%、24.74%和 23.4%，2015 年、1993 年降速较快，负增长速度分别为-15.4%和-14.37%。

4）石化智能化目标

1989—2016 年石化智能化目标公开专利数量变化趋势如图 5-7 所示。

从图 5-7 可以看出，2014 年、2013 年、2006 年这 3 年公开的专利数量较多，分别为 5826 项、5806 项和 5790 项，占所分析专利总量的 5.15%、5.13%和 5.11%。其中，1992 年、2004 年、1999 年公开专利数量增速较快，增长速度分别为 31.59%、24.88%和 21.11%，2015 年、1993 年降速较快，负增长速度分别为-21.22%和-16.49%。

图 5-7 1989—2016 年石化智能化目标公开专利数量变化趋势

5）石化智能化特征

1989—2016 年石化智能化特征公开专利数量变化趋势如图 5-8 所示。

图 5-8 1989—2016 年石化智能化特征公开专利数量变化趋势

从图 5-8 可以看出，2013 年、2014 年、2012 年这 3 年公开的专利数量较多，分别为 1429 项、1417 项和 1346 项，占所分析专利的 5.66%、5.61% 和 5.33%。其中，1992 年、1998 年、2000 年公开专利数量增速较快，增长速度分别为 26.3%、26.29% 和 24.25%，2015 年、1993 年降速较快，负增长速度分别为 -20.61% 和 -11.63%。

6）石化智能化路径

1989—2016 年石化智能化路径公开专利数量变化趋势如图 5-9 所示。

图 5-9　1989—2016 年石化智能化路径公开专利数量变化趋势

从图 5-9 可以看出，2016 年、2014 年、2013 年这 3 年公开的专利数量较多，分别为 15915 项、15081 项和 14247 项，占所分析专利总数的 7.41%、7.03% 和 6.64%。其中，2001 年、2016 年、1992 年公开专利数量增速较快，增长速度分别为 33.36%、24.74% 和 23.4%，2015 年、1993 年降速较快，负增长速度分别为 -15.4% 和 -14.37%。

5.3　关键前沿技术及其发展趋势

根据未来流程型制造业智能化工厂的全流程智能化模块，最终确认的技术清单涉及物联网智能运行、数据智能获取和分析、智能建模、关键装备、在线监测、智能优化及智能控制的技术，具体如下：

1. 满足"流""流程网络"和"程序"三大要素的制造流程信息物理系统（CPS）技术及智能化工厂的构成与管控架构

钢铁制造流程是由融合了复杂的物理输入/输出的物质流网络、能量流网络和信息流网络所组成的信息物理系统。建立智能化工厂必须高度重视物理系统的研究,必须是"三网协同"的信息物理系统。

在顶层设计的 CPS 指导下,研究影响 CPS 诸因素的相互作用规律;分信息深度感知的物理层、精准协调控制的网络层、精准协调的计算控制层、优化智慧决策的应用层和高效无人化的精准控制层 5 个层面,建立智能平台、网络系统、软件系统和硬件系统,最终实现制造流程的自感知、自决策、自执行和自适应。

2. 面向现场的工业物联网技术

(1)新一代流程型工业智能传感器、检测理论与技术,如现场微型化、智能化、低功耗传感器和智能化的仪器仪表,包括新效应传感器、新材料传感器、智能化温度/压力/流量/物位/热量/工业在线分析仪表和精密监测仪器等。

(2)物联网百万级设备的连接与管理技术、边缘分析技术、多源异构信息融合技术以及物联网平台相关技术。建立泛在感知的工厂运行环境,建成流程型工业自动化运行环境,实现物料、能源、产品、排放物、设备、环境、人员的感知、识别和控制。

3. 智能分析技术

(1)异构数据获取技术。重点发展异构数据采集、数据集成、数据转换清洗、数字对象标识与解析等相关技术,实现异构大数据的统一描述和管理,实时获取,实时分析,为大数据的挖掘、处理等奠定基础。

(2)数据可视化技术。研究支持多平台的远程数据可视化工具,包括二维、三维可视化技术,实现工厂运营的全面可视化。

(3)基于全流程过程群的物质流、能量流的快速评价技术。流程型工业全流程优化的基础是要求物质流、能量流分析的数据全面、快速、准确,离开了这一基础,流程运行过程会偏离优化目标。

4. 全流程动态建模技术

建立融合流程动态运行机理、数据和知识的全流程多尺度动态模型,将全流程生产过程和优化目标进行多层次地划分和降维,实现多尺度多目标的全流程智能协同优化控制,达到局部优化与全局优化的平衡。

5. 基于先进工艺的虚拟建模技术

结合先进的流程生产制造工艺,在工程设计建模、流程动态模拟技术上寻求突破,实现"现实工厂"和"虚拟工厂"的高效互动。开展物联网、大数据、云计算、过程模拟和在线优化技术在生产过程中的应用研究,支持资源、资金的高效利用,包括开发生产过程物质流和能量流综合优化技术、流程模拟协同化和在线自动化技术、原料与产品性能的在线检测调控技术；利用所建模型实现装置实时优化（RTO）和员工培训，实时优化技术是国外先进炼化企业这两年正在积极研发并推广的技术，其具体原理是通过装置建模实现可根据市场变化而自动调整加工方案的目标，达到装置效益最大化的目的。

6. 仪表自控智能化关键技术

智能化工厂装置具有自动化、数字化、可视化、模型化、集成化、智能化等特点，其基础是智能仪器仪表可靠性建模、设计与仿真，参数标定与校准、非线性补偿方法等动态测试与性能评估，关键部件芯片化等前沿技术；在线分析仪器小型化关键部件、微弱信号精密检测、精确自动补偿等关键技术。

7. 设备健康管理关键技术

结合状态监测、知识工程、工业大数据、虚拟现实、模糊神经网络、数据挖掘等技术，对运转设备状态进行在线监测，使设备具有自感知、自优化、自执行能力，对可能发生的故障具有自辨识和预测能力，可以进行自适应调控和自决策，完成自组织和自执行，达到装备的本质安全化和智能化的目标。设备健康管理关键技术包括以下几方面技术：

（1）设备自愈调控技术。该技术以故障预防和消除为目标。

（2）设备虚拟仿真技术。该技术可用来实现设备或机组全生命周期的高度数字化及设备的自我优化和智能健康管理。

（3）管道腐蚀在线监测系统和专家系统。研究提升设备防腐蚀能力、腐蚀专家系统的智能化程度，通过调整工艺操作，提高设备、管道的可靠性，实现生产装置总体的安全性和高可用性目标。

（4）过程安全保障关键技术。该技术可用来实现关键部件故障响应、装置网络安全一体化及故障预测与健康管理（PHM）等。

5.4 技术路线图

5.4.1 发展目标与需求

1. 发展目标

（1）总体目标。到2035年，智能化工厂完成试点示范并开始推广应用，我国流程型制造业实现转型升级，总体水平达到世界先进水平，部分领域达到世界领先水平，部分企业进入世界领先行列，为2050年把我国建成世界一流的制造强国打下坚实的基础。

（2）钢铁工业目标。示范企业智能化技术和新模式在钢铁企业中推广应用，全行业智能化水平有根本性提升，总体水平达到世界先进水平，部分企业处于世界领先水平。

（3）石化工业目标。石化智能化工厂推广普及，我国石化工业实现整体转型升级，智能制造总体水平达到世界先进水平，部分企业进入世界领先行列。

2. 市场需求

流程型制造业是制造业的重要组成部分，目前还存在产能结构性过剩、能耗物耗较高、资源能源利用率偏低、高端制造水平不高、安全环保水平差距大等问题，迫切需要转型升级、提质增效。

发展智能制造改造和提升传统产业，帮助传统产业实现生产制造和市场多样化需求间的动态匹配，减少消耗，提高品质，抵消劳动力、原材料等成本上升的影响，大幅度提高效率和效益，塑造新的竞争优势。

发展智能制造是我国流程型制造业转型升级的主要路径，不仅有助于企业全面提升研发、生产、管理和服务的数字化网络化智能化水平，提高企业生产效率，持续改善产品品质，满足在新常态下企业迫切希望实现创新和转型升级的需求，而且还可带动众多新技术、新产品、新装备快速发展，催生出一大批新应用、新业态和新模式，驱动新业务的快速成长，推动流程型制造业实现质量变革、效率变革、动力变革，为产业可持续发展注入强有力的新动能，促使流程型制造业迈向全球产业链中高端。

5.4.2 重点任务

1. 流程型制造业智能化工厂建设的主要内容

（1）智能化工厂设计。

（2）智能化生产运行。

（3）智能化管理。

（4）智能化供应链。

（5）智能化服务体系。

2. 建设流程型制造业智能化工厂需要的关键技术与装备

1）建设智能化工厂需要的关键技术

（1）物质流网络、能量流网络和信息流网络与协同优化技术。

（2）多层次、多尺度智能化建模技术与求解方法。

（3）全流程一体化调度技术、质量管控技术。

2）建设智能化工厂需要的关键装备。

（1）高温、高危、高污染复杂条件下的信息感知和数字化技术与装备。

（2）钢铁制造过程工业互联网技术与装备。

（3）智能化执行技术与装备。

（4）无人化运输装置。

3）建设石化智能化工厂需要突破的关键技术与装备。

（1）面向石化工业现场的工业物联网技术。

（2）石化工业大数据建模及智能分析技术。

（3）石化企业知识共享系统相关理论和技术。

（4）石化工艺虚拟建模与自动控制关键技术。

（5）仪表自控智能化关键技术。

（6）大型机组健康管控关键技术。

（7）静设备与管道的智能化关键技术。

（8）流程模拟和实时在线优化技术。

3. 建设智能化工厂需要解决的工程科学问题

（1）实现产品制造、能源转换和社会废弃物消纳多目标优化的制造流程物理本质和本构特征研究。

（2）满足"流""流程网络"和"程序"三大要素的制造流程信息物理系统（CPS）。

（3）智能化工厂的构成与管控架构。

（4）生产和经营全过程信息自动感知与智能分析。

（5）人机物协同的全流程协同控制与优化。

（6）产品全生命周期环境足迹智能监控与风险控制。

（7）安全生产风险因素的智能预测预警。

（8）人在回路的混合增强智能。

5.4.3 技术路线图的绘制

面向2035年的流程型制造业智能化发展技术路线图如图5-10所示。

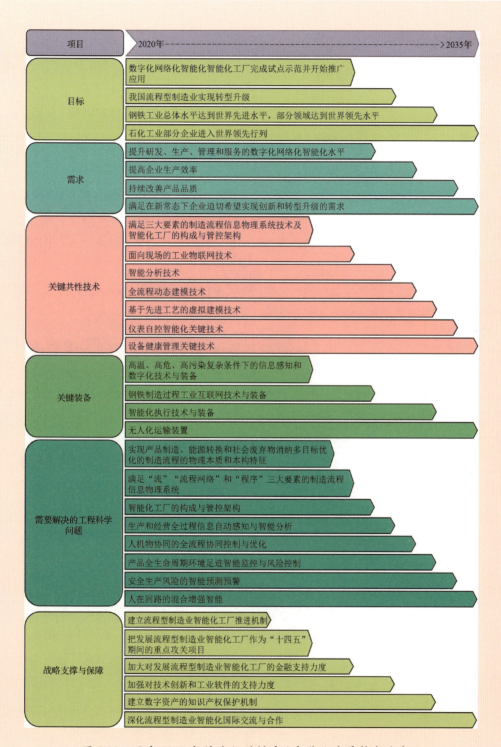

图 5-10　面向 2035 年的流程型制造业智能化发展技术路线图

5.5 战略支撑与保障

为实现流程型制造业智能化发展目标，建议我国政府有关部门从体制机制、财税支持、科技创新、知识产权保护等方面提供政策支持。

1. 建立流程型制造业智能化工厂推进机制

（1）政府有关部门要督促、支持流程型工业企业，推进智能制造的战略实施，推动流程型制造业转型升级，以促进实体经济发展。

（2）充分发挥国家层面的领导和统筹协调作用，督促流程型制造业内的企业围绕国家战略，形成系统推进、层层落实的组织实施智能制造的领导体系。

（3）充分发挥各企业的主体作用，加强和落实流程型制造业智能化的战略规划、顶层设计和实施，形成卓有成效的流程型制造业智能化推进机制。

2. 把发展流程型制造业智能化工厂作为"十四五"期间的重点攻关项目

（1）围绕流程型制造业智能化工厂，针对制约我国流程型制造业智能化工厂的理论及标准体系和关键技术瓶颈，梳理和调整设立流程型制造业智能化重大专项、重点研发计划和科技创新重大项目，将其列入"十四五"国家科技攻关项目计划中，力求稳定增加研发经费，优化投入结构，大幅度提高基础研究投入占比。

（2）从国家层面系统地布局，集中精锐力量实施核心技术产品攻坚工程和自主创新产品迭代应用计划，加快解决高精尖技术问题，着力实现流程型制造业智能化工厂核心理论和技术的全面突破。

3. 加大对发展流程型制造业智能化工厂的金融支持力度

（1）要继续加大政府财政资金投入力度。围绕发展智能制造的重点环节多措并举，推动各类国家科技重大专项、科技计划实施，加大对智能制造的支持力度。

（2）要用好技术改造专项资金推进智能制造实施。由中央财政设立技术改造专项资金，支持技术改造专项行动，实施新一轮重大技术改造工程。

（3）要采取税收普惠政策。对智能化升级改造项目，在项目竣工投产后，从增收的税收中拿出部分给予返还，作为奖励。

（4）国家要引导银行等金融机构对技术先进、优势明显、带动和支撑作用强的流程型制造业智能化项目优先给予信贷支持，以金融和投资、信用和融资担保、融资租赁、小额贷款等创新融资方式，为智能制造工艺技术、装备技术和控制技术创新，以及流程型制造业智能化改造拓宽融资渠道。

（5）设立专项资金，按照市场化运作模式，建设智能制造总体院，支持开发智能制造集成解决方案并实现工业应用。

4. 加强对技术创新和工业软件的支持力度

从国家层面加大对技术创新的支持力度，设立流程型工业工厂智能制造重点科技开发项目，加大在基础建模、智能传感、智能化装备和工业软件等方面的技术研发力度，突破流程型制造业智能化的关键技术瓶颈，在智能化技术上逐步实现自主安全可控。

5. 建立数字资产的知识产权保护机制

（1）为建立流程型工业数字资产知识产权的保护机制，建议引入数字资产的许可制度，构筑透明的数字资产使用环境，并利用信息技术对数字资产进行加密、标记、追溯和监控。

（2）研究数字经济与知识经济在知识产权保护领域的进展和应用现状，完善数字资产的相关法律体系，加强对违规行为的法律约束，形成规范有效的数字资产市场，保证数字资产在工业智能化中持续健康发展。

6. 深化流程型制造业智能化国际交流与合作

（1）在流程型制造业智能化标准制定、智能制造技术等方面广泛开展国际交流与合作，不断拓展合作领域。

（2）鼓励跨国公司、国外机构等在华设立智能制造研发机构、人才培训中心，建设流程型制造业智能化示范工厂。

（3）鼓励国内企业参与国际并购、参股国外先进的研发制造，掌握智能制造关键技术，逐步实现自主发展。

（4）积极推进与国际智能制造产业联盟、国际智能制造学会等交流合作，坚持企业主体与市场导向，实现更高水平的智能制造。

小结

本项目重点研究流程型制造业制造流程的本构特征、耗散结构、耗散过程和建模机理等物理本体问题，并以钢铁工业和石化工业为主要研究对象，将智能化与信息物理系统（CPS）的概念相结合，研究如何实现全厂性动态运行、管理、服务等过程的自感知、自学习、自决策、自执行、自适应，如何构建基于信息物理系统的智能化工厂。在此基础上，提出面向2035年的流程型制造业智能化发展的目标、特征和路径。

第 5 章编写组成员名单

组　长：袁晴棠　殷瑞钰　曹湘洪

成　员：

钢铁组：

张寿荣　王天义　李文秀　温燕明　秦　松　孙彦广　曾加庆
徐安军　张春霞　杜　斌　赵振锐　张福明　颉建新　唐立新
郭朝晖　郦秀萍　姜　曦　王海风　周继程　上官方钦
张旭孝　林　路　张文皓

石化组：

李德芳　戴宝华　孙丽丽　杨　锋　杨宇桐　蒋白桦　刘佩成
史　昕　索寒生　宫向阳　贺宗江　王立东　高立兵　储祥萍
梁　坚　王　晶　徐燕平　朱春田　俞雪兴　魏志强　王　澈

6

面向 2035 年的深海天然气水合物开发技术路线图

天然气水合物是一种非常规天然气资源，以固态形式赋存于深海沉积物中和永久冻土地区，俗称可燃冰[1]，它具有储气密度高、燃烧热值高等特点[2-3]。从 20 世纪 90 年代以来，我国天然气水合物的开采研究历经了近 30 年的发展，但经验均不成熟。近年来，世界各国天然气水合物的试采竞争越发激烈，中国、美国、日本、加拿大、韩国和印度都曾为此投入巨资，取得了多项令人鼓舞的成果，同时面临着许多值得思考的问题。如何实现商业化开采、抓住商业需求量激增的机遇、弥补我国天然气用量短缺、降低我国天然气对外依存度、保障国家能源安全显得尤为重要。因此，我国具有哪些优势以及存在着哪些具体问题是值得研究的，基于全球专利、文献数据，利用统计分析的方法，重点围绕深海天然气水合物成藏机理、钻采技术、风险监测以及经济性评价，调研世界深海天然气水合物各方向的研究进展，跟进国际深海天然气水合物开发以及试采技术研究进展。结合我国海域天然气水合物成藏特点、地理分布及技术装备现状，以安全、高效为宗旨，合理制定我国深海天然气水合物高效开发策略，建立我国深海天然气水合物开发战略定位与目标，提出关于深海天然气水合物开发重大工程与科技专项建议和开发重大保障措施与决策建议。

6.1 概述

6.1.1 研究背景

能源安全是关系国家经济社会发展的全局性、战略性问题,对国家的繁荣发展、人民的生活改善、社会的长治久安至关重要。根据《中国油气产业发展分析与展望报告蓝皮书(2018—2019 年)》[4],2018 年我国天然气占一次能源消费的比重仅为 6.2%,远低于世界平均水平 24.1%,对外依存度高达 45.3%。随着我国天然气需求的迅速增长,天然气对外依存度也将大幅度增长,预计天然气对外依存度在 2020 年突破 50%,在 2025 年超过 60%,国家能源安全形势日益紧张。作为世界最大的能源消费国,如何有效保障国家能源安全、有力保障国家经济社会发展,始终是我国能源发展的首要问题。全球一次能源正在迈入石油、天然气、煤炭和新能源"四分天下"的格局,但相当长一段时期内新能源还难以独担重任,稳油增气是大势所趋,天然气将形成对石油的"第一次革命",人类社会进入天然气发展时代。面对能源供需格局新变化、国际能源发展新趋势,要保障国家能源安全,必须推动能源生产和消费革命。从长远看,页岩气、页岩油、天然气水合物等非常规油气必将形成对常规油气的"第二次革命"。天然气水合物是一种重要的接替能源,我国仅南海的天然气水合物资源量就达到 85 万亿立方米,其中非成岩型占 76.5% 以上,是全国常规天然气储量的 2.1 倍。因此,"水合物革命"有可能比页岩气革命更具颠覆性[5-10]。

6.1.2 研究方法

根据天然气水合物领域的发展趋势,结合中国工程院战略咨询智能支持系统,本课题组紧密围绕深海天然气水合物成藏机理、钻采技术、风险监测和经济性评价,开展世界深海成岩、非成岩天然气水合物研究,进行深海天然气水合物开发经济性评价,明确深海天然气水合物开发战略定位与目标,确定深海天然气水合物开发战略技术重点和开发发展战略重点。从国内外天然气水合物领域文献和专利相关关键词、专利技术分类号、领域内代表性机构以及核心期刊等多方面综合开展检索,结合国内外天然气水合物领域资深专家意见,形成深海天然气水合物开发重大工程与科技专项建议和重大保障措施与决策建议,为后期科研试采和工业化开采该类非常规油气资源提供决策依据和技术支持。具体研究方法和步骤如下。

1. 拟定检索策略

(1)领域关键词。邀请天然气水合物技术领域相关专家,以全球天然气水合物资源成藏机理、赋存类型、勘探分布以及开采方法为主线，进行了 3 个层次的技术分解，对天然气水合物领域发展现状进行综合分析。

（2）国际专利分类（IPC）。建立天然气水合物领域的专利关键词库，分类整理天然气水合物相关的 IPC 分类号，进行技术专利检索与分析。

（3）代表性公司或团体的筛选。建立天然气水合物领域具有代表性和影响力的企业、研究机构和高校库，进行技术专利检索与分析。

（4）领域核心期刊。对国内外天然气水合物领域 15 种排名靠前的期刊进行检索，建立影响力较高的中外核心期刊库，并进行综合分析。

2. 编写检索式

（1）文献计量检索式。以科睿唯安公司的 Web of Science（WOS）数据库作为分析数据源，以关键词及同义词、核心期刊等为主要对象建立检索策略，并利用中国工程院提供的相关分析工具，初步分析该研究领域的研发态势。

（2）专利分析检索式。以德温特创新索引（Derwent Innovation Index, DII）数据库 TI（Thomson Innovation）平台数据为数据来源，利用关键词+IPC 分类号+代表性机构的方式构建了检索策略。

6.1.3 研究结论

通过全球技术清单的制定与筛选，发现近年来世界天然气水合物领域技术总体上发展加快，但天然气水合物规模开发和环境安全面临重大挑战，安全、高效、经济的开发技术、工艺和设备尚未突破[11-12]。

（1）勘探评价技术易受干扰，精确度有待提高。海域天然气水合物资源调查工作不均衡，资源情况尚不完全明确，尚未掌握资源储量分布和锁定富集区，还需加强实际勘探评价技术研究，确保钻采的安全性、准确性，环境和灾害可控。

（2）稳定试采、规模开发的核心装备与技术尚未突破。规模开发面临的地质风险、装备风险、安全风险三大风险未解决。海域天然气水合物勘察与规模开发的核心装备、专用设备等的自主研制比例需加大、质量指标需提高。新型钻采技术和设备必然是未来的研发热点和前沿方向，将有力地推动天然气水合物商业化开采进一步发展。

（3）钻采过程中的环境风险评价体系尚未建立。鉴于天然气水合物不同于常规油气资源，存在易分解逸散而产生温室效应、地层失稳引发海底滑坡等危害，因此在勘探评价资料的基础上，研发、建立有效的环境风险评价体系可为安全开采提供有力保障。

（4）单井产量低、试采时间短、规模开发与环境安全并重。面临持续生产难度大、产量低、试采时间短、安全风险尚未显现等问题；资源前景广阔，资源开发与环境安全并重，安全高效的海洋天然气水合物开采技术是世界科技创新前沿。

（5）多方投入、研究力量分散。天然气水合物研究已由室内研究进入现场试采阶段，目前多部门围绕两个先导示范区多方合作启动项目，但总体上研究力量分散，需要国家层面有机协调组织，统筹规划。

6.2 全球技术发展态势

6.2.1 全球政策与行动计划概况

国内外天然气水合物开发现状见表 6-1。

表6-1 国内外天然气水合物开发现状

国外研究现状		国内研究现状	差距	挑战和发展趋势
苏联麦索雅哈天然气田，1972—1989年，开采方法：降压法、注剂法，断续生产17年[13-16]				
加拿大马更歇；美国地质调查局[17]		2017年，中国地质调查局在南海神狐海域进行了降压试采，试验为期60天，累计产气300000 m^3		挑战： （1）不能持续生产，持续产量低。 （2）日产量低，经济价值差。 （3）试采时间太短，环境风险尚未显现。 发展趋势： （1）更长周期的试采。 （2）天然气水合物和常规油气联合开发。 （3）新的经济有效的开发方法的探索
2002年，开采方法：注热盐水法、降压法	5天：累计产气 470 m^3			
2007年，开采方法：降压法+注热法	12.5小时：累计产气 830 m^3		（1）在使用降压法和固态流化法开采天然气水合物现场试采研究领域，处在世界前列； （2）在其他方法如CO_2置换法等方面中国尚处于室内研究阶段	
2008年，开采方法：降压法	6天：累计产气 13000 m^3			
2012年，开采方法：置换法	美国阿拉斯加北坡[18]康菲石油公司 30天：累计产气 28316 m^3			
2013年，开采方法：置换法	日本爱知海[20-21] 日本产业技术综合研究所	2017年5月，中海油采用自主研制的全套装备和技术，在全球首次成功实施海洋非成岩天然气水合物固态流化试采[19]		
2013年，开采模拟方法：降压	6天：累计产气 120000 m^3，后因砂堵造成停产			
2017年5月，开采模拟方法：降压	12天：累计产气 350000 m^3，后因砂堵造成停产			
2017年6—7月，开采模拟方法：降压	24天：累计产气 240000 m^3			

我国政府已将发展天然气水合物纳入能源供给革命内容之列,尽管当前国家没有出台天然气水合物专项政策和规划,但在《能源发展战略行动计划(2014—2020年)》《能源发展"十三五"规划》等相关规划中均提到要积极推进天然气水合物的勘探开发,并持续得到国家"863"计划、"973"计划、重点研发、重大专项、财政专项支持。在"十三五"期间,政府针对天然气水合物主要开展两方面工作:加强海域和陆域天然气水合物的勘察工作,加大天然气水合物勘探开发技术的攻关力度。我国天然气水合物勘探开发相关规划见表6-2。

表6-2 我国天然气水合物勘探开发相关规划

年度	规划名称	主要目标
2006年	国土资源部中长期科学和技术发展规划纲要[22]	将海域天然气水合物评价与勘探开发关键技术列入重大科技计划,进行天然气水合物开发研究
2014年	能源发展战略行动计划	加大天然气水合物勘探开发技术攻关力度,培育具有自主知识产权的核心技术,积极推进试采工程
2016年	国土资源"十三五"科技创新发展规划	到2020年,攻克海域天然气水合物试采关键技术,实现商业化试采;加强海域天然气水合物勘察;开展陆域天然气水合物地震、测井及现场识别技术研究
2016年	能源技术创新"十三五"规划	将"天然气水合物目标资源评价与试采方法优选""天然气水合物试采技术及技术装备"列入集中攻关类项目
2016年	能源发展"十三五"规划	将天然气水合物探采列入能源科技创新重大示范工程,优选一批勘探远景目标区
2016年	天然气发展"十三五"规划	加强天然气水合物基础研究工作,重点攻关开发技术、环境控制等技术难题,超前做好技术储备

我国天然气水合物重大研究计划项目如图6-1所示。

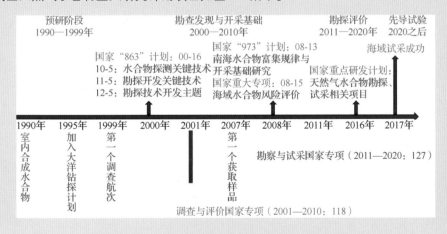

图6-1 我国天然气水合物重大研究计划项目

6.2.2 基于文献分析的研发态势

1. 国内外天然气水合物相关论文和专利分析

截至 2019 年 12 月,在 Web of Science 数据库中,共检索到天然气水合物相关论文 8296 篇,外国论文为 2491 篇,中国论文为 5805 篇。国内外天然气水合物领域年度论文数量变化趋势如图 6-2 所示。

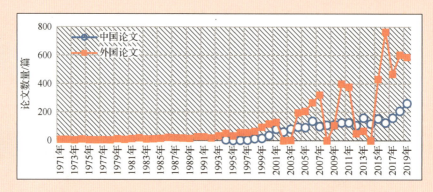

图 6-2　国内外天然气水合物领域年度论文数量变化趋势

截至 2019 年 12 月,TI 数据库中收录的天然气水合物相关专利数量达 3577 项,国外专利数量为 2530 项,我国专利数量为 1047 项,国内外与天然气水合物相关专利年度数量变化趋势如图 6-3 所示。

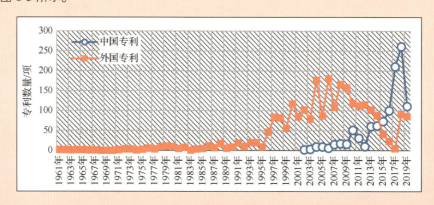

图 6-3　国内外天然气水合物相关专利年度数量变化趋势

根据国内外天然气合物领域论文与专利的年度数量变化趋势,可发现 20 世纪 60 年代有相关专利和文献出现以来,天然气水合物技术经历了萌芽期,于 21 世纪初进入成长期,当前正处于快速发展阶段。尤其在进入 21 世纪以后,全球天然气水合物研究高速发展,随着社会资本的不断注入和各国政府层面的政策支持,涌现出诸多商业天然气水合物研究公司和机构,产生了大量科研成果和新技术、新产品,加速了成果积累和转化,为天然气水合物技术的突破和实现商业化开采注入了新动力。

2. 各国趋势对比分析

中国、日本、美国、德国、韩国、俄罗斯、印度在天然气水合物研究领域的论文和专利数量占绝对优势。从图6-4中所示的专利数量排名前10的国家可发现,日本、美国在该领域的科研活动相当活跃,技术发展走在世界前沿,并且具有极强的研究实力,每年专利数量稳中有升;俄罗斯、韩国的天然气水合物研究技术发展较美国虽略有滞后,但近几年其专利量及发展趋势基本与美国保持同步。虽然我国天然气水合物领域技术研究起步较晚,但近年来发展较快,专利量开始呈指数型快速增长,特别是2017年我国在该领域井喷式发展,期间我国专利数量显著提升,已远超过其他国家。

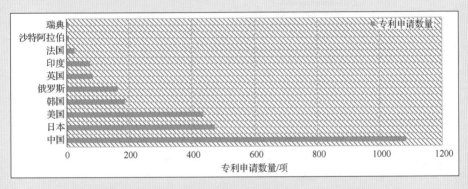

图6-4 天然气水合物专利申请数量排名前10的国家

3. 机构研发能力对比

通过中国工程院战略咨询智能支持系统和相关领域数据库统计分析,分别得到国内外在天然气水合物领域论文发表数量排名前10和专利申请数量排名前15的机构,分别如图6-5和图6-6所示。

通过全球天然气水合物领域研究机构的论文与专利数量分析发现,研发能力较强机构主要分布在美国、中国、日本和韩国等国家,日本和美国两国研发机构的论文总量达到国外排名前十机构的80%,日本和美国两国研发机构的专利总量达到国外排名前15机构的84%。由此可见,日本和美国两国研究机构在天然气水合物领域优势较为明显,具有最强的原始创新能力,走在世界学术前沿。我国天然气水合物研发机构的研发能力相较于美国和日本略有不足,但伴随国内天然气水合物研究的快速发展,国内机构的研发能力正在大幅度提高,自2013年起,我国在该领域的年度专利增长量已超越美国位居世界第一,2016年论文发表数量也首次超越美国,表现相当活跃。但我国在文献和专利方面的影响力、技术布局的全面性还有待进一步提升,与国外研究机构间差距正在减小,部分研究领域处于领先地位。

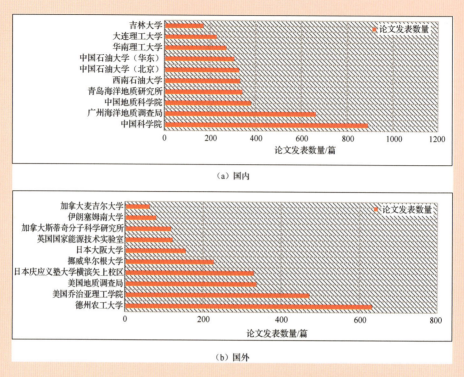

图 6-5 国内外天然气水合物领域论文发表数量排名前 10 的机构

图 6-6 国内外天然气水合物领域专利申请数量排名前 15 的机构

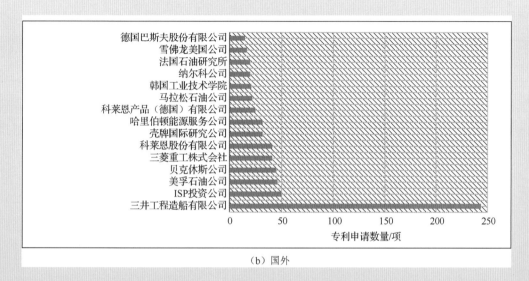

(b）国外

图 6-6　国内外天然气水合物领域专利申请数量排名前 15 的机构（续）

4. 技术热点分析

基于 1980—2019 年天然气水合物领域所发表的论文，对研究论文的主题词进行分析，总结天然气水合物领域的总体特征、发展趋势、研究热点和重点方向，具体情况见表 6-3。

表 6-3　1980—2019 年国内外天然气水合物主要研究机构的技术热点

组织名称	核心合作机构	热点合作国家	最受关注主题词	新出现的主题词
美国能源部	美国康菲石油公司，日本石油天然气金属矿物资源机构，美国国家能源技术实验室	美国 日本	置换法 模拟程序 开采动力学	CO_2-CH_4 置换、水合物堵塞、深海沉积物
科罗拉多水合物研究中心	美国国家大气研究中心，美国地质调查所	美国	新型结构 动力学	单晶研究、形成和抑制
墨西哥湾水合物研究与发展工作小组	58 个政府、国家实验室、学术团体、企业、海军和大学等	日本 美国	钻探 高热流区	钻探安全评估、相平衡
美国能源部	海洋规划协会	美国	天然气水合物野外研究计划	科学钻探计划
德国海洋地球研究中心	德国海洋地球研究中心	德国	挪威大陆	大陆斜坡高分辨率速度构造
德国联邦地球科学和资源局	德国联邦地球科学和资源局	德国	太阳号	地震速度场 开发工艺

续表

组织名称	核心合作机构	热点合作国家	最受关注主题词	新出现的主题词
日本石油天然气和金属矿产资源机构	日本石油资源开发株式会社, 日本钻井株式会社, 贝克休斯	日本 美国	第二渥美海丘	降压法 防砂技术
中国国土资源部地质调查局	中国石油天然气集团公司, 北京大学 中集集团	中国	南海	蓝鲸Ⅰ号、 泥质粉砂型、 三相分离技术
中国海洋石油总公司	中海油研究总院 西南石油大学 大连理工大学 华南理工大学 宏华石油设备有限公司	中国	非成岩天然气水合物[23-26]	固态流化开采、 三气合采、 联合试采

从最受关注和新出现的主题词可知,经过多年的研究与发展,日本、美国、中国的天然气水合物技术发展较快,日本、美国、中国、俄罗斯和德国等国作为世界主要天然气水合物研究国家已具有试采实力。日本海洋天然气水合物调查评价与试采技术居于世界领先地位;美国页岩气开采成功,暂缓了天然气水合物试采进程,但其在天然气水合物资源勘探和基础物性研究领域依旧处于世界先进水平。近年来,世界水合物研究关注点逐步从室内研究转向现场试采,置换法、降压法、固态流化开采法以及联合试采法成为研究热点,但皆因存在技术问题而未能实现商业化开采。要形成未来海洋天然气水合物高效开发领域的重大突破,需联合世界主要水合物研究国家在水合物基础理论领域进行合作。

6.3 关键前沿技术及其发展趋势

1. 天然气水合物领域研究热点网络共现分析

基于中英文论文、专利调研数据,进行网络共现分析,得到天然气水合物领域研究热点,如图6-7所示,发现国内外在相关领域的技术研究主要聚焦于天然气水合物储层勘探评价技术、开采技术、输送技术和室内制备测试技术。

2. 天然气水合物全球技术清单制定

通过中国工程院战略咨询智能支持系统,对天然气水合物领域数据进行涉及地区、机构和领域等条件筛选和聚类分析,得到中国科学院、科技部和俄罗斯的天然气水合物技术清单,见表6-4。俄罗斯的技术清单侧重对天然气水合物资源的勘探;中国科技部的技术清单聚焦于高精度勘探、储层模拟预测和天然气水合物开采技术，而中国科学院的技术清单在范围上更加广泛，聚焦于天然气水合物的勘探开发技术与装备的研发应用。

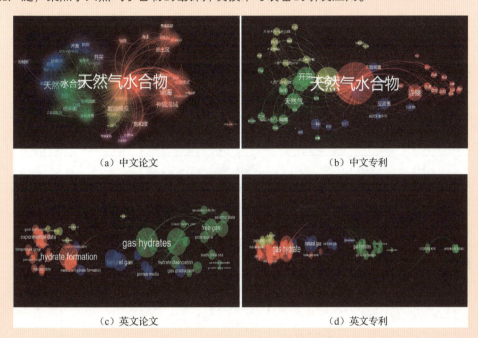

图 6-7　天然气水合物领域研究热点网络共现分析

表 6-4　国内外（中国和俄罗斯）天然气水合物领域技术清单

国　家	单　位	领　域	子领域	技术清单
中国	中国科学院	能源技术	煤、石油、天然气	海洋天然气水合物开发技术得到实际应用
中国	中国科学院	海洋	海洋能与应急管理及工程装备	天然气水合物高精度勘探、储层模拟预测及物性评价技术
中国	中国科学院	海洋	海洋能与应急管理及工程装备	天然气水合物试采模拟及环境评价技术
中国	科技部	空间海洋与地球观测	海底资源勘察及开发技术	天然气水合物高精度勘探、储层模拟预测及物性评价技术
俄罗斯	—	环境管理	矿产勘察与水合物矿产综合开发	非传统能源的勘探开发，包括"重油"、天然气水合物、页岩气等碳氢化合物

针对2000—2019年国内外天然气水合物相关论文和专利聚类分析，将天然气水合物研究与开发划分为室内模拟测试技术、地质勘探技术、开发理论与核心技术、三气合采技术与装

备研发、安全风险监测技术 5 类。

（1）深海天然气水合物室内模拟测试技术。进一步精确模拟和评测天然气水合物物性，天然气水合物多功能一体化评测实验装置将成为研发重点；随着天然气水合物试采加快，钻采模拟大型实验装置将迎来快速发展。

世界主要国家的天然气水合物室内模拟测试技术概况见表 6-5。

表 6-5 世界主要国家的深海天然气水合物室内模拟测试技术概况[27-30]

深海天然气水合物室内模拟测试技术		国外技术现状	国内技术现状	国内差距	挑战和发展趋势
天然气水合物物性测试技术	天然气水合物及其沉积物室内测试装置	日本山口大学： 温度为-34℃～25℃； 压力为8MPa； 美国国家能源技术实验室、地质调查局 模拟水合物生成与分解	中国科学院力学研究所、中国石油大学（华东） 天然气水合物合成、分解及力学性质测试一体化装置 水合物剪切强度实验仪，黏聚力、内摩擦角、剪切模型	起步较晚，利用常规三轴仪	天然气水合物储层预测模拟及物性测试与评价
	保压取样岩芯天然气水合物三轴仪	日本产业技术综合研究所： 力学测试、图像分析 英国南安普敦大学： 剪切模量、体积模量	中国科学院广州能源研究所：轴向载荷为 50kN，围压为 30MPa； 大连理工大学：低温、高压，轴向载荷为 600kN，围压为 30MPa		
天然气水合物管输安全技术	法国石油天然气研究中心Lyre环路实验装置、美国埃克森美孚实验装置、挪威工业技术研究院实验装置	法国、美国、挪威 天然气水合物流动特征、堵塞风险及机理、管输风险研究	西南石油大学： 三位一体快速制备釜、海洋非成岩水合物固态流化开采模拟实验系统[31-34] 中国科学院： 广州能源研究所水合物流动实验环路[35-37]、堵塞机理	实验理论基础欠缺，亟须建立天然气水合物管输理论模型，保障钻采安全	天然气水合物钻采管输理论与技术加快研发

（2）深海天然气水合物和油气综合地质勘探技术。以天然气水合物探测和试采、产业化开发为核心，积极推进高技术交叉领域快速发展，建立基于多学科、多方法的综合调查研究的找矿方法；高精度、立体化、综合探测技术是发展方向。

世界主要国家的深海天然气水合物和油气地质勘探技术概况见表 6-6。

表 6-6　世界主要国家的深海天然气水合物和油气地质勘探技术概况[38-42]

深海天然气水合物和油气地质勘探技术		国外技术现状	国内技术现状	国内差距	挑战和发展趋势
地震分析方法	地震采集方法	美国、日本等：海底高频地震仪（HF-OBS）、深拖地震、广角地震、垂直地震剖面、垂直缆等地震采集技术	三维地震与海底高频地震仪（HF-OBS）联合探测技术，获得 4470km 多道地震数据	天然气水合物地震采集技术需改进	海上深水区地震采集试验成本高，有较大限制
	地震处理方法	天然气水合物采集的地震资料处理、旅行时反演、全波形反演	天然气水合物特征的处理技术研究	需加强高分辨率、宽频地震原始数据的采集	研究针对天然气水合物采集的高分辨率、宽频地震数据的配套处理技术
	地震解释方法	主要集中在拟海底反射层现象、空白地震反射带、速度倒置、极性反转、同相轴切割穿层等主要地震标志的识别	主要是沿用油气地震解释方法，缺少针对天然气水合物饱和度和厚度计算的地震解释方法	缺少钻井先验信息，这在很大程度上限制了地震解释方法的可靠性	少井/无井区准确预测天然气水合物的深度、厚度、饱和度
电磁勘探方法	海洋电磁勘探方法、海洋可控源电磁技术	2004 年，美国在 Oregen 海域成功地进行了频率域海洋可控源电磁法探测天然气水合物试验	中国地质大学（北京）和广州海洋地质调查局联合研制的海洋可控源电磁系统已经分别于 2012 年 5 月和 2013 年 5 月在我国南海海域进行了两次海上试验	试验应用阶段	研究和试验成本高，限制该技术的发展

（3）深海天然水合物开发理论与核心技术。天然气水合物开采技术研究呈现多元化，大型可视化开采模拟、数值模拟与试采、工业开发计划逐步实施；装备多类型装备同步开发，深入研究不同赋存形式表层/浅表层/深层安全高效开采工艺。世界主要国家的天然气水合物钻探取样技术概况见表 6-7。

（4）三气合采技术与装备研发。根据我国天然气水合物区域分布情况，依托珠江口、琼东南两个先导区，水合物开发逐步走向天然气水合物、浅层气、天然气藏的纵向立体开发。

世界主要国家的天然气水合物开发技术概况见表 6-8。

表 6-7 世界主要国家的天然气水合物钻探取样技术概况

天然气水合物钻探取样技术	国外研究现状	国内研究现状	国内差距	挑战和发展趋势
大通径钻探系统和取样工具	船载方式： 日本地球号、Fugro Voyage 船 日本：直径 66mm，取心长度 3m。 美国：直径为 63.5mm，取心长度 6m。 A-BMS 海底钻机： 美日合作，4000m 水深，可钻深度 150m	船载方式： 海洋石油 708，3000m 水深，长度为 1m，样品直径为 46mm。 海牛号海底钻机： 3500m，钻进深度为 60m	大通径钻机；缺少大直径（直径>60mm）	大深度、大通径钻机系统及取样；取样、在线带压切割、测试一体化
工程地质钻孔原位测试	荷兰辉固国际集团的工程地质钻孔原位测试（CPT/十字板）：3000m 水深，泥面下 200m	海油：2000m 水深，泥面下 100m，原位测试能力	水深/测试深度不足	
带压转移	荷兰辉固国际集团的带压转移和切割系统无缝对接	中石化/浙江大学实现了带压转移	可靠性和稳定性需加强	
在线测试	天然气水合物基础物性船载在线分析测试技术在世界范围内被 GeoTek 公司垄断	中海油组合大连理工大学、浙江大学、华南理工大学等进行了主要参数在线测量	集成化程度不高	

表 6-8 世界主要国家的天然气水合物开发技术概况

国外研究现状	国内研究现状	国内差距	挑战和发展趋势
日本产业技术综合研究所（简称产综研）、德国哥廷根大学获得微纳尺度天然气水合物三维赋存机理	青岛海洋地质研究所、大连理工大学获得了多孔介质中天然气水合物空间分布机理	研究尺度、研究手段基本接近	在微纳尺度天然气水合物生成与赋存过程描述方面仍存挑战
美国伯克利实验室、佐治亚理工大学已获得岩心尺度天然气水合物分解控制机理	大连理工大学、中国科学院广州能源研究所对天然气水合物分解过程进行动态描述	在微观能质传递过程及控制机理研究方面存在差距	天然气水合物分解微观传热传质控制机理
美国科罗拉多矿业大学、英国赫瑞瓦特大学已获得天然气水合物堆积堵塞机理	中海油、中国石油大学、华南理工大学对天然气水合物防聚剂进行了物性评价	在二次生成微观机理和颗粒微作用力方面存在差距	天然气水合物二次相变发生机制及天然气水合物沉积微观机理
开采模拟方法：降压、注热、注剂和 CO_2 置换等，形成 TOUGH-HYDRATE 软件	中海油等开展了多尺度、多种开采方法模拟，形成相应的开采模拟模型	实验模拟手段接近，但在数值分析方法上还有差距	数值手段与实际储层的匹配性

（5）深海天然气水合物安全风险监测技术。天然气水合物探测和监测向高分辨率、大尺度、实时化、立体化发展。世界主要国家的深海天然气水合物安全风险监测技术概况见表6-9。

表6-9　世界主要国家的深海天然气水合物安全风险监测技术概况

国外研究现状	国内研究现状	国内差距	挑战和发展趋势
天然气水合物储层力学特性（日本山口大学、产综研）：构建了水合物沉积物弹塑性本构模型	天然气水合物储层力学特性（大连理工大学）：构建了水合物沉积物静/动力本构模型	缺乏对天然气水合物沉积物力学特性及其变形机理的全面和透彻理解	原位天然气水合物岩心样品力学特性测试
天然气水合物储层稳定性分析（日本产综研、美国佐治亚理工学院）：实现了天然气水合物开采过程储层应力-应变关系、产气产水预测	天然气水合物储层稳定性分析（大连理工大学、中国地质大学）：实现了南海GMGS3-W19站位储层变形及开采潜力评价	由于缺少足够的原位监测数据，因此数值模拟精度还有待验证	实现开采前、开采过程、开采后地层的稳定性分析
天然气水合物开采风险控制（JOGMEC）：成功在日本南海海槽开展两次天然气水合物试采，开发天然气水合物储层变形原位监测技术，发现试采过程地层沉降了5cm	天然气水合物开采风险控制（广州海洋地质调查局）：实现南海神狐海域泥质低渗天然气水合物试采，未发现储层变形等问题	缺乏自主知识产权的天然气水合物监测装备	天然气水合物开采过程监测技术与装置开发

6.4　技术路线图

6.4.1　发展需求与目标

1. 发展需求

深海天然气水合物研究已进入快速发展阶段，各主要国家进入试采阶段，但皆面临如何尽快实现天然气水合物的商业化开采问题，天然气水合物开采理论与技术有待进一步突破。

（1）从世界主要国家在相关领域的研究与试采现状可以看出，中国天然气水合物试采取得了突破性进展，已经超越世界其他国家开发计划所定目标。世界主要国家的天然气水合物开发计划如图6-8所示。

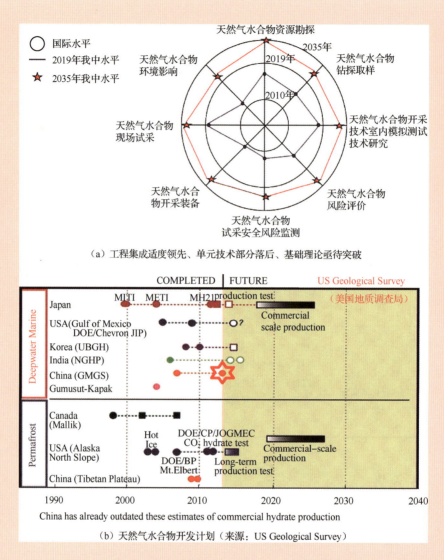

图 6-8 世界主要国家的天然气水合物开发计划

（2）世界各国主要采用降压法进行短期科研试采，回避了长期开采面临的环境安全、装备安全、生产安全和工程地质风险等。天然气水合物开采技术具有意义重大和难度巨大的双重属性，在国家层面具有战略性和革命性特征，在技术层面具前沿性和竞争性特点。天然气水合物开发风险示意如图 6-9 所示。

综上所述，已实施的降压法试采天然气水合物，均借鉴常规油气开采工艺，无论是针对成岩天然气水合物还是非成岩天然气水合物都是短期科研试采。而针对海洋非成岩天然气水合物，此类方法有很大局限性，无法实现大规模商业化应用。技术可行、市场接受和环境允许是能否商业化开采的3个决定要素。目前，仍然面临技术装备研发投入过大、开采成本过高、环境影响不可估量等难题。

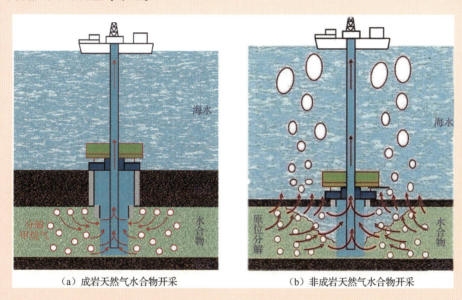

(a) 成岩天然气水合物开采　　　　　(b) 非成岩天然气水合物开采

图6-9　天然气水合物开发风险示意

2. 目标

未来，我国的深海天然气水合物发展目标如下：以我国南海北部海域的天然气水合物试采为契机，围绕珠江口、琼东南两个海域天然气水合物先导示范项目，扩大海域调查研究范围，有序地推进钻探、稳定试采、工业试采、先导示范工作，带动基础理论、技术的重大突破。系统部署天然气水合物勘察、高效开采、连续排采和环境风险等领域研究内容，建立多类型天然气水合物勘察技术体系、从试采/开采到产业化技术体系、经济技术评价体系和环境保护体系，推进天然气水合物和常规油气一体化勘探开发产业化进程，保障我国可持续的天然气绿色能源的安全供给。

6.4.2　重点任务

为推进天然气水合物和常规油气一体化勘探开发产业化进程，积极探索和突破多类型、不同赋存形式的表层/浅层/深层天然气水合物安全高效开采工艺，保障我国可持续的天然气绿色能源的安全供给。2019年，中国科学技术协会将"海洋天然气水合物和油气一体化勘探开发机理和关键工程技术"纳入20个前沿科学问题和工程技术难题名单。

1. 深海天然气水合物开发基础理论与关键技术难点

深海天然气水合物高效开发难题主要集中在"深海天然气水合物开发基础研究""深海天然气水合物开发工程技术研究"和"深海天然气水合物发展战略研究"3个方面。

1）深海天然气水合物开发基础研究

深海天然气水合物形成与富集的地质理论、相态理论、探测识别技术和力学物理特性等核心科学问题亟待完善；成岩及非成岩天然气水合物的储层描述及矿体开发特征评价理论尚未建立，深海天然气水合物高效开发理论（固态流化与降压法一体化增产理论）仍待进一步完善，深海天然气水合物矿体内含破碎、蠕变、相变的动态储层描述方法尚未形成。

2）深海天然气水合物开发工程技术研究

深海天然气水合物不同开发方式及开采工艺条件下的安全输送技术尚不成熟，深海天然气水合物开采立管水动力载荷分析技术仍需完善，深海天然气水合物开发风险监测体系尚未建立，深海天然气水合物高效开发配套所需的新仪器、新工具、新材料及软件系统亟须研发；深海天然气水合物工程优化设计、测量测试与作业控制一体化技术体系尚未建立。

3）深海天然气水合物资源开发战略研究

深海天然气水合物经济评价和战略研究的理论和方法体系尚未形成，天然气水合物开发所需的经济分析模型和政策模拟系统仍未构建，深海天然气水合物经济评价和战略研究数据库亟须建立。亟须通过跨学科攻关，做出重大基础创新研究，支撑国家重点宏观决策，支持能源企业的发展战略、项目的选择和运行。

2. 深海天然气水合物开发关键技术发展方向

深海天然气水合物的高效开发极具挑战性，为取得世界深海天然气水合物开发领域技术优势，积极发挥国内相关学科的特色和区位优势，汇聚国内外研究力量，建设深海天然气水合物高效开发学科创新和引智基地，提高我国深海天然气水合物高效开发自主创新能力，必须突破如下4个关键技术。

1）深海天然气水合物和油气综合探测新技术

针对深水浅层天然气水合物、浅层气、深部油气的共存成藏机理和地质分布特征，储层勘探和甜点识别是未来主要发展方向，亟须完善和建立高精度、立体化、综合探测技术体系，具体如下：

（1）深海天然气水合物、油气地震数据采集和数据识别技术。

（2）海洋天然气水合物可控源电磁勘探技术。

（3）深海高精度、高分辨率一体化/立体化勘探装备。

（4）大型多功能、高精度工程勘探船。

2）深水天然气水合物、浅层气、深部油气三气合采及立体开发基础理论和技术工艺

深海天然气水合物具有多类型、多赋存形式的特征，为保障安全钻采作业，资源开发模式与试采工程趋向天然气水合物和油气联合开发，试采和商业化开采需建立从表层、浅表层到深层的不同开发技术体系，具体如下：

（1）深海天然气水合物矿体高效破岩工具和地层风险控制技术。

（2）深海天然气水合物钻采井控与井筒安全控制技术。

（3）深海天然气水合物储层增产与防砂一体化技术。

（4）深海天然气水合物固态流化与降压法联合试采技术与工艺。

3）深水天然气水合物及油气合采技术与装备研发

新型合采技术和装备将是研发热点和前沿方向，依托"产、学、研、用"一体化，加快自主知识产权装备制造产业集群发展。以市场化为导向，共建我国天然气水合物能源技术成果转化孵化基地，形成规模化应用技术和能源装备制造产业集群。结合制造强国战略，规划一批国家级天然气水合物产业链的制造业示范区，开展关键工程技术装备示范，具体如下：

（1）深海天然气水合物不同开采方式下的新型海底钻机。

（2）深海表层天然气水合物海底采掘装备。

（3）深海天然气水合物不同开发方式下的安全举升输送装备。

4）深海天然气水合物安全风险监测技术

针对深海天然气水合物不同开发模式，开展对应的环保措施研究，确保稳定试采、规模开发，建立局部风险监测机制。

（1）深海天然气水合物钻采智能随钻风险监测与预警技术。

（2）深海天然气水合物环境效应评价方法与海床监测技术。

（3）深海天然气水合物钻井工程经济评价和风险管理技术。

（4）深海天然气水合物绿色钻采技术数据库。

3. 先导示范工程建设

重点围绕荔湾 3-1、陵水 17-2 等深海气田区域从海底到深海的天然气水合物、浅层气、天然气藏的分布情况，在深海天然气水合物和油气联合开发的基础上，建立珠江口和琼东南两个先导示范区。

（1）南海北部（珠江口）天然气水合物先导示范区。

（2）琼东南深海天然气水合物和油气联合开发先导示范区。

6.4.3 技术路线图

结合国内外深海天然气水合物发展现状,为了推动我国天然气水合物试采进程,助力其商业化开采目标进一步实现,制定了我国面向 2035 年的深海天然气水合物开发技术路线图,如图 6-10 所示。

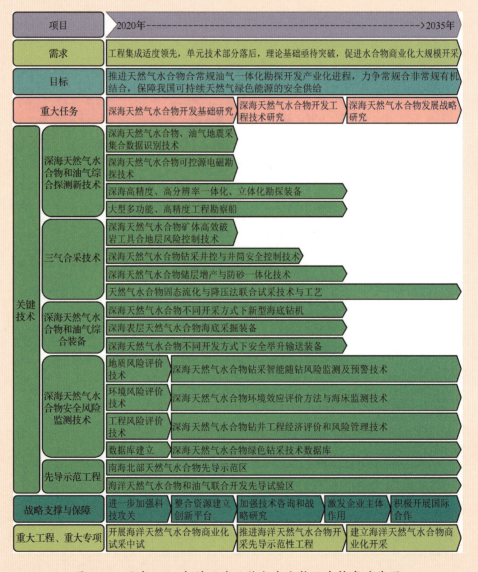

图 6-10 面向 2035 年的深海天然气水合物开发技术路线图

6.5 战略支撑与保障

1. 进一步加强科技攻关

建议从国家层面，在国家科技计划中设立"天然气水合物资源开发"重点专项，统筹国内科技力量，"产、学、研、用"相结合，开展科技攻关，研发一系列具有自主知识产权和国际竞争力的天然气水合物勘察开采技术装备，掌握一批世界领先的关键核心技术，形成系列化、专业化、工程化的勘察开发技术装备，开展成套装备试验验证和集成示范，开展综合技术经济评价和环境监测研究，为天然气水合物实现商业化开采做好技术储备。

2. 整合资源，建立创新平台

建议整合国内优势科技力量和资源，统筹建设天然气水合物国家技术创新中心，积极推动跨部门天然气水合物与天然气一体化开发创新技术联盟的建立和协同攻关，建立国家科技联盟，实现天然气水合物和天然气资源开发统筹部署、资源勘察与试采、开采技术等无缝衔接。开采技术与安全评价相呼应，占领国际天然气水合物开采理论和技术研究的制高点，推进成果转化及应用示范，使我国天然气水合物研究保持国际领先水平。

3. 加强技术咨询和战略研究

发挥"深海关键技术与装备"重点专项总体专家组和外国专家的作用，加强天然气水合物战略和政策研究。跟踪国内外天然气水合物研究前沿和最新进展，引进相关技术管理人才，加强学术交流研讨。研究并提出符合我国国情的科学策略和针对性举措，为天然气水合物研究取得更多突破性成果提供保障。

4. 激发企业主体作用

鼓励企业参与天然气水合物勘探、试采全过程，尽早开展天然气水合物开发产业政策研究，制定相应的投资法规、税收、产权保护等产业发展政策，提升企业进入天然气水合物开发领域的积极性，形成良性的商业竞争环境，推进产业化进程。加快实现我国深海天然气水合物与传统油气工业结合，共同推进天然气水合物与天然气一体化的安全、高效开采技术突破，以及自主知识产权装备的研发，力争实现常规油气与非常规油气协同发展，相互促进。

5. 积极开展国际合作

建议我国积极参与国际天然气水合物有关项目，加强与相关政府、科研机构、国际能源公司之间的技术交流与合作，深入探讨天然气水合物基础理论与勘探开采技术，建立国际合作常态机制，为早日实现天然气水合物商业开发积累经验。积极关注全球能源地缘政治、经济形势的变化，建立天然气价格预测系统，以确定天然气水合物开发的经济性。

基于我国深海天然气水合物领域的开发现状，为稳步推进我国天然气水合物勘探开发进程，抢占世界深海天然气水合物开发科技前沿，建议在2020—2035年有序推进"深海天然气水合物商业化试采中试""深海天然气水合物开采先导示范工程""天然气水合物商业化开采"重大工程和重大专项的实施，以期早日实现海洋天然气水合物的大规模商业化开采，保障国家能源安全。深海天然气水合物开发研究与发展计划见表6-10。

表6-10 深海天然气水合物开发研究与发展计划

重大工程/专项	研究与发展计划
2020—2025年，推进深海天然气水合物商业化试采中试	摸清南海北部先导示范区成藏机制； 建立综合勘察技术装备体系，钻探取样装备、在线测试装备国产化； 稳定试采工艺、防砂工艺、流动安全保障排采工艺； 安全风险监测样机及测试； 自主实施天然气水合物试采能力，天然气水合物储层独立产气每日5000m^3；天然气水合物和油气一体化开发产能达40000m^3
2026—2030年，推进深海天然气水合物开采先导示范工程	探索海域常规油气联合成藏机制及资源评价方法； 锁定富集区； 降压法开采用井下机具电动潜油离心泵等国产化、防砂新工艺； 固态流化和降压法联合开发试采技术和工艺； 天然气水合物和油气一体化开采技术能力配套装备； 试采过程安全监测设施国产化
2031—2035年，初步实现天然气水合物商业化开采	初步开发深海天然气水合物规模开发技术方法； 建成先导示范区，进行生产性试采，日产100000m^3方天然气； 具有自主知识产权的作业装备、技术和工艺体系； 示范区建设规范和标准； 基本构建规模开发面临的环境风险控制技术体系

小结

本课题组调研并对比分析了世界深海天然气水合物的研究现状，得出以下结论：现阶段我国天然气水合物研究相较于世界其他国家总体上呈现"开发计划超前、工程集成适度领先、单元技术部分落后、基础理论亟待突破"趋势。未来，深海天然气水合物的战略重点是探索和突破多类型、不同赋存形式的表层/浅层/深层天然气水合物安全高效开采工艺，以实现深海天然气水合物和油气一体化勘探开发。建议启动"深海天然气水合物、浅层气、油气一体化勘探开发"重大科技工程，以实现深海天然气水合物规模开发目标，以实现经济可采为技术攻关方向。统筹部署、分步实施，加强基础研究、核心技术、重大装备研究、部署先导示范工程。同时，推进天然气水合物新能源后备基地建设，促使深海天然气水合物专项数据库成立，加快我国天然气水合物开采专业团队培养，从而实现以下目标：到 2030 年，锁定中国海域水合物富集区，形成海洋天然气水合物和油气一体化勘探开发技术，天然气水合物和油气一体化勘探开发技术配套装备全部实现国产化，建成先导示范区；到 2035 年，基本构建规模开发面临的环境风险控制技术体系，初步开发深海天然气水合物规模开发技术方法。攻克深海天然气水合物高效开发理论技术难题，提升我国深海天然气水合物高效开发自主创新能力，助力国家能源结构调整，为社会经济发展提供重要支撑。

第 6 章编写组成员名单

组　长：周守为　赵金洲

成　员：罗平亚　张烈辉　李清平　陈　伟　李海涛　张　弭　郭　平
　　　　伍开松　王国荣　周建良　付　强　刘　煌　刘艳军　孙万通
　　　　黄　鑫　朱旺喜　徐汉明　崔振军　江　林　刘　洋　谢翠英
　　　　张盛辉　张　超　裴　俊　张绪超　白睿玲　王晓然　邱　彤

执笔人：赵金洲　魏　纳　李清平　郭　平　李海涛　伍开松　崔振军

7

面向 2035 年的核能发展技术路线图

核能作为一种清洁低碳、稳定高效的优质能源,在应对气候变化、优化能源结构、保障能源安全等方面具有不可替代的作用,是我国可持续能源体系的重要支柱之一。同时,核能科技含量高,产业带动能力强,是国家综合实力的重要标志,在推动科技进步、带动产业发展、增强综合国力、提升国际竞争力等方面意义重大。因此,我国需要安全、稳步、持续、高效发展核能技术。

7.1 概述

7.1.1 研究背景

进入 21 世纪以来,主要的核能发达国家均出台了包括核能领域在内的一系列能源战略计划,如发展第四代核能系统(以下简称四代堆)与小型模块化堆计划、CASL(The Consotrium for Advanced Simulation of Light Water Reactors)计划、材料基因组计划、欧洲核聚变联合研究计划等。从中可以看出,核能发达国家正加紧开展能源战略计划研究,制定各种政策措施,突破关键核心技术,提出创新型核能系统方案,抢占制高点,增强国家竞争力和保持领先地位。

客观地说,我国是核电大国,不是核电强国,在关键领域仍然存在一些短板和瓶颈问题,需要开展战略研究,分析我国核能面临的问题与挑战,为我国核能技术高质量发展提供政策建议。

7.1.2 研究方法

本课题采用了文献专利分析、德尔菲问卷调查、专家研判等多种研究方法,分析了核能领域的技术发展态势,形成了细化的技术清单,绘制了核能发展技术路线图。具体研究方法如下。

1. 资料搜集、文献调研分析

基于中国工程院的 iSS 平台,开展核能领域技术态势扫描。组织人员深入调研美国、法国等核电大国及 IAEA、IEA/NEA 等国际核能组织最新发布的核能领域战略研究报告,追踪调研目前正在开展的相关研究活动。深入调研世界主要核电公司、核能技术研究机构的发展状况及未来趋势。

2. 专题研讨、案例分析与论证

开展文献专利的聚类分析,梳理核能领域的科学技术问题,邀请国内主要高校、科研院所、核电公司的院士、专家参与德尔菲问卷调查,对未来核能发展中的关键共性科学技术问题进行分析和提炼,形成阶段性研究结论。

3. 院士、专家咨询与评估

组织部分院士、专家召开会议,基于专家智慧和判断力,评估阶段性研究结论的合理性

和科学性，提出适合我国国情的核能发展战略目标、战略框架、总体发展趋势和发展路线预测；综合院士、专家的建议和意见，形成最终战略研究报告。

7.1.3 研究结论

从世界范围看，核能领域正处于稳定发展阶段，相关研究与开发成果不断累积。其中，美国的核能技术优势明显，所研发的专利在核心性、基础性及创新性等方面都处于世界领先地位；我国在核能领域起步较晚，但发展迅速。为实现核电强国这一目标，我国在 2035 年以前需规模化建设三代压水堆（以下简称三代堆）核电，掌握小型模块化反应堆技术、以钠冷快堆为主的四代堆核电技术、乏燃料后处理技术与核电站退役技术，发展 Z 箍缩驱动聚变-裂变混合能源堆（以下简称 Z 箍缩聚变裂变混合堆）技术与磁约束聚变堆技术。一方面确保三代堆核电技术、小型模块化反应堆技术达到世界先进水平，成为核电领域技术领跑者，提升我国在世界核电市场的份额；另一方面完善铀资源增殖与闭式循环体系，从而大幅度提高铀资源的利用率，降低放射性废物量。

7.2 全球技术发展态势

7.2.1 全球政策与行动计划概况

核能作为一种低碳、高效的优质能源，是世界清洁能源体系发展的重要支柱之一。受日本福岛核泄漏事故的影响，全球核能发展有所波动，但总体上仍呈现稳步发展态势。美国、俄罗斯、日本等传统核能发展大国仍坚持核电发展不动摇；德国、法国、韩国等因本国政治和资源情况，选择了降低核电比例，但是替代能源方案还在经历一系列挑战。美国在核能创新方面一直引领全球，近几年来更是通过立法等措施支持四代堆核电技术开发部署，以期始终占据核能领域的主导地位；而俄罗斯则更加注重核电带来的经济效益，并通过制定相应的发展战略来增大其在全球核电市场的份额。

1. 美国的核能发展态势

美国在核能领域一直占据领先优势。2000 年，为更好地解决核能发展中的可持续性（铀资源利用与废物管理）、安全与可靠性、经济性、防扩散与实体保护等问题，美国发起了"第四代核能系统国际论坛（GIF）"[1]。在 2011 年日本福岛核泄漏事故发生后，美国集合众多高校和实验室，迅速提出了 CASL（The Consortium for Advanced Simulation of Light Water Reactors）计划，旨在借助高性能并行计算机，进一步提高反应堆设计运行的经济性、安全性和可靠性[2]。近年来，美国始终将核能作为清洁能源结构的重要组成部分，在坚持发展核电的同时，加大对先进核能技术的研发支持力度，确保其在全球核能领域的领先地位[3]。2017年，美国先后颁布了《先进核反应堆开发部署远景与战略》《2017年先进核技术开发法》《核能创新与现代化法》，旨在支持第四代核电技术开发部署，这些表明美国已将发展先进核能技术提上日程[4]。

2. 欧洲地区的核能发展态势

俄罗斯、英国、法国、德国是欧洲主要的核能利用国家。在俄罗斯的工业发展进程中，核能产业已成为俄罗斯优先发展的产业。21世纪伊始，俄罗斯出台了《21世纪上半叶核能发展战略》，明确提出占据国际核电市场的战略目标。俄罗斯政府为支持本国核电走出去，积极推动双边外交，扩大双边核合作协定签署，为本国核电出口奠定了法律基础。

英国在经历了半个世纪的核能缓慢发展之后，于2013年3月发布了一份名为《英国的核未来》的战略性文件。在文件中，英国政府明确了本国核工业发展的预期目标，即核电未来将在英国能源结构中发挥重要作用，并把在本国内新建核电站视为加强英国核工业竞争力和增大其全球市场份额的重要平台[5, 6]。

法国和德国在核能方面的态度与俄罗斯和英国两个国家截然相反，进入21世纪以来，法国和德国均采取降低核电占比的政策[7]，然而，在替代能源方面德国仍经历一系列的挑战。

3. 亚洲地区的核能发展态势

日本、中国、韩国是亚洲地区的主要核能利用国家。日本福岛核泄漏事故发生之后，日本陆续关停了核电站，于2012年5月第一次实现了无核化，但由于缺电严重，因此在57天后便在民众的抗议中重启了核电[8,9]。2018年7月，日本内阁批准了第五份基础能源规划，设定了日本在2030年前的电力结构发展目标。根据该规划，核电仍将是一种重要能源，核发电量到2030年将占日本全国总发电量的20%～22%[10]。

中国的核电项目一直持续、稳定地发展，在日本福岛核泄漏事故发生之后，国务院下令进行核安全审查，暂停了所有核电新项目的审批。经过大量且充分的论证，2015年3月辽宁瓦房店市红沿河核电站5号机组正式开工建设，标志着沿海核电新项目重启，核电回归稳定发展阶段。随着中国核电技术的不断成熟与国家"一带一路"倡议的布局和实施，预计未来中国的核能发电量占比将持续升高，同时核电的出口份额也将不断增加。

韩国自1978年建造完成第一座商用核电站后，历届政府均将核电作为支柱性产业，给予重点发展。然而，2017年5月，文在寅当选总统后，宣布实施"去核电"政策，计划到2030年将核电占比由过去的30%降到18%[11]。但如何消除本国去核电后电力供应不稳定的隐患，仍是一个棘手的问题。

7.2.2 基于文献专利分析的研发态势

核能领域的研究起步较早,从 20 世纪 50 年代初开始,美国、苏联、英国、法国等国家便把核能部分地转向民用,利用已有的军用核技术,开发建造以发电为目的的反应堆,从而进入核电验证示范的阶段。核能领域年度论文数量变化趋势如图 7-1 所示,从图 7-1 中可以看出,核能领域自 1980 年起已有大量的学者开展研究;1980—2000 年,核能领域的相关研究处于高速发展阶段;进入 21 世纪,核能领域每年依旧保持着较大的论文发表数量,但增长速率变缓,整个领域的研究处于稳定发展阶段。图 7-2 给出了截至 2017 年主要国家在核能领域的论文发表数量占比,从图 7-2 中可看出,核能领域的基础研究集中在以下 15 个国家:美国、日本、德国、法国、中国、意大利、俄罗斯、英国、瑞士、印度、韩国、加拿大、西班牙、荷兰、瑞典。其中,美国在核能领域的基础研究方面占据了绝对优势,其论文发表数量是日本(排名第二)的 2.1 倍,占世界核能领域总论文发表数量的 29.0%。

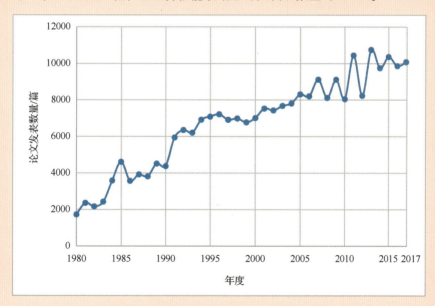

图 7-1 核能领域年度论文数量变化趋势

截至 2017 年底,全球核能领域公开的专利数量达 130 758 项。其中,8 个主要国家在核能领域的专利数量占比如图 7-3 所示。图 7-4 和图 7-5 分别给出了全球核能领域年度公开专利数量的变化趋势、排名靠前的 6 个主要国家在核能领域的年度公开专利数量变化趋势。从图 7-4 和图 7-5 中可以看出,在 1970 年以前公开的专利数量极少,核能领域尚处于起步阶段;随着 20 世纪 60 年代末 70 年代初大量反应堆投入建设,不断有相关专利被申请,1970—1980

年,全球核能领域的年度专利数量出现了阶跃式提升;此后美国、德国、法国每年仍保持着一定数量的专利申请;但相比美国、德国、法国3个国家,日本显然更加注重专利的申请,自1980年起,日本的专利数量呈爆发式增长,截至2000年,日本在核能领域的年度专利数量始终保持在1000项以上,远远高于其他核电大国,确定了其核能领域专利数量排名第一的地位;进入21世纪,随着"第四代核能系统""非能动安全冷却"等概念的提出,美国在核能领域的年度专利数量大幅度上升;中国核电起步较晚,直至2010年左右年度专利数量才有显著提升,2014年中国核能领域的年度专利数量达到1281项,此后年度专利数量始终排名第一,表明我国在核能领域已处于大国地位。

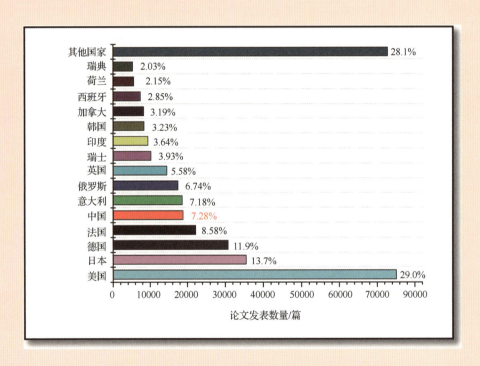

图 7-2　主要国家在核能领域的论文发表数量占比

为进一步比较主要国家在核能领域的技术领先程度,本课题研究中引入了专利引证指数。专利引证指数(某专利被后继专利引用的绝对总次数)可表明某项专利是否属于基础性或领先性技术,如果其被引证的次数较多,代表该专利处于核心技术地位或者位于技术交叉点。通常情况下,专利引证指数会随时间积累而不断提高,经过约15年的周期开始趋于稳定。6个主要国家在核能领域的专利平均引证指数如图7-6所示。新公开专利的引证指数尚未趋于稳定,进而对研究结果产生影响,截取2005年以前公开的专利作分析。比较日本、美国、中国、德国、法国、韩国的核能领域平均专利引证指数可以看出,美国专利的核心性和基础性一直处于遥遥领先地位，而中国专利的核心性和基础性与其余几个核大国相差无几，且均明显落后于美国。

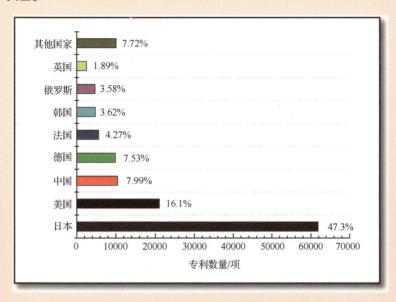

图 7-3　8 个主要国家在核能领域的专利数量占比

图 7-4　全球核能领域年度公开专利数量变化趋势

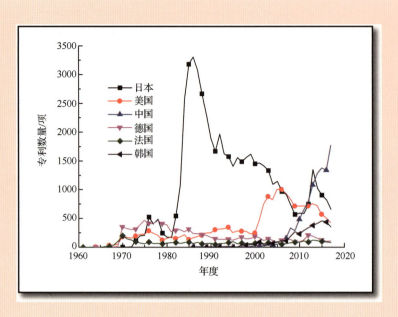

图 7-5　排名靠前的 6 个主要国家在核能领域年度公开专利数量变化趋势

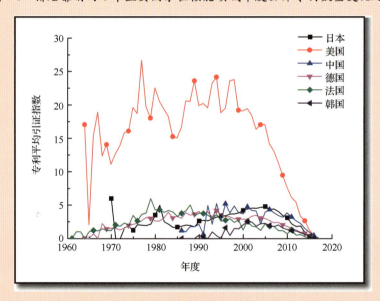

图 7-6　6 个主要国家在核能领域的专利平均引证指数

通过对核能领域的文献和专利定量分析，可以得出如下结论：核能领域研究已处于稳定、持续发展阶段，研究与开发成果不断累积；美国在核能研发方面一直处于领先地位；从论文数量与专利数量来看，中国已跻身核大国行列，但所研发成果的核心性、基础性仍远落后于美国。

7.3 关键前沿技术预见

在核能领域技术预见调研中,首先对 IEA/NEA 等权威机构发布的核能领域相关报告[6, 12, 13]进行调研、汇总。然后,通过召开专家研讨会,对核能领域的关键前沿技术体系进行划分,分为 6 个子领域、23 个技术方向,核能领域的关键前沿技术清单见表 7-1。在此基础上,开展德尔菲问卷调查,发放子领域咨询问卷共 154 份,回收了 118 份问卷,回收率达 77%,平均每个子领域有 20 位专家作答。参与咨询问卷作答的专家均来自核能领域的高校、科研院所和企事业单位,其咨询意见为关键前沿技术的核心性、基础性、通用性以及技术实现时间研判提供了重要参考。

表 7-1 核能领域的关键前沿技术清单

子领域	技术方向
三代堆核电技术	耐事故燃料(ATF)元件技术
	严重事故缓解措施技术
	数值模拟反应堆技术
	数字化核电站技术
四代堆核电技术	钠冷快堆技术
	超高温气冷堆技术
	熔盐堆技术
	超临界水堆技术
	铅冷快堆技术
	气冷快堆技术
Z 箍缩聚变裂变混合堆技术	驱动器技术
	Z 箍缩聚变技术
	高增益包层技术
磁约束聚变堆技术	氚循环与自持技术
	等离子稳定燃烧技术
乏燃料后处理及核电站退役技术	陶瓷型乏燃料后处理技术
	金属型燃料制备与乏燃料后处理技术
	高效放射性废物处置技术
	核电站延寿技术
	核电站退役技术
小型模块化反应堆技术	海上核动力平台
	移动式小型化核反应堆
	空间应用核反应堆

7.3.1 第三代堆子领域的关键前沿技术

从世界核能发展趋势来看，三代堆的主要堆型仍为压水堆，其所包含的前沿技术有耐事故燃料（ATF）元件技术、严重事故缓解措施技术、数值反应堆技术、数字化核电站技术。

耐事故燃料的定义是在正常工况下，具有与标准的 UO_2-Zr 燃料相同或者更好的性能；在反应堆失水事故下，能够比标准的 UO_2-Zr 燃料在更长的时间内不失效。其研究内容可以分为包壳研究和芯块研究。从全球研究趋势来看，对现有的 UO_2-Zr 燃料体系进行优化升级是最稳妥的研究方向，并有望迅速投入使用。新型合金和陶瓷燃料的研究正不断取得进展，但是短时间内难以投入使用。

严重事故研究可分为两个主要方向：一是研究严重事故现象学，目的是掌握堆芯熔融机理，并建立分析模型和开发相关计算软件；二是研究严重事故缓解措施，目的是减轻后果。严重事故缓解措施技术又包括非能动停堆技术、非能动余热排出、熔融物堆内滞留（IVR）技术和熔融物堆外滞留（EVR）技术。其中，熔融物堆内滞留技术和熔融物堆外滞留技术被认为是实现"实际消除大规模放射性物质释放"安全目标的有效措施。

数值模拟反应堆技术起源于日本福岛核泄漏事故之后美国提出的 CASL 计划，通过构建一个虚拟反应堆，在超级计算机平台上开展中子学、热工水力、结构力学、水化学、燃料性能等过程的模拟研究，掌握数值模拟计算方法、存储等核心关键技术，用于反应堆的堆芯物理分析、燃料设计及性能优化、极端事故分析及预测等方面，进一步提高反应堆运行的经济性、安全性和可靠性[2]。

数字化核电站技术包括监测系统的数字化和仪控系统的数字化两部分内容。目前，核电站的数字化程度均比较高，未来核电站数字化的发展方向应当往智能化和自动化方向发展，并需要提高仪控系统的安全性与可靠性。在这个过程中，如何实现核电数字化系统智能在线状态评估、故障诊断和运行状态优化是一个重要研究方向。同时在数字化核电软件系统的开发环境、项目管理、源代码安全保护、防病毒、代码调试纠错等不同的方面，都需要进行研究，确保程序运行的稳定性和安全性。

7.3.2 四代堆子领域的关键前沿技术

核燃料匮乏和核废物积累或将成为核能大规模可持续发展的制约因素。为更好地解决核能发展中的可持续性（铀资源利用与废物管理）等问题，美国于 2000 年发起"第四代核能系统国际论坛（GIF）"，并提出了 6 种堆型，包括钠冷快堆、铅冷快堆、气冷快堆、超临界水堆、超高温气冷堆和熔盐堆。其中，超临界水堆与熔盐堆为热中子反应堆，超高温气冷堆为新概念堆,其他 3 种则均为快堆[14]。

由于易裂变燃料在快堆中越烧越多,燃料得到增殖,故快堆又被称为快中子增殖反应堆。快堆运行时真正消耗的是在热中子堆中不太能发生裂变、在天然铀中占 99.2% 以上的 ^{238}U。发展快堆可以将铀资源的利用率从热中子堆的 1% 提高到 60%~70%,从而大幅度降低核电的大规模发展对铀资源的需求。此外,快堆可以通过嬗变次量锕系核素 MA 和长寿命裂变产物 LLFP,实现废物最小化,降低高放射性废物地址处置的长期环境风险。从目前的工业实践来看,钠冷快堆是第四代核能系统中最成熟的。相对于热堆而言,其对环境更加友好,应对严重事故的能力更强,可以做到不需要厂外应急措施。

7.3.3　Z 箍缩聚变裂变混合堆子领域的关键前沿技术

"Z 箍缩聚变裂变混合能源堆(Z-FFR)"概念是由中国工程物理研究院的研究团队提出的[15],即采用 Z 箍缩驱动惯性约束聚变(ICF)途径,实现大规模热核聚变,并利用热核聚变产生的大量中子驱动次临界裂变堆而释放能量[16],该子领域的研究又可分为驱动器技术、Z 箍缩聚变技术、高增益包层技术 3 项前沿技术。

驱动器技术涉及的研究领域较多,宜将其进一步细分(如开关技术、触发技术、电脉冲的高效叠加与传输技术等),分别立项进行突破。

Z 箍缩聚变技术的核心一方面在于能源靶的设计与验证,另一方面在于聚变氛围、状态及其控制。在能源靶的设计与验证方面,需通过多种模型的验证,对程序的置信度进行分析和校验,充分梳理影响能源靶动作过程的关键物理过程和重要物理因素,针对各物理环节进行单因素分析,列出关键物理因素对靶设计的影响范围;而在聚变氛围、状态及其控制方面,需对以下几个问题展开深入研究:聚变靶室物理状态的数值模拟、靶室内壁辐射烧蚀阈值、靶室内壁热应力-疲劳性能、聚变初始状态条件控制与恢复技术、聚变氛围模拟。

对于高增益包层技术,脉冲功率下包层部件动态响应特性、连续脉冲条件下次临界包层燃耗行为是影响包层设计的关键因素。

7.3.4　磁约束聚变堆子领域的关键前沿技术

磁约束核聚变是人类未来理想的清洁能源之一。将磁约束核聚变转化为热能,必须首先解决氚燃料循环与自持、聚变燃料稳定燃烧两项关键技术。

氚是氘-氚聚变中必不可少的燃料,在自然界的丰度极低,人工获取氚的数量有限,且氚的半衰期较短(12.43 年),难以长期储存。氚资源的匮乏要求氘-氚聚变反应堆必须能够实现氚自持。在磁约束聚变堆的堆芯中，通常设置一圈次临界包层，通过包层内的 Li 元素与中子发生核反应，进而生产放射性同位素氚。产生的氚需要再通过各种手段进行分离提纯，然后重新进入反应堆燃烧。在整个氚燃料的循环过程中，氚增殖剂的选取、氚再生、防氚渗透、氚回收和氚纯化技术均有待攻关。

聚变燃料等离子体通过磁场约束，在反应堆内部进行稳定燃烧是将聚变能转化为其他形式能量的关键。由于核聚变反应堆是一个多学科的复杂系统，因此在实现等离子体稳定燃烧的问题上涉及多系统多学科的协调研究，包括无感应稳态电流驱动技术、堆级稳态高功率辅助加热技术、等离子体位形控制技术、加料与排灰技术等。

7.3.5 乏燃料后处理及核电站退役子领域的关键前沿技术

随着国际上核电机组数量的不断增加，越来越多的核电机组运行寿期将至，乏燃料后处理、回收后的核燃料再加工、核电机组延寿、核电站及涉核科研设施退役的需求越来越强烈，许多核电大国均已开展相关研究，包括陶瓷型乏燃料后处理技术、金属型燃料制备与乏燃料后处理技术、高放射性废物处置技术、核电站延寿技术、核电站退役技术。

陶瓷型乏燃料主要为商用压水堆使用过的燃料，其后处理技术经过长时间的发展已经趋向成熟。全世界热堆后处理厂已经处理了约 10 万吨乏燃料，采用的均是以普雷克斯流程（Purex Process）流程为代表的溶剂萃取分离流程技术。然而，该项技术还存在诸多技术问题，亟待解决，如放射性核素在线分析难度高，涉及大量 ^{235}U、^{239}Pu、^{237}Np 操作，临界事故风险高，放射性气溶胶及强 β 射线、γ 射线和中子辐射的危害大等。

金属型燃料制备与乏燃料后处理技术研究的重点在于如何使用热堆的乏燃料生产金属型燃料，即把氧化物燃料转化为金属型燃料。干法后处理是金属型燃料制备的关键步骤，它可以充分利用现有热堆乏燃料及快堆乏燃料，将有用的核燃料元素提取出来。通过对熔炼、铸造、热处理等关键工艺和无损检验技术的持续攻关，将提取出的核燃料元素再次加工制作成金属型燃料，最后供快堆或 Z 箍缩聚变裂变混合堆循环使用。

高放射性废物处理技术主要包括高放射性废液玻璃固化技术、高放射性熔盐固化技术，以及使用加速器对高放射性废物中的长半衰期裂变核素进行嬗变的相关研究。其中，冷坩埚固化技术有望成为高放射性废物处理中最有应用价值和前景的技术。

核电延寿技术包括两个方面：延寿标准和流程的建立，核电站的老化管理和寿命管理。同时，核电延寿技术可以与现有的核电站在线监测与运行维护优化系统进行有机结合，并引入大数据和人工智能技术，实现数据采集、分析、决策流程的自动化，进而提高核电站运行的安全性和经济性。

核电退役是一个系统工程，不仅涉及多学科、多层次的技术难点，还涉及退役自动化工艺流程开发、高可靠智能机器人、高效去污技术、退役工程管理系统、退役三维仿真系统、高放射性废物管理系统等多项技术的攻关。

7.3.6 小型模块化反应堆子领域的关键前沿技术

小型模块化反应堆（以下简称"小型堆"）因其可移动的特点，故可应用的场景非常灵活，例如，把它用于替代老旧小火电机组、工业工艺供热、核能海水淡化、核能城市区域供热、中小电网供电、岛礁及军事基地的热电水保障。根据应用场景，可将小型堆分为海上核动力平台、移动式小型化核反应堆、空间应用核反应堆3种。小型堆有多种堆型的设计方案，其中借鉴成熟压水堆的设计方案最为成熟，其在短期内即可实现商用。此外，小型堆的新型高效热电转化技术、深海/深空智能化小堆、小型堆的具体应用场景开发及小型堆模块化标准化生产或将成为近期重点研究对象。

7.4 技术路线图

7.4.1 发展目标与需求

1. 发展目标

1）2025年目标

到2025年，三代堆核电技术持续突破，实现经济性与安全性平衡发展，全面形成自主化三代堆核电技术的型谱化开发与批量建设；初步实现基于小型模块化压水堆技术的多用途技术应用与工程示范，应用领域涵盖至浮动式核电站、核能供热、供汽等；四代堆主力堆型实现工程示范。

2）2035年目标

到2035年，耐事故燃料元件、严重事故缓解措施等先进技术实现全面突破，三代堆核电技术实现规模化装机，技术水平世界领先，领跑核电领域技术发展，提升世界核电市场份额；小型模块化反应堆全面推广应用，成为孤岛供电、岛礁、偏远地区供电供能的主力选择，并可参与世界核能多用途应用市场竞争；四代主力堆型实现商业推广，并用于乏燃料后处理、嬗变。

2. 市场需求

能源是一个国家社会经济发展的动力和基础，我国当前的人均能耗尚处在世界平均水平，随着我国经济的发展，能源消费将持续增长。我国在《巴黎协定》的框架下提出了到2030年单位GDP的二氧化碳排放量比2005年下降60%~65%、非化石能源在总能源当中的比例提升到20%左右等4项目标。为实现这些目标，我国能源革命正在加速推进，其中电力将是低碳能源的最重要领域，在如此大的电力需求下，要达到碳排放量降低的预期目标，必须大力发展核能与可再生能源。

相比其他可再生能源，核电具有厂址选择灵活的优势。在我国电力资源与需求不平衡的大环境下，发展核电既可以满足经济发达地区的电力需求，也可以缓解风电、光电跨区输电的巨大压力。

7.4.2 重点任务

1. 重点产品

1）小型模块化反应堆

相比于传统的大型商用核电站，小型模块化反应堆具有系统简化、安全性高、靠近用户布置、选址要求低、应用灵活、投资风险低等优点，使核能向多领域、多用途方向拓展成为可能。随着国家区域统筹发展的需要，发展分布式小型能源成为未来的发展趋势，一方面可替代退役、低效的中小型燃煤电厂，为海岛、偏远地区、中小型电网及海岛提供热、电、水等综合能源供给，另一方面可将核能应用于制冷、海水淡化、稠油热采、煤液化、冶金等多种不同工业领域。

2）自主化三代堆

压水堆在未来的一段时间内仍将是核电的主力堆型。通过三代堆中耐事故燃料元件、严重事故缓解措施等先进技术的全面突破，可实现经济性与安全性平衡发展，全面形成自主化三代堆核电技术的型谱化开发与批量建设，从而扩大自主核电技术的出口规模，提升我国在世界核电市场的份额。

2. 示范工程

1）钠冷快堆示范工程

具有嬗变特性的快堆是满足核能可持续发展的关键，以我国现阶段的核能发展而言，钠冷快堆成熟度最高，将会是我国最早实现闭式燃料循环的嬗变型快堆。在2025年前后完成基于钚铀氧化物混合燃料（MOX 燃料）的钠冷快堆示范工程建设，推动闭式燃料循环的发展；加快钠冷快堆商业化应用的进程，对促进我国核能可持续发展具有重要意义。

2）干法后处理示范厂

为尽快掌握增殖比更高、增殖速度更快的快堆金属燃料技术，必须持续开展干法后处理技术研究。在 2035 年以前完成干法核燃料循环示范设施的建设，缓解未来压水堆乏燃料储存压力，提高铀燃料的利用效率。

7.4.3 技术路线图的绘制

在我国核电的未来发展中，压水堆将在相当长时间内占据主导地位，面向 2035 年的核能发展技术路线图如图 7-7 所示。我国未来核电的发展将始终坚持在引进、消化吸收的基础上进行自主研发再创新的技术发展路线，通过在耐事故燃料技术、严重事故缓解措施技术、数值模拟反应堆技术、数字化核电站技术方面的持续攻关，进一步提升安全性、提高反应堆经济性、由国产化向自主化提升。

目前在四代堆方面，钠冷快堆的成熟度最高，它将是我国最早实现闭式燃料循环的嬗变型快堆。2020—2035 年，一方面，应大力发展钠冷快堆，力争在工艺流程、材料选取等方面取得重大突破，使钠冷快堆的经济性得到大幅度提升，产业化成本可以与三代堆持平。另一方面，我国高温气冷堆已实现商业化运行，后续可在此基础上进一步发展超高温气冷堆，并对其做适当的推广。此外，可对铅冷快堆等固有安全性高的堆型做适当发展，通过提升自主化工业基础能力，确保各项技术稳步推进，实现科技攻关。

小型堆的设计方案主要有小型压水堆、小型气冷堆、小型钠冷快堆、小型铅冷快堆和小型钍基熔盐堆等。其中借鉴成熟压水堆设计方案的小型堆技术最为成熟，针对具体的应用环境（海洋、岛屿、陆地等），预计经过 3~5 年的研发，可逐渐将其推向市场并规模化应用。除压水堆型的小型堆外，还可适当发展钠冷快堆型、铅冷快堆型等固有安全性高的小型堆。通过借鉴海上、陆地小型堆的发展经验，结合空间应用核反应堆自身特点，加快空间应用核反应堆的科技攻关，力争在 2035 年以前完成空间应用核反应堆的示范工程建设、综合演示验证。

磁约束聚变堆是人类社会可持续发展的理想战略性新能源之一，但其开发难度极大，在 2035 年以前该项技术仍将处于应用的探索阶段。预计在 2035 年以前完成近堆型级的中子辐照与氚回收提取平台建设、等离子体稳定燃烧的技术探索与攻关，在 2035 年前后完成聚变工程实验堆的建设与运行。

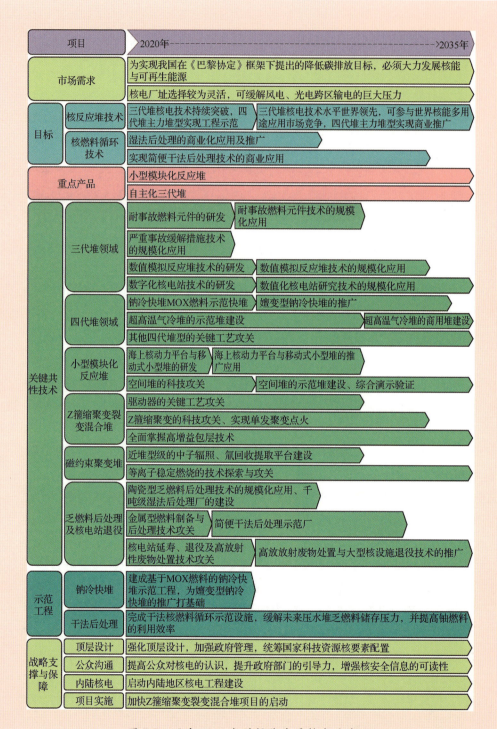

图 7-7 面向 2035 年的核能发展技术路线图

针对 Z 箍缩聚变裂变混合堆技术，预计将在 2035 年以前完成驱动器关键工艺攻关、Z 箍缩聚变技术攻关，实现单发聚变点火，全面掌握高增益包层技术，力争在 2035 年前后完成 Z 箍缩聚变裂变混合堆的建设，并开展工程示范。

我国部分核电厂乏燃料水池储存能力接近饱和，乏燃料运输和离堆储存能力也很有限，核燃料循环的后端处理和废物处置需求日益迫切[17]。随着近几年的不断实践与探索，我国乏燃料后处理事业发展突飞猛进的，但与核电发达国家相比仍有较大差距。未来，仍需引进更多的人才投入乏燃料湿法后处理、简便干法后处理的研究与应用中。

随着核电站运行寿命到期，在未来十几年中将陆续有核电站面临延寿或退役问题。我国在核电站延寿与退役方面尚缺乏实践经验，在未来核电发展过程中仍需广泛地借鉴国外核电站延寿与退役的成功经验，全面掌握老化管理及寿命管理、高可靠性智能机器人、高效去污等技术，并在后续具体实践中不断进行迭代、优化，形成自主化产业能力。

7.5 战略支撑与保障

为确保未来我国核能领域各项关键技术的顺利推进，还需制定如下的支撑与保障措施。

7.5.1 加强中央对核能科学技术的集中统一领导

应充分借鉴我国核工业过去发展的成功经验，以及其他核电发达国家的一些做法，针对我国目前核行业存在的"统筹不足，管理多头"等问题，建议建立国家层面的核行业统筹协调机制，明确行政主管部门。强化顶层设计，加强政府管理，研究确立"核科技强国"综合发展战略，研究优化核工业体系布局，统筹国家科技资源和要素配置，研究决策过程中的重大事项，为"核科技强国"建设提供有力的组织保障。

7.5.2 强化公众沟通机制

提升政府部门的引导力，整合中央政府、地方政府、核电企业、行业协会等各方资源，推进核电科普和公众沟通。在信息公开方面，政府机关和营运单位需对网站进行完善，增加对专业词汇的解读，增强核安全信息的可读性。对于恶意编造、散布的核安全虚假信息，政府部门要及时发声，发布权威观点，给予严厉打击，维护社会秩序，减少虚假信息的影响。此外，为让公众充分了解核电站的安全与好处，可适当组织公众参观核电站，帮助公众正确认识核辐射对人体的影响，使其对核辐射有一个正确的认识。

7.5.3 启动内陆地区核电工程建设

核电在我国能源结构中占比不高，还有相当大的发展空间，我国广袤的内陆厂址资源足以支撑核能稳定发展。建议在适宜发展核电的内陆地区尽快启动核电工程建设项目，既符合核安全标准又兼顾环境保护规范要求，采用先进安全的三代核电技术与严格的核电安全法规标准，从技术上、管理上能够确保内陆地区核电的安全可靠，参照国际同行进一步打破核电选址禁锢，实现核能稳定、高效的可持续发展。

7.5.4 加快 Z 箍缩聚变裂变混合堆项目的启动

Z 箍缩聚变裂变混合堆项目的实施有望实现惯性约束聚变的历史性突破，在国际上占领聚变能源领域的制高点，为具有重大工业应用前景的 Z 箍缩聚变裂变混合堆奠定科学和技术基础，促进工程技术人员掌握具有自主知识产权的未来先进核能技术。同时，也将显著提升我国在等离子体物理、高能量密度物理、辐射物理、高功率脉冲技术等前沿科技领域的研究水平，带动和促进国内高新技术产业的发展。该项目技术方案可行，具有创新性和重大应用前景，建议尽快启动实施。

小结

核能作为安全、清洁、低碳、稳定的能源形式，对于保障我国能源供给、改善能源消费结构、减少环境污染、促进经济可持续发展具有重要的战略意义。尽管受日本福岛泄漏核事故的影响，全球核能发展有所波动，但总体上仍呈现稳步发展态势。

基于我国核能发展的现状及世界核能技术发展趋势，预计在 2020 年前后，我国将形成自主化三代堆核电技术，此后一直到 2035 年，将持续开展三代堆的批量化建设，并对三代堆核电技术作持续改进，包括耐事故燃料元件、严重事故缓解措施技术、数值模拟反应堆技术、数字化核电站技术在三代堆中的推广应用。小型压水堆技术在目前最为成熟，可逐渐推向市场并规模化应用，并且可适当发展钠冷快堆型、铅冷快堆型等固有安全性高的小型堆。为大幅度提高铀资源的利用率，降低放射性废物量，需加强核燃料后处理能力建设。同时，大力推进以钠冷快堆为主的四代堆核电技术、Z 箍缩聚变裂变混合堆技术。力争在 2035 年前后将钠冷快堆产业化成本控制在与三代堆持平的范围内，同期完成 Z 箍缩聚变裂变混合堆的建设，并开展工程示范。磁约束聚变堆是人类社会可持续发展的理想战略性新能源之一，但其开发难度极大，预计在 2035 年以前该项技术仍将处于应用的探索阶段。

此外，为确保未来我国核能领域各项关键技术的顺利推进，还需要在加强对核科学技术的集中统一领导、强化公众沟通机制等方面提供支撑与保障。

第 7 章编写组成员名单

组　长：彭先觉

成　员：彭述明　钱达志　李正宏　黄洪文　郭海兵　马纪敏　丁文杰
　　　　黄　欢　阮政霖　戴　涛　史　涛

执笔人：黄洪文　丁文杰

8

面向 2035 年的海绵城市建设技术路线图

　　海绵城市是指利用建筑、道路、绿地、水系等城市空间，吸纳、蓄渗和缓释雨水的新型城市发展模式。早在 2013 年，习近平总书记就在中央城镇化工作会议上提出"在提升城市排水系统时要优先考虑把有限的雨水留下来，优先考虑更多利用自然力量排水，建设自然积存、自然渗透、自然净化的海绵城市"，以改善城市内涝、黑臭水体、水资源紧缺等民生问题。自此，海绵城市概念得以推广并进行示范建设，成为当前我国各个城市轰轰烈烈开展的一项重要工作。海绵城市建设的推进和推广，特别是未来的海绵城市建设规划，必须先从建设理念、科学规划及技术需求等方面着眼，突出"灰绿设施结合+厂、网、河、湖、岸一体"的城市水系统理念、遵循"以自然为先导，以循环为关键，以功能为切入点"的顶层设计思想、强化"智慧水务、智慧海绵"等未来理念的引领作用。项目组基于现阶段我国海绵城市建设的现状与工程技术需求，通过相关资料的调研、技术发展方向的预测，编制了面向 2035 年的海绵城市建设技术路线图，以期为未来海绵城市的建设提供指导。

8.1 概述

8.1.1 研究背景

2013年，习近平总书记在中央城镇化工作会议上首次提出海绵城市建设理念；2015年，国务院办公厅印发了《关于推进海绵城市建设的指导意见》(国办发〔2015〕75号)，明确提出要转变城市建设的发展方式，通过建设海绵城市将70%左右的降雨就地消纳和利用；城市新区要以修复水生态、保护水环境、涵养水资源、保障水安全、复兴水文化为目标导向；城市老区要以治涝、治黑(臭水)为问题导向("海绵+")，到2020年城市建成区20%以上的面积达到目标要求，至2030年达到80%。

2013—2018年，我国出台了一系列海绵城市建设的技术指南和规范，推动了30个海绵城市的示范建设，取得了突出的建设成效，对城市局部地区的内涝隐患消除、水环境质量提高、水生态功能改善等工作具有重大而积极的作用。上述工作促进了海绵城市建设理论的发展，逐步健全完善了海绵建设的运营机制，并培养了一批专业技术人才。但是，当前我国海绵城市建设仍在探索中，存在试点覆盖面小、系统连接性弱、项目碎片化和工程技术支撑不足等问题，这些问题制约了海绵城市建设的有序推进和全域推进。面对我国"两个一百年"奋斗目标，有必要提出面向2035年我国海绵城市建设发展技术路线图，以推动新型城市发展。

8.1.2 研究方法

本领域技术路线图在编制过程中涉及的研究方法主要有文献调研法、现场调查法、专家访谈法等。

8.1.3 研究结论

本项目组编制的面向2035年的海绵城市建设技术路线图以时间为轴，对建设海绵城市的多类型目标进行了梳理，对海绵城市建设需求、价值进行了总结，着重体现了"灰"+"绿"+"灰绿"结合技术、大排水技术、流域水环境治理技术、人工智能及智慧水务等单项技术的结合及相互作用关系，展示了政策、人才、资金对海绵城市建设的支撑作用。本技术路线图对城市水系统的准确认知与科学诊断、因地制宜的海绵工程建设、适合本城的现代化水系统管理体系构建提供指导。

8.2 国内外海绵城市建设的政策发展概况

海绵城市的建设在不同的国家有不同的称谓，一般是根据本国呈现的主要水问题命名的，如雨洪管理和流域管理等。以下介绍美国、日本、德国、新加坡、中国 5 个代表性国家的政策发展概况。

8.2.1 美国的海绵城市建设——流域管理与雨洪管理

美国在城市水环境及流域水环境治理方面布局得较早，自 1972 年开始先后颁布了《联邦水污染控制法》《水质法案》和《清洁水法》。这些法案强调将雨水作为一种资源并加以利用，重点关注雨水初期径流污染和暴雨洪峰的调控。20 世纪 90 年代初，美国国家环保局（USEPA）针对水质管理问题，颁布了一系列政策和法规。在这些政策和法规中规定城市人口大于 10 万时，建设市政雨水排泄项目、工业用地雨水排泄项目及正在开发的建设项目，都必须获取国家排放污染物消除（NPDES）许可证之后才能施工，并且在雨水控制和管理方面必须采取 BMPs，即最佳流域管理措施。

到 20 世纪 90 年代末，美国在现代雨洪管理方面再次提出新理念——低影响开发（LID）理念。LID 理念就是通过小规模且具有分散性的雨水径流污染控制设施的设计和建设，从源头对雨水径流污染进行控制。相对于 BMPs 等传统的工程措施，LID 造价更低、维护方便，并且 LID 集洪峰调控、面源污染控制、景观生态维护及减少水土流失等功能于一体，适用于大尺度场地/区域。为了实现雨水的综合利用，在联邦法律基础上，不同州还相继制定了各自的排水条例和相关的激励政策，以全面推进 LID 技术的应用及推广。采用 LID 技术开发的社区成本明显降低，销售速度加快，房产价值得以提升。

8.2.2 日本的海绵城市建设——雨水贮留渗透

日本城市发展受空间限制，因此早在 20 世纪 80 年代就开始实施海绵城市建设——雨水贮留渗透计划。1992 年，日本建设省在修订城市总体规划时，增加了雨水渗沟、渗塘和透水地面等相关内容，规定在城市开发建设中，每开发 10000m^2 建设用地必须附加一座容量不低于 500m^3 的雨水调蓄池。在民间，日本成立了相关的协会来推进雨水的资源化利用，其中最为著名的是"日本雨水贮留渗透技术协会"。日本政府所颁布的雨水利用法律法规均在《雨水利用指南》的基础上制定而成，该指南就是由"日本雨水贮留渗透技术"协会编写的。在初期，日本雨水利用工程如雨水调节池，主要建设在停车场、公园、绿地等地方，后来研发出了集景观功能于一体的多功能雨水调节池。现在日本雨水利用技术及相关产品形成了完善的产业链，相关产品已出口国外。

日本在《第二代城市排水总体规划》中规定，对新建、改建的大型公共建筑物，必须设置雨水下渗设施，必须建设透水路面、下沉式绿地、渗透塘等工程。在经济政策上，日本通过减免税收、发放补贴、基金、提供政策性贷款等方式来促进雨水利用工程的实施。例如，1996 年，日本在推进"墨田区促进雨水利用补助金制度"试点工程过程中，把该工程的补助金额按照储水装置大小分 3 个等级，金额为 2.5 万~100 万日元。

8.2.3　德国的海绵城市建设——雨水可持续利用

德国是最早通过政府职能对雨水进行管理的国家，与雨水相关的管理技术、法律法规和政策制度都较为完善。德国在对雨水利用的理念上注重水的可持续利用/回用、提高利用效率和避免增加排水量 3 个方面，实施效果十分显著。德国雨水利用方式主要分为以下 3 种：

（1）对屋顶雨水进行积蓄并利用。

（2）对道路产流雨水进行截污和下渗。

（3）在小区内建设生态雨水利用系统。

德国政府主要通过已颁布的《联邦水法》《废水收费法》等相关法律对雨水利用进行约束，其核心理念是保护水资源，推进水的可持续利用。德国政府规定，在大型公用建筑物、民用住宅、商业建筑物建造过程中必须建设雨水利用设施，否则不予立项。德国政府设立相关部门对雨水排放进行收费，用户排放雨水时需按照相关规定缴纳费用。为鼓励民众对雨水进行自行处理，德国政府为此制定了雨水利用补贴政策。

8.2.4　新加坡的海绵城市建设——"活力、美观、清洁"水计划

新加坡国家水务局、公用事业局于 2006 年联合发起了"活力、美观、清洁"水计划，转变原有功能单一、实用性差的排水沟渠、河道、蓄水池，结合城市景观，整合周边的土地开发，打造充满生机、美观的溪流、河湖，创建更宜居和可持续的滨水休闲区、社区活动空间。通过雨水系统的建设与提升，新加坡的洪水多发区面积从 1970 年的 $3.2 \times 10^8 m^2$ 减到 2014 年的 $3.4 \times 10^6 m^2$。

8.2.5　我国海绵城市政策大事记

相比发达国家，我国的海绵城市发展历程较短。从 2010 年开始，国务院办公厅等部门才

开始提出构建"具有中国特色的海绵城市体",要求地方全面加强雨洪管理工作,突出雨水的资源化利用。2013年12月,习近平总书记在中央城镇化工作会议上提出建设"海绵城市"的理念。2014年,习近平总书记在关于水安全的讲话中再次强调了海绵城市的建设及愿景。2014年11月,住房和城乡建设部发布了《关于印发海绵城市建设技术指南——低影响开发雨水系统构建(试行)的通知》(建城函〔2014〕275号),对开展海绵城市的建设工作起到了关键的促进作用。2015年4月,住房和城乡建设部、财政部批准了第一批海绵城市试点城市(包括武汉等16个城市)。2016年4月,以福州等为代表的14个城市被正式列入第二批海绵城市试点城市。截至2017年2月底,全国制订海绵城市建设方案的城市达130多个。

8.3 基于文献分析的海绵城市技术研发态势

鉴于海绵城市的名词起源较晚,究其本质属于水环境治理领域,因此本节对文献分析的关键词选择"城市水环境治理"。城市水环境治理领域的研究在过去的40年间快速发展,根据不同阶段的投入及产出,该领域的发展可分为3个阶段:1980—1992年,起步阶段;1993—2004年,发展阶段;从2005年至今,快速发展阶段。1980—2017年全球城市水环境治理领域年度论文发表数量统计如图8-1所示,2000—2017年主要国家在城市水环境治理领域的年度论文发表数量对比如图8-2所示。

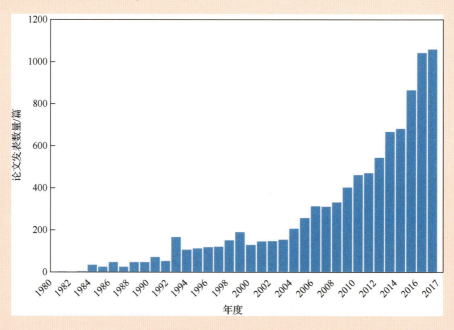

图8-1　1980—2017年全球城市水环境治理领域年度论文发表数量统计

1980—1992 年，我国在该领域的研究处于起步阶段，论文发表数量每年不足 50 篇而发达国家在这一阶段开始构建城市排水设施，研究投入费用和整体水平比我国高出不少。

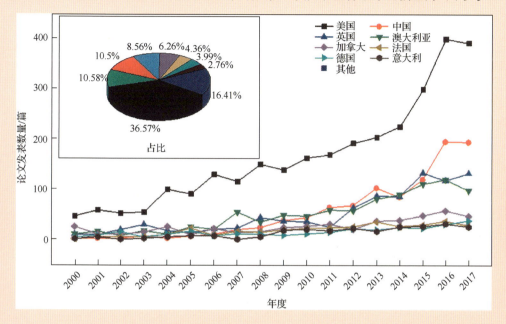

图 8-2　2000—2017 年主要国家在城市水环境治理领域的年度论文发表数量对比

1993—2004 年为发展阶段，该阶段全球城市水环境治理领域的论文发表数量整体上呈平缓递增趋势，年复合增长率约 2.0%，年均论文发表数量保持在 150~200 篇。此阶段全球经济发展、工业化进程加快，水体污染加剧，城市内涝及雨洪威胁屡见不鲜，各国均开始重视城市排水系统的构建与水环境的综合治理工作，并取得了一定的成效。

2005—2017 年为加速发展阶段，此阶段全球城市水环境治理领域的论文发表数量呈快速递增趋势，年复合增长率约 12.6%。这一阶段，一方面，随着城市化和经济的高速发展，水资源短缺、河流自然生态环境破坏、内涝、极端气象频次增加、水质恶化等一系列问题凸显并不断加剧，各国政府对水环境问题的关注度及投入力度也大幅度提升；另一方面，人们对于舒适、健康、生态的宜居城市水环境的需求更加强烈，关于城市可持续发展、水环境改善的研究广受关注，表现出本领域论文发表数量长期增长的态势。

图 8-3 为 2012—2017 年城市水环境治理领域论文发表数量排名前 10 的国家年度论文发表数量，从图 8-3 可知美国在城市水环境治理领域的研究水平始终保持领先地位，其在该领域的论文发表数量居世界第一。在 2012—2017 年间，我国在城市水环境治理领域的论文发表数量突飞猛进，年复合增长率达到 22%，高出世界平均水平 4.3%，但总数与美国相比仍有较大差距。2016 年，我国相关论文总数较 2015 年增长了 195 篇，超过了澳大利亚，位居全球

第二，这与我国在海绵城市建设理念的推广、工程实践的总结及建设模式的探索实践密不可分。此外，英国、加拿大、法国、韩国等也开展了大量研究，均构建了特色鲜明的城市水环境治理研究体系。

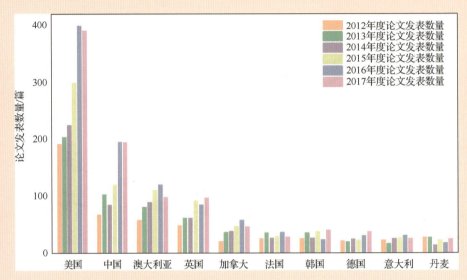

图 8-3　2012—2017 年城市水环境治理领域论文发表数量排名前 10 的国家年度论文发表数量

图 8-4 所示为城市水环境治理单项技术对应的英文论文数量与专利数量。在中文论文发表数量方面，本项目组对涉及海绵城市的 19 个单项技术进行了统计，在植草沟、透水混凝土、透水铺装、雨水花园、生物滞留设施、雨水湿地、雨水蓄水模块、绿色（化）屋顶、雨水调蓄池、下凹式绿地、植被缓冲带、生物滞留池 12 个单项技术方面的中文论文发表数量超过 100 篇，在雨水花园和绿色（化）屋顶两个单项技术方面的中文论文发表数量超过 1000 篇，如图 8-4（a）所示。在英文论文发表数量方面，9 个单项技术对应的世界英文论文发表数量超过 100 篇，其中，透水铺装、渗井、雨水调蓄池和生物滞留池方面的论文发表数量超过 1000 篇。在图 8-4（b）所示的 19 个单项技术对应的英文论文发表数量中，中国发表的英文论文数量排名均居世界前列，5 项单项技术对应的英文论文发表数量位于世界前 4 名，渗井和绿色（化）屋顶方面的英文论文数量排名世界第一；在海绵城市的 19 个单项技术专利数量中，透水混凝土和高位花坛的专利数量最多，分别为 741 和 227 项，其他单项技术专利数量大多为 50～100 项。

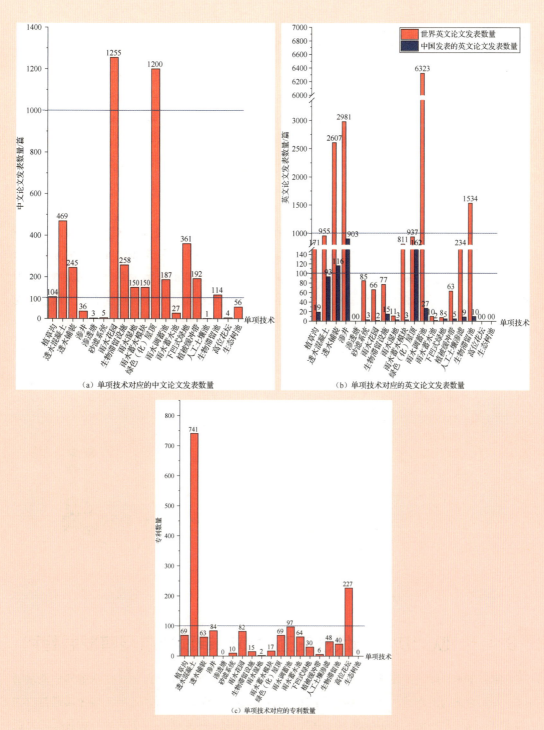

图 8-4 在城市水环境治理单项技术对应的中英文论文数量与专利数量对比

8.4 关键前沿技术及其发展趋势

图 8-5 为城市水环境治理领域排名前 10 的关键专利技术发展趋势。在排名前 10 的专利技术类别中，E03B3/02——雨水占技术总量的 14.85%，E03F5/10——集水池或调节径流的平衡池占技术总量的 7.13%；E03F1/00——排除污水或暴雨的方法系统或装置占技术总量的 6.7%，E03F5/14——从污水中分离固体和液体的设备、E01C11/22——边沟、C02F1/28——吸附法、C02F9/14——生物污水多级处理、E03F5/04——配备或不配备防止臭气扩散的密封装置或沉淀集水坑的排水井、$CO_2F1/00$——水、废水或污水的处理、E03B3/03——集存雨水的特殊容器，分别占技术总量的 4% 左右。

总体上，E03B3/02、E03F5/10、E03F1/00、E03F5/14 代表的城市水环境治理技术分支近年来发展迅速。其中，雨水收集处理技术及废水净化技术得到了长足的发展。根据专利技术的稳定性、先进性和保护范围，本项目组所筛选的价值度较高的专利主要分布在城市水管理系统方法、城市河流雨污管网的水流分质排放的方法、生态型透水地层结构设计方法、智能化城市污水排水方法等技术领域，上述技术领域正是目前的研发热点。

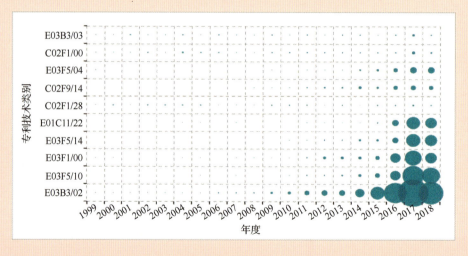

图 8-5 1999—2018 年城市水环境治理领域排名前 10 的关键专利技术发展趋势

8.4.1 以"灰"为代表的海绵城市单项技术及其发展趋势

在城市水环境治理领域，一般将常规的储存容器和用于饮用水、市政排水管网或雨水管网、人工构筑的雨水污水处理系统等定义为灰色设施（简称"灰"），混凝土或金属通常作为上述设施或构筑物的主要组成部分。此外，街道、道路、桥梁等不用于实现环境目标的建筑物也属于灰色设施。在海绵城市建设范畴，灰色设施主要包涵雨水调蓄池、雨水蓄水模块等雨水调蓄设施，以及排水管网、调蓄隧道等转输设施。

灰色设施通常应用于以下环境：建成区建筑密度大、天然的下垫面条件较差，可用于改造的公共绿地、场地条件有限，或者相关地质条件无法满足改造的需要等。在这样的环境下，要加强地下排水管网的清淤、疏堵工程建设，改造提升泵站，建设雨水蓄水池等雨水回用设施，以实现雨水的资源化利用和防洪排涝目标。以"灰"为代表的海绵城市单项技术核心单元及其发展趋势见表 8-1。

表 8-1 以"灰"为代表的海绵城市单项技术核心单元及其发展趋势

技术名称	核心单元	技术发展趋势描述
雨水调蓄池	一体化智能设备组装技术	雨水调蓄池将在城市中各种地势条件下选用，如天然绿地、地势低洼处、小区居民公共活动场所、景观河流水体周围，净化雨水，节省后续净化成本
	空间优化利用技术	
	智能清理技术	
	智能启停技术及在线数据收集技术	
	高效预处理技术	
雨水蓄水模块	进水分配系统	雨水蓄水模块将以调蓄暴雨峰流量为核心，把排洪减涝、雨洪利用与城市的景观、生态环境和城市其他一些社会功能更好地结合，有效地解决城市内涝问题；节地型雨水调蓄池技术是未来核心发展方向
	防渗设施及防渗材料开发利用	
	固体颗粒拦截技术	
	反冲洗及维护技术（防堵塞）	
	进水分配设施	
	种植土优选技术	
	下凹式绿地前置预处理技术	
下沉式广场	固体颗粒填充技术	下沉式绿地将更广泛地与广场设计相结合，不仅可以保证水土的透水性，促进树木草植的生长，将多余的积水有效地利用起来，提高树木对生态环境的适应能力，有助于城市生态建设
	路面积水收集	
	定期养护技术	
雨水蓄水罐	收集管铺设技术及优化技术	将景观蓄水池、生态滤池与蓄水罐有序连通，构建新型一体化蓄水装置，提高城市抗洪能力，净化水源，提高水质，有效缓解城市缺水危机
	雨水蓄水罐开发技术	
	反冲洗及维护技术（防堵塞）	
透水铺装	下渗雨水收集	通过材料的改进，使其具有高机械强度，并通过对现有透水混凝土净化机理的研究，探索可高效去除污染物的方法，从而延长其使用寿命，形成适合北方寒冷地区的透水铺装
	优化结构层透水系数	
	材料配合比优化	
	定期养护技术	
城市排水管网	抗压管、耐腐蚀管道技术	结合排查测绘、检测评估、管网修复整治以及信息化管理系统的建立，形成海绵城市建设过程中有利于管网提质增效的成套技术，建立运行模式，通过管网的提质增效进一步为海绵城市建设提供支撑
	结构、接头渗漏水控制技术	
	防堵塞技术	

续表

技术名称	核心单元	技术发展趋势描述
地下排水深隧	抗压管、耐腐蚀管道技术	深隧工程建设应该经过更为详细的论证过程，与经过改造的浅层排水管网配合，改善城市排水系统。另外，还可与地下行车隧道相结合进行建设
	地下空间综合开发技术	
	接头渗漏水控制技术	
	雨水分配技术	
	植物组合及维护技术	
	防堵塞技术	
污水处理系统	格栅、沉砂池技术	污水处理厂可采用人工湿地，生物滤池或稳定塘等生化处理技术，也可根据当地条件，采用其他有工程实例或成熟经验的处理技术，将污水处理与生态处理有机结合
	初沉池技术	
	深度处理技术	
	生物处理技术	
	污泥处理技术	

8.4.2 以"绿"为代表的海绵城市单项技术及其发展趋势

绿色设施最初在 20 世纪 90 年代中期由美国提出，它被定义为一个国家自然生命的支持系统，其由水道、湿地、林地、野生动物栖息地、自然区、绿色通道、公园、保护区、农场、牧场、森林，维系天然物种、保持自然的生态系统、维护空气和水资源、对人类健康和生活质量有所贡献的荒野，以及其他开放空间组成。上述系统在自然界广泛存在，并可以通过人工措施进行构建和强化。经过大量的工程实践，绿色设施不仅能减少雨水径流量，还可有效地去除径流雨水中的污染物。

绿色设施单项技术主要包括透水铺装、绿色屋顶、雨水花园、植被缓冲带等。相较于灰色设施，绿色设施更强调以基于自然水文过程的渗透、蒸发蒸腾、雨水渗透回用、径流污染控制、地表径流量削减等。这些技术措施通过从源头上恢复自然水文，解决雨水洪涝灾害及径流污染等问题。除此之外，绿色设施还可以保护敏感的饮用水源地上游地区、补给地下水等。在体系完整的绿色设施中，天然下垫面的湿地和沼泽体系为暴雨提供了巨大的雨水调蓄空间，可以有效地减缓市政管网的压力；绿色设施带地面上的乔木和灌木的叶冠可以减少雨水对地表的冲刷，其根系则可以吸收降雨，维持土壤孔隙度，增加雨水的渗透量。以"绿"为代表的海绵城市单项技术核心单元及其发展趋势见表 8-2。

表 8-2　以"绿"为代表的海绵城市单项技术核心单元及其发展趋势

技术名称	核心单元	技术发展趋势描述
生物滞留池	进水分配系统	生物滞留池可作为雨水的主要滞留场所，并完成雨水净化。同时在一定程度上承接待处理的生活污水，也是水回用的主要来源之一，还可配备游乐设施、喷泉等，增强景观效果
	定向去除效果的（人工）滤料开发技术	
	高效防渗技术	
	植物组合及维护技术	
	池内自动清洗技术	
	渗排管铺设技术及优化技术	
雨水花园	新型防渗材料开发技术	雨水花园将发展成为形式多样、适用区域广、易与景观相结合、径流控制效果好、建设费用与维护费用较低的综合性蓄水设施
	渗排管铺设技术及优化技术	
	土层结构处理技术	
	优良性能植物育种技术	
生态树池	蓄水模块开发技术	可以滞留消纳柏油路面产生的雨水径流，进行雨水收集，用于道路浇洒、绿化使用
	模块清洗技术	
	植物组合技术	
	渗排管铺设技术及优化技术	
下凹式绿地	雨水口衔接技术	下凹式绿地可通过下沉空间对雨水的蓄积及其下渗功能，实现下凹式绿地对汇水区域内径流量的控制、补充地下水源以及调节城市局部地区小气候的功能，下凹式绿地和景观的有效融合是未来的发展方向
	进水分配设施	
	种植土优选技术	
	下凹式绿地前置预处理技术	
植草沟	人工土壤基质组合优化	村镇及景区路旁植草沟完全代替传统地下排水系统，解决管道混接问题，并且可以高效定量削减径流洪峰流量、径流总量
	植物优选及养护	
	高效过滤技术（防堵塞）	
	滤料层材料优化	
	植草沟出口/入口维护	
植被缓冲带	植物组合及扦插技术	植被缓冲带可作为生物滞留设施等低影响开发设施的预处理设施，也可作为城市水系的滨水绿化带，有着良好的运用前景
	新型工程材料开发技术	

8.4.3　"灰绿"结合的海绵城市单项技术及其发展趋势

灰色基础设施是传统意义上的市政基础设施，它以单一功能的市政工程为主导，而绿色基础设施是一个相互联系的绿色空间网络，它由各种开敞的空间和自然区域组成。随着城市化进程的快速推进，传统城市建设模式下单一的基础设施已经无法满足城市排水防涝需求，因此构建"灰绿结合、系统统筹"的单项技术是未来海绵城市建设的关键。将市政雨水、污水管网、排涝调蓄池、地表排水街道、渠道等灰色设施，与透水铺装、绿色屋顶、下沉式绿地、生物滞留设施、渗透塘、调节塘、雨水湿地、植草沟、植被缓冲带等绿色设施有效结合，不仅能够发挥二者的优势，还能够有效降低建设成本，保障建设成效。"灰绿"结合的海绵城市单项技术核心单元及其发展趋势见表 8-3。

表 8-3 "灰绿"结合的海绵城市单项技术核心单元及其发展趋势

技术名称	核心单元	技术发展趋势描述
雨水湿地	高效防渗技术	人工雨水湿地的功能将与自然湿地越来越接近，除了起洪水调蓄与水质净化的作用，还将具有生态效益和景观作用
	雨水分配技术	
	植物组合及维护技术	
	防堵塞技术	
调节塘	调节塘前置预处理技术	调节塘将作为下凹式绿地等的前置预处理技术，通过对径流雨水暂时性的储存，达到削减峰值流量、延迟峰现时间的功能
	调节塘底泥清淤设施及技术	
	排渗管铺设及滤料开发技术	
渗井	截流、弃流预处理	在渗井内沿雨水渗流方向铺设不同性质的材料，可达到定向去除污染物效果，并延长渗井材料使用寿命
	检查井、结合井改渗井	
	利用建筑垃圾做渗井填充材料	
	填充材料渗透系数优化	
	定期维护	
渗透塘	植物组合及维护技术	将沉砂池、前置塘等预处理设施置于渗透塘前，以去除大颗粒污染物并减缓雨水流速；对冬季低温城市，采取耐寒植物及微生物的组合布设方式，在有效维持渗透塘运行的同时还可净化城市雪水
	优选天然地形作为水塘	
	利用塘内动态水位调节雨水的下渗速率	

8.4.4 大排水技术及其发展趋势

在城市水环境治理工程中，大排水系统通常由地表通道、地下大型排放设施、地面的安全泛洪区域和调蓄设施等组成，主要为应对超过小排水系统设计标准的超标暴雨或极端天气/特大暴雨等而设计的一套蓄排系统。大排水系统通常由"蓄"和"排"两部分组成，其中"排"主要指具备排水功能的道路或开放沟渠等，"蓄"则通过大型调蓄池、深层调蓄隧道、地面多功能调蓄、天然水体等调蓄设施完成。

事实上，大排水系统与小排水系统在措施上并没有本质的区别，它们的主要区别在于具体形式、设计标准和针对目标不同。在实际应用过程中，通过合理设计，可以实现大排水系统和小排水系统的有效衔接，使两个系统共同作用，进而达到一个较高水平的排水防涝标准。例如，发达国家部分地区建设的大排水系统一般按 100 年一遇的暴雨级别进行校核。

8.4.5 流域水环境治理技术及其发展趋势

流域水环境治理体系融合了水利、水文、水环境、信息技术、经济、管理、流域规划等多种技术，从污染负荷、水体功能、宏观调控、区域协调等方面统筹管理，其与流域水系行洪体系、流域水系截污净化体系、流域水生态廊道范围相协调。在具体建设过程中，要根据不同区域污染类型，选择具有针对性的治理技术与方案，以流域污染源头控制为根本，以生态截流为重点，以水系调控为突破点，以沟渠河流净化为依托，以流域生态整体修复为目标，实现区域减源、水系调控、水域净化、生态修复的综合目标。流域水环境治理技术核心单元及其发展趋势见表 8-4。

表 8-4 流域水环境治理技术核心单元及其发展趋势

技术名称	技术发展趋势描述
流域水环境承载力评估	（1）基于流域尺度的河流水环境承载力计算与评估。 （2）湖泊水环境承载力：基于湖泊水动力水质模型建立水质-污染源响应关系，计算水环境承载力。 （3）流域水环境承载力：基于流域内河湖水环境承载力，区域经济社会规模，对流域水环境承载力进行综合评估
流域自净能力计算及优化	（1）河流湖泊水体自净能力计算。 （2）流域自净能力计算：综合分析流域内河湖水体的自净能力来对流域整体的自净能力进行评估
满足目标水环境需求的流域水生态治理措施	（1）河床清淤疏浚，新建、扩建排涝泵站，加大河口防洪能力。 （2）因地制宜采用适宜的生态堤岸。 （3）加强截污工程建设力度。 （4）提升河道水质：人工增氧技术、人工湿地技术、人工水草治污技术、原位生物（生态）综合治理生物修复技术
流域尺度调控技术	（1）基于地貌景观的水系形态结构静态连通性。 （2）基于水利工程的水力调度动态连通性。 （3）河网水系的静态与动态连通特征

8.4.6 人工智能及智慧水务技术及其发展趋势

智慧水务技术通过智能感知、大数据分析、异构网络融合、虚拟化、移动互联等信息技术，全面感知涉水数据，实现对源水、净水、供水、排水、污水、中水等水资源的全生命周期管理。人工智能与智慧水务技术相结合，能够为城市提供优质的供排水服务，能够及时响应水务应急事件并进行科学决策，持续优化水资源配置，提升水务部门的工作效能，实现各类水务活动的数据化、信息化与智慧化管理。人工智能与智慧水务核心单元及其发展趋势见表 8-5。

表 8-5 人工智能与智慧水务核心单元及其发展趋势

技术名称	技术发展趋势描述
在线监控及数据检索	（1）智能感知领域的窄带物联网等技术。窄带物联网技术可在管网智能监控、水文水质信息自动采集、视频无缝识别等方面进行创新应用；
模型建立及数据模拟	（2）高能计算领域的云计算技术。基于高速网络提供动态易扩展的计算和存储资源，能够极大地实现资源的集约高效利用；
系统整合及优化运行	（3）数据分析领域的大数据技术。可为水务业务数据的分析和处理提供技术和平台支持，通过对涉水数据的分析、处理、挖掘，提取出重要的信息和知识，再将其转化为水务应用模型，为水务态势分析、联合调度等提供决策依据；
智能控制及无人值守运行	（4）智能应用领域的人工智能等技术

8.5 技术路线图

8.5.1 发展目标与需求

1. 发展目标

海绵城市是新型的城市发展模式。在城市建设过程中可以通过对原有"海绵体"（具有雨水调蓄功能的单体城市设施）进行有效保护，对已经受到破坏的"海绵体"进行修复，不断提升城市"海绵体"的规模和质量，以恢复水体的基本功能，实现水系连通，岸上和岸下的水系有效衔接，保障城市的健康发展。未来海绵城市系统的建设必须站在流域和汇水区域的角度来开展，在应对环境变化和自然灾害时要富有"韧性"，在解决城市涝灾和水环境恶化问题时要具有"弹性"。海绵城市建设的最终目标是实现地表水、污水、生态降水、地下水等统筹管理，构建可持续的城市水循环新系统。

具体而言，海绵城市建设初期，应遵循"小雨不积水、大雨不内涝、水体不黑臭、热岛有缓解"的总体建设目标；在未来的规划建设中，除了海绵城市建设的单项指标体系，还应实现"自然积存、自然渗透、自然净化"的远期愿景。

在顶层设计方面，现阶段应聚焦解决城市现有的逢雨必涝、雨水径流污染、水体黑臭、水资源紧缺、饮用水的水源严重污染等实际水环境问题，远期发展目标应突出"以自然为先导，以循环为关键，以功能为切入点"的顶层设计理念。

在技术发展方面，除了突破传统的"灰""绿""灰绿"结合的蓄、滞、渗、净、用、排等单项技术，未来海绵城市的技术发展应突出"'灰绿'结合+厂、网、河、湖一体"的城市水系统理念、"智慧水务、智慧海绵"发展理念的引领及带动作用。

在建设尺度方面，未来发展目标应突破传统的示范点、场地级示范，实现海绵城市的区域级示范、城市级示范等，通过智慧水务等技术的全面应用，推动未来智慧海绵城市健康发展。

在具体建设目标方面，在解决当前海绵城市建设过程中"水环境、水生态、水资源、水安全"问题的同时，要聚焦面向2035年的"水价值、水文化、水文明"等建设目标。

2. 发展需求

传统的城市建设热衷于通过单一目标的工程措施，构建"灰"的基础设施来解决复杂、系统的水问题。城市化和各项"灰"基础设施建设导致植被破坏、水土流失、不透水铺装率增加，河湖水体破碎化，地表水与地下水的连通中断等系列问题，极大地改变了径流汇流等水文条件，使城市水环境、水安全问题日益严重，进入恶性循环。

推动海绵城市建设，其本质在于通过以"灰"为代表的人工强化技术、以"绿"为代表的自然生态技术、"灰绿"结合技术、大排水技术、流域水环境治理技术、人工智能及智慧水务技术等单项技术的整合及体系构建，建设涵盖"源、厂、网、河+大数据云平台"的智慧海绵城市建设体系，让城市的每一寸土地都具备一定的雨洪调蓄、水源涵养、雨污净化等功能，综合提升城市排水防涝和面源污染治理能力，实现海绵城市系统的高效智慧运行。

海绵城市的发展需求表现在以下3个方面。

（1）社会价值。海绵城市为城市老旧城区的"海绵体"建设提供了新思路。大中型城市的老旧城区占比大，与新城区相比，老旧城区的洪涝灾害、雨水径流污染、水资源匮乏等问题更为严重，并且老旧城区还面临空间条件有限、改造难度大等问题。相比建设大型地下雨水调蓄池、大规模改造雨水管线等方案，设置城市"海绵体"是一个更为可行的办法。在整个设计过程中，可通过原有的老旧建筑物的雨水管断接技术，将雨水管线接入周边公园、水体、集中绿地等，集中储蓄雨水，也可以利用居民小区内部的花坛、绿地等建筑设施空间布置雨水花园、下沉式绿地；还可以通过在城市道路两边建设绿化带、生化树池等绿化空间存蓄及渗滤雨水。

（2）经济价值。海绵城市的建设将实现城市中主要水体功能的提升与保护，在海绵城市建设过程中，涉及透水铺装、管网、渗滤系统、调蓄池、雨水末端治理系统的生产和建设，相关产品的生产和建设将有效地带动整个产业的发展及升级换代，促进区域及行业的经济增长。

（3）生态价值。海绵城市的建设进一步完善城市生态系统，提高环境质量。在海绵城市建设过程中，通过雨水花园、生态树池、城市绿地等的大量建设，硬化路面减少，厂、网、河湖一体化贯通，将实现雨水资源的高价值开发和水资源的开源节流。此外，将回收得到的雨水用于工业生产，不但增加经济效益，还能实现水资源的高效利用。

8.5.2 重点任务

1. 技术任务

在海绵城市基础设施建设过程中，应摒弃传统的单一工程建造思维，要以生态建设理念为本，充分分析建设场地的生态本底资源条件，全面剖析周边市政与空间条件，仔细勘察现场环境生态本底资源；还要以低影响开发建设为理念，以灰色与绿色措施有效结合为依托，以"源头减排、过程控制、系统治理"为指导，探索海绵城市建设理念下的市政雨水基础设施建设新模式。在海绵城市建设中，相关技术的使用应遵循以下4个原则。

（1）源头减排。最大限度地减少或切碎硬化面积，充分利用自然地理下垫面的滞渗作用，减缓地表径流的产生，控制雨水径流污染，涵养生态环境，积存水资源。以降雨汇流为源头，改变过去简单收集快排的做法，通过微地形设计、竖向控制、景观园林等技术措施控制地表径流，发挥"渗、滞、蓄、净、用、排"的耦合效应。

（2）过程控制。充分发挥绿色设施渗、滞、蓄对汇流雨水的滞峰、错峰、消峰作用，减缓雨水共排效应。使从不同区域汇集到城市排水管网中的径流雨水不是同步集中泄流，而是有先有后、"细水长流"地汇流到排水系统中，从而降低排水系统的收排压力。过程控制要强调通过优化绿色、灰色设施系统的设计与运行，依靠大数据、物联网、云计算等智慧管控手段，对雨水径流汇集方式进行控制与调节，延缓或者降低径流峰值，避免雨水产汇流"齐步走"，实现系统运行效能的最大化。

（3）系统治理。在海绵城市建设过程中，首先，要从生态系统的完整性上来考虑，避免碎片化建设，要充分发挥山、水、林、田、湖、草等自然地理下垫面对降雨径流的积存、渗透和净化作用。其次，要建立完整的水系统，应充分考虑水体的岸上岸下、上游下游、左岸右岸的水环境联动治理和维护。最后，要以水环境目标为导向建立完善的治污系统，构建从产汇流源头、污染物排口到管网、处理厂（站）、受纳水体的完整系统。

（4）智慧贯通。在海绵城市建设过程中，要把握时代契机，从"信息化整合、数据化管理、专业化辅助"等方面推进海绵城市的智慧化建设，充分利用大数据物联网，让信息使认知更全面，用交互方式使海绵城市更富弹性。通过感知系统、运作系统、云计算平台、大数据平台、感知平台等的搭建，实现初次信息整合与系统汇总、二次信息获取与决策辅助、现状信息展示与交互、预测信息展示与交互，最终构建海绵城市的智慧化管理和智能运行系统。

2. 工程任务

为适应新时代生态环境保护的需求，从整体上推进海绵城市的建设水平，在海绵城市建设过程中要解决的重点工程任务，具体如下：

（1）因地制宜，按标施工。对海绵城市单项技术的选择要因地制宜，应考虑当地水资源禀赋情况、降雨特征、水文地质条件、植被覆盖率等因素，并结合当地水环境的突出问题、经济合理性等因素，有侧重地选择海绵设施；应利用城市绿地、广场、道路等公共开放空间，在满足各类用地主导功能的基础上合理布局海绵设施，所选设施的设计、施工规模应满足城市雨水径流污染控制、雨水资源利用、防洪防涝等目标。

（2）利用城市水系，强化海绵设施。城市水系是城市水循环过程中的重要环节，在城市排水、防涝、防洪及改善城市生态环境中发挥着重要的作用。海绵设施建设过程中应充分利用城市自然水体，设计调节塘、雨水湿地等具有雨水调蓄与净化功能的海绵设施，使调节塘、雨水湿地的布局、调蓄水位等应与城市上游雨水管渠系统、超标雨水径流排放系统及下游水系相衔接。海绵设施与城市水系的有机结合，对保护水生态敏感区，优化城市水系统有着至关重要的作用。

（3）结合城市规划，预留提升空间。海绵城市的建设应与城市发展规划相协调，应根据城市的功能布局及近远期发展目标，提出城市低影响开发策略及重点建设区域。根据城市水系、排水防涝、绿地系统、道路交通等相关专项规划要求，分解和明确各地块单位面积控制容积、下沉式绿地率及其下沉深度、透水铺装率、绿色屋顶率等主要控制指标，划定城市蓝线，确定城市空间增长边界和城市规模，详细指导近远期海绵设施的设计与应用。

3. 建设任务

海绵城市的建设除了单项任务建设，还须与流域、汇水区域的环境治理及生态恢复有效结合，才能在应对环境变化和自然灾害时富有"韧性"，在解决城市涝灾和水环境恶化问题时具有"弹性"。当前，海绵城市建设碎片化严重、设计模式上缺乏灵活性、工程设计队伍匮乏，严重制约了海绵城市的建设成效。据此，本项目组提议，在未来海绵城市建设中，要根据各类单项技术的特征，统筹水资源、水环境、水安全等先进理念，针对各个城市问题特性及实际需求，结合其自然地貌特征、地理环境条件，因地制宜地采取工程建设措施，以期达到最佳的海绵城市建设效果，形成连片示范效应。

8.5.3 技术路线图的绘制

面向 2035 年的海绵城市建设技术路线图如图 8-6 所示。

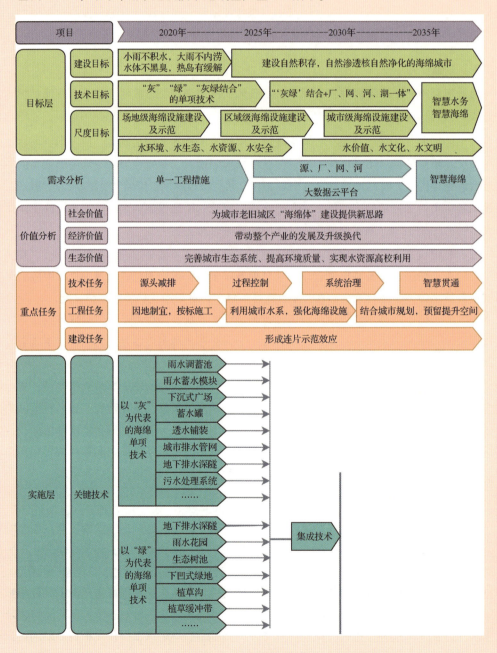

图 8-6 面向 2035 年的海绵城市建设技术路线图

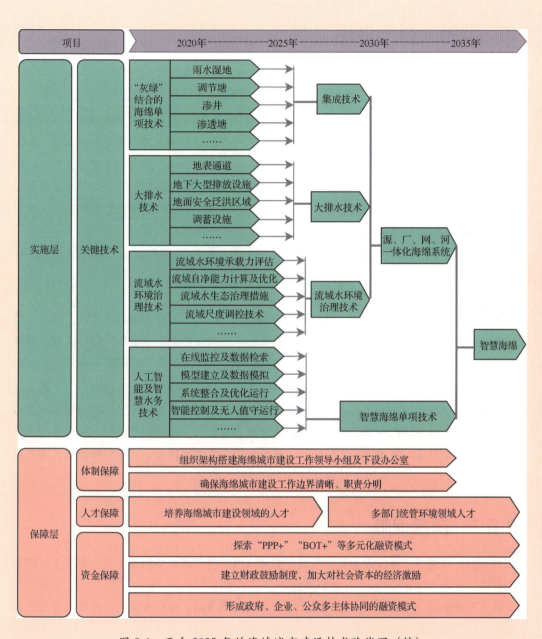

图 8-6　面向 2035 年的海绵城市建设技术路线图（续）

8.6 战略支撑与保障

8.6.1 体制保障

各级政府应组织架构搭建海绵城市建设工作领导小组及下设办公室，确保海绵城市建设工作边界清晰、职责分明；应建立基于全生命周期的海绵城市规划实施法律制度体系，通过海绵城市管理立法，解决海绵设施建设、运营、收益等系列问题。同时，住建部、生态环境部、国家发改委、财政部、农业农村部等部门应实行多部门联动机制，制定海绵城市建设项目审批、用电、用地、环评、资金补助、税收等优惠政策，形成海绵城市源头控制、过程管控和效能评估的制度保障体系。

8.6.2 人才保障

海绵城市建设涉及城市规划、给排水、环境科学与工程、工程管理、互联网、经济学等诸多专业，这就需要复合型的专业人才和多学科合作的人才团队。需要积极进行有效的跨学科队伍建设，完善职业发展体系是稳定和壮大海绵城市建设专业队伍的前提和保证。

同时，政府应持续加大科技创新投入力度，联合高校、科研单位、研发中心、工程设计及施工单位等，打造综合性科研平台，开展关键技术的研发和综合运用，培养海绵城市建设领域的人才，培养多部门统管的环境领域人才，建立竞争性的科研管理机制，充分发挥顶尖人才在理念引领与实际建设中的主导作用，形成专门人才主导建设、建设过程锻造人才的良性闭环。

8.6.3 资金保障

政府应在海绵城市建设投融资阶段发挥引导作用，协调各主体相关方建立多主体协同的融资模式，探索"PPP（政府和社会资本合作）+""BOT（建设、运营、转让）+"等多元化融资模式及配套经济激励政策。加大对社会资本的经济激励，在税收减免或抵扣方面进行相应探索，在项目运营阶段，政府应与企业一道，积极寻求项目的长期稳定经营收入，通过一系列完善的海绵设施附属收益保障盈利，激励企业参与海绵城市建设。

未来，政府部门可以尝试实施个人捐款战略的相关激励制度，以此鼓励民众对海绵城市建设做出贡献，形成政府、企业、公众多主体协同的融资模式，为海绵城市建设提供强有力的资金支持。

小结

自 2013 年习近平总书记明确提出建设"自然积存、自然渗透、自然净化"的海绵城市以来,我国政府出台了一系列海绵城市建设的技术指南和规范,启动了 30 个海绵城市的示范建设,对改善城市内涝、黑臭水体、水资源紧缺等民生问题发挥了至关重要的作用。在此过程中,海绵城市单项技术迅速发展,并形成了以任南琪院士提出的"城市水循环系统 4.0 理论"为代表的系列理论。面向 2035 未来城市建设,海绵城市建设在突破传统灰绿结合建设理念的同时,将统筹大排水技术、流域水环境治理、人工智能及智慧水务等技术,以"自然为先导,循环为关键,功能为切入点"为顶层理念,近期内实现"水环境、水生态、水资源、水安全"问题的解决,并聚焦 2035 年"水价值、水文化、水文明"等建设目标的实现。

第8章编写组成员名单

组　长：任南琪

成　员：张建云　张　杰　王秀蘅　魏亮亮　王银堂　贺瑞敏　胡庆芳
　　　　黄　鸿　王秋茹　涂伊南　陈　颜

执笔人：任南琪　王秀蘅　魏亮亮

9

面向 2035 年的海洋立体观测－感知核心技术路线图

  海洋在资源开发、环境安全、气候变化、生物多样性和人类发展空间等全球性问题上发挥着至关重要的作用。鉴于海洋巨大的规模和固有的复杂性，对海洋的观测-感知需要从天、空、陆、海多方位多视角长期地进行。当前，我国海洋监测能力仍然难以满足日益增长的科学研究、经济发展和国防安全的需求，需要大力发展海洋立体观测-感知核心技术，并建设沿海和重点海域的观测-感知业务系统。海洋立体监测技术发展的首要任务是明确需求和问题，构建系统框架与理论体系，提出与需求和基础相适应的方法论；然后按需求逐步确定需要获取的观测对象参数及数据精度要求，确定优先发展的传感器、平台、设备与系统，提出最大化数据与信息应用的产品生成方法，并制定适用于执行海洋监测的政策与规范。本章首先分析了我国对海洋观测的需求，通过专家调研、文献分析、专利查询，总结了海洋立体观测-感知技术的发展现状与趋势。同时，进行面向 2035 年的海洋立体观测-感知核心技术预测，针对已确定的海洋立体监测中长期目标，提炼科学问题，提出重要任务，确定关键技术与设备和支撑关键技术的基础研究工作，并提出若干示范性项目和重大工程，完成了目标—任务—科学问题—关键技术—专项—工程—措施的技术路线图绘制，可作为国家、地方相关科技决策的参考依据。

9.1 概述

9.1.1 研究背景

党的十八大报告提出,我们要"提高海洋资源的开发能力,发展海洋经济,保护海洋生态环境,坚决维护国家海洋权益,建设海洋强国"。中国工程院海洋跨领域组"2035 中长期发展战略"提出以支撑海洋强国建设作为战略目标,重点发展海洋立体观测技术与装备、海底资源勘察及开发、海洋生物资源勘察及开发、海水和海洋能资源综合利用、海洋环境安全保障、海洋开发装备 6 个子领域的重大关键技术,以推动整个海洋产业健康、快速发展[1-4]。

海洋观测是指对海洋现象或过程进行观察或测量,是认识海洋、经略海洋的基础,是实现海洋强国战略的前提条件。《国民经济和社会发展第十三个五年规划纲要》明确提出实施全球海洋立体观测网建设的海洋重大工程。《国家创新驱动发展战略纲要》(2016 年 5 月)提出"发展海洋和空间先进适用技术,培育海洋经济和空间经济"的战略任务,对海洋观测能力建设再次进行部署,要求"构建立体同步的海洋观测体系,推进我国海洋战略实施和蓝色经济发展"。《"十三五"国家科技创新规划》(2016 年 8 月),对海洋观测能力建设进行了细化部署,主要内容如下:发展近海环境质量监测传感器和仪器系统、深远海动力环境长期持续观测重点仪器装备,研发海洋环境数值预报模式,提高对海洋环境灾害及突发事件的预报预警水平和应急处置能力等。

随着物理、生物、化学、地质原位观测传感器,以及相应的剖面观测装备的渐趋成熟,各类型搭载平台技术的发展,我国的海洋观测体系已经初步成型,在海洋数据获取方面,已实现了近海环境自动监测、深海浮/潜标基观测、水下移动观测以及海底观测网原位观测等。但总体而言,我国的海洋观测网尚停留在"科学网"的水平,以科学研究目标为驱动,数据获取率和利用率不高,覆盖的范围、分辨率、连续性均无法满足"发展海洋经济、保护海洋生态环境、维护国家海洋权益"这一国家战略需求,数据时效性还不能有效地支撑对海洋环境的模拟预报,对水下目标的探测和定位能力与海洋强国相比存在显著差距,这些问题制约着我国海洋"业务化"保障能力的发展。

建立在海洋观测数据基础上的海洋感知,是指利用传感器得到的数据对无法直接观察的海洋现象或过程进行学习与推断,从而获知该现象与过程的特征,得出判断结论。海洋感知是智慧海洋建设的核心内容。海洋感知拟完成由海洋观测到海洋信息化,从信息理论出发构建海洋立体观测-感知框架与体系,将声、光、电、磁等多种物理波组合,厘清海洋声、光、电、磁联合传感与立体感知的机理与方法，攻克声、光、电、磁融合组网技术，研制传感与通信等设备，构建水上、水面与水下分布式组网系统。

总之，发展海洋立体观测-感知技术与装备符合国家海洋战略背景和政策导向，有益于推动自主海洋装备产业的升级，保障海上国防、智慧海洋、海洋强国的建设。

9.1.2 研究方法

本领域采用的研究方法如下：

（1）基于工程科技中长期发展战略研究的前瞻性与引领性要求，将文献计量、专利分析等定量分析方法，与专家调查、咨询、研讨等定性方法相结合，开展面向2035年的海洋立体观测-感知工程科技的能力水平、关键技术的预判。

（2）开展海洋立体观测-感知战略性与系统性的顶层设计，提炼重大科学问题，提炼核心关键技术，归纳重点研究方向。

（3）遵循目标—任务—科学问题—关键技术—专项—工程—措施这一技术路线图，形成海洋立体观测-感知核心技术路线图，支撑工程科技阶段任务的部署。

（4）围绕海洋立体观测-感知核心技术与装备这一主题，开展理论体系研究，提出基于分布式系统的海洋观测与探测理论与技术、海洋声、光、电、磁联合传感与立体感知系统与技术、水下与水面相结合的海洋立体遥感体系等重点方向。

9.1.3 研究结论

围绕国家战略对智慧海洋建设、环境安全保障能力的需求，通过对我国现阶段海洋观测-感知核心技术现状以及国际发展趋势的分析研究，提炼出前沿工程科学问题和关键技术问题，提出海洋立体观测-感知核心技术体系构建的理论、方法与评价标准，以及我国海洋观测-感知核心技术发展和体系构建的战略性建议和路线图。需要开展的重点工作如下：

（1）系统研究海洋声、光、电、磁联合传感与立体感知的机理与方法。

（2）突破水下通信、定位等水下固定或移动平台技术的发展瓶颈。

（3）结合物理学、海洋学、数学、信息理论与技术、海洋工程技术，开展水下环境遥感体系的顶层设计，为可视化海洋提供具体实现的框架和技术手段。

9.2 全球技术发展态势

9.2.1 海洋方面的主要国际组织和国家关于海洋计划与政策的发布情况

海洋蕴藏着丰富的资源，是人类社会谋求未来生存与发展的战略新疆域。海洋立体观测-感知核心技术是进入海洋、认知海洋、探查资源、保障安全的核心手段[4]。进入21世纪以来，相关国际组织和美国等主要海洋国家围绕海洋环境及其安全问题，发布了一系列计划、规划和战略研究报告，如《海洋的未来：关于G7国家所关注的海洋研究问题的非政府科学见解》《全球海洋科学报告：全球海洋科学现状》《潜得更深：21世纪深海研究面临的挑战》《海洋学2025——聚焦2025年海洋学发展》《国家海洋政策执行计划草案》《海洋国家的科学：海洋研究优先计划》《海洋变化：2015—2025海洋科学10年计划》和《联合国海洋科学促进可持续发展十年》（2021—2030年）[5-6]等，为全球以及主要海洋国家的海洋科技发展提供了方向。

作为世界上最早发展海洋长期观测的国家之一，美国建设了以科学研究为目的的大洋观测计划（Ocean Observatories Initiative，OOI）[7,8]和以应用为目的的综合海洋观测系统（Integrated Ocean Observing System，IOOS）[7,9-10]，先后出台了《美国未来10年海洋科学路线图：海洋研究优先计划及实施战略》和《2030年海洋研究与社会需求的关键基础设施》[5-6]，提出了用于满足2030年海洋基础研究需求和解决社会面临重大问题的关键基础设施。

2009年，美国制定了《近岸海洋观测系统集成法规》[5]，由美国国家海洋和大气管理局（NOAA）牵头，协调17个联邦机构、11个地区协会和1个技术验证与确认组织，建设IOOS全国主干系统和地区子系统，进行海洋现场观测、数据传输、管理、建模与分析及信息产品供应的全国性集成。IOOS同时也是全球海洋观测系统（The Global Ocean Observing System，GOOS）计划中的美国部分。IOOS主要针对赤潮、生态、海平面与表层流四大方面对海水上层开展观测，为气候环境与渔业资源等国家目标提供应用服务。

OOI则由区域网、近海网和全球网三部分构成，区域网为美国联合加拿大在东北太平洋建设的"海王星计划"[11]中的一部分，近海网由东海岸外陆架与陆坡转折区的Pioneer阵列和西海岸华盛顿州与俄勒冈州外的Endurance阵列组成，全球网主要布设在阿拉斯加湾、Irminger海、南大洋和阿根廷盆地等具有全球性意义的关键高纬度海区。近海网和全球网由伍兹霍尔海洋所联合俄勒冈大学、斯克利普斯海洋所、雷声公司共同完成，南加州大学负责将海量数据处理成为用户友好型的公开数据网。OOI的特点是分布式海底综合网络，通过海底缆阵、浮标、潜标、水下滑翔机和自主式潜水器等装备实现从海面到海底的观测[7-8]。我国海底观测网建设也借鉴了 OOI，未来按照以线缆为基础的实时数据传输观测网和以浮标平台为关键节点的准实时数据传输网络的互补模式发展[12]。

IOOS 和 OOI 两个国际组织分工明确，但是相辅相成，共同推动人类对海洋感知和认知水平的提高。IOOS、GOOS 和地球观测组织相互链接，互相协作，以加强极区海洋环境的监测[13]。全球还建设了许多其他海洋观测系统，包括日本密集型地震海啸海底监测网络系统（2015 年）、大西洋倡议（2013 年）、加拿大海底科学观测网（2013 年）、澳大利亚综合海洋观测系统（2008 年）、阿曼灯塔海洋观测计划（2005 年）、地球系统的协同观测与预报体系（2005 年）、欧洲海底观测网（2004 年）、日本新型实时海底监测网（2003 年）、海洋生物地球化学和海洋生态系统综合研究计划（2003 年）、上层海洋与低层大气研究计划（2000 年）、全球实时海洋观测网（1999 年）和海王星海底观测网（1999 年）等。这些不同层次不同类型的海洋观测系统，为我国的海洋立体观测-感知核心技术体系建设提供了很好的借鉴范例[14-15]。

9.2.2 基于文献和专利分析的研发态势

本章针对相关领域的分论文和专利，扫描了各项关键技术的研发态势，并汇总分析。以科睿唯安公司的 Web of Science（WOS）数据库作为分析数据源，选择数据库中包含本研究领域学术期刊的 SCI 展开文献检索，并利用中国工程院战略咨询智能支持系统分析所检索的结果，对全球及各主要国家的论文发表趋势及技术研究热点进行分析。同时，为了解全球及各主要国家在本研究领域的开发趋势，基于德温特专利检索（Derwent Innovation Index）平台，利用各研究领域的关键词进行专利检索。运用中国工程院战略咨询智能支持系统分析工具，从年度专利年申请量变化趋势、主要国家等方面进行分析。

从论文的主题看，论文研究领域围绕海洋科学、气象与大气科学等学科展开，应用背景包括温度/气候观测、环境预报等。建立区域性和全球性海洋环境观测与信息系统，实现海洋环境实时、网络互联立体观测感知，已成为海洋立体观测-感知核心技术的发展趋势。传感器和平台则以小型化、低成本、智能化为重要的发展方向[16]。在极区环境下，融合卫星冰层厚度测量以实现标定、融合处理的传感器目前仍未研发出来，需要继续研发[17]。

基于海洋模型的数据同化方法在海洋立体观测-感知核心技术领域扮演着越来越重要的角色，而基于海洋模式的多学科耦合模型已成为主要的技术趋势。需要发展在全球变化背景下、耦合框架下的海洋资料同化系统[18]，增强海气环境事件预测能力，进而对其引发的气候与生态灾害进行预警[19,20]。

传统的浮标、潜标等海上平台以及遥感平台在观测系统中的发展技术较为成熟。移动平台和组网观测是平台技术研究的热点，搭载更多传感器以实现跨学科观测的平台技术，是未来发展的方向。水下航行器在海洋观测/作业中发挥着越来越重要的作用[21]，特别在深海环境观测领域的应用价值日益凸显[22]。导航与控制技术及水下自主航行器网络技术是研究的重点，而小型化和智能化传感器技术则为产业界重点追逐的对象。

此外，非声学测量涉及的学科范围日趋广泛，海洋声学技术仍然是海洋环境观测的主要工具。从发表的论文来看，声信号处理仍然是最受关注的内容。从设备研制角度，声呐设备的市场关注率远远高于其他设备。从关键词"变化性、动力学"来看，面向海洋环境动态变化和不确定性特性的稳健信号处理方法，仍是未来需要关注的重点。

根据热点词汇分析，海洋环境观测应用领域包括海水表面温度、风速、叶绿素浓度测量以及年度变化监测等。除原位测量等传统手段，遥感和预报在海洋环境观测中的应用越来越广泛。海洋表面和近表面观测手段以电磁波（例如，由卫星遥感、雷达获取）[23,24]、光波（例如，由激光雷达、光学摄像机、光学测量传感器获取）为主[25]，而海面以下水体环境的遥感手段以声波为主。根据不同观测手段的时空作用范围和限制，需要重点发展声场-光场-电磁场联合传感机理与传感器技术，建立天、空、海和水面、水中、海底智能一体化的海洋立体观测-感知核心技术体系。

根据图 9-1 海洋立体观测-感知核心技术论文发表机构统计结果，排名前 10 的机构以美国的大学和研究机构为主。中国科学院在该领域发表的论文最多，其次是美国国家海洋和大气管理局和美国伍兹霍尔海洋研究所。需要强调的是，我国在大数据、人工智能领域表现突出。2013 年以后，海洋遥感大数据统一建模这一类新兴技术的论文记录量在全球范围内整体呈快速增长的趋势，具有较大的发展潜力。

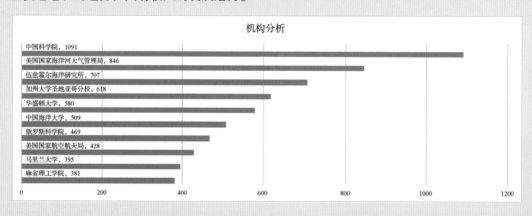

图 9-1　海洋立体观测-感知核心技术论文发表机构分析

图 9-2 所示为美国和中国在海洋立体观测-感知核心技术领域的论文和专利数量变化趋势对比。美国在大多数领域的研发历史较早，研发力度最大。在进入 21 世纪后，我国对海洋探索和开发的重视程度不断提高，相继出台各方面支持政策，相关领域的论文和专利数量呈快速增长趋势，研究水平稳步提升；海洋观测技术研发从对国外技术模仿跟踪为主转入

9 ■ 面向 2035 年的海洋立体观测-感知核心技术路线图

（a）美、中两国论文发表数量变化趋势对比

图 9-2 美国和中国在海洋立体观测-感知核心技术领域的论文和专利数量变化趋势对比

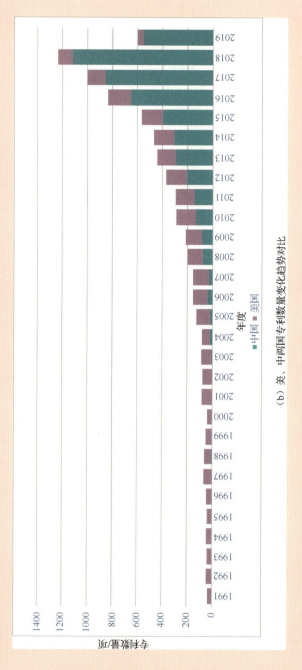

(b) 美、中两国在海洋立体观测-感知布核心技术领域的论文和专利数量变化趋势对比

图9-2 美国和中国在海洋立体观测-感知布核心技术领域的论文和专利数量变化趋势对比（续）

自主创新、重点跨越的发展阶段,实现了由近浅海向深远海的战略转移,建立了学科门类齐全的技术研发体系,已初步具备了深远海环境实时监测、信息获取及预测预报能力[26]。但需要指出的是,我国论文或专利被引指数和相关技术与先进国家相比,仍有一定差距,需要在创新性和引领性方面进一步加强。

国家间的合作交流对推动技术发展,建立全球性海洋观测系统,制定统一发展框架至关重要。海洋立体观测-感知核心技术国家级合作最活跃的3个国家分别是美国、中国、法国。其中,合作关系最密切的3组国家分别是中国与美国、法国与美国、英国与美国。美国与其他国家的合作程度和广泛性优于中国,中国需进一步加强与各个国家研究机构的合作和交流。

9.3 关键前沿技术预见

在对论文、专利等技术调查和态势分析的基础上,本课题组设计了德尔菲问卷,通过对领域专家的问卷调查,接收反馈信息,开展"海洋立体观测-感知核心技术"领域的各项关键前沿技术与发展趋势分析。

根据"中国工程科技2035发展战略研究"项目组的工作安排,在课题组通过召开专家研讨会、通信研讨,以及多轮提炼和修改等工作,征集并形成备选技术清单,面向大群体专家,设计了德尔菲问卷。

该问卷按照5个技术子领域进行调研,即海洋立体观测-感知理论体系,新型海洋环境传感器技术,声场-光场-电磁场遥测技术和水下遥感体系,智能化感知和信息服务技术,海洋立体观测-感知平台/网络一体化技术,共47个技术方向,每个子领域包括的技术方向数量如图9-3所示。调研的时间段划分为2020—2025年和2026—2035年两个时间段,分别对海洋感知技术发展和对保障国家安全的重要程度进行调查,重要程度分为很重要、重要、较重要、不重要4个层次。

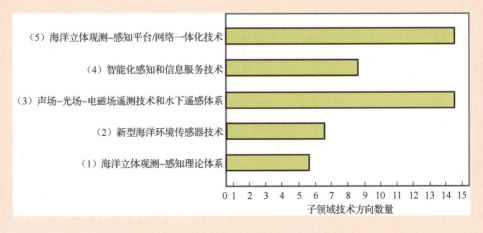

图9-3 海洋立体观测-感知核心技术5个子领域的技术方向数量

截至 2020 年 1 月 12 日，共回收问卷 101 份。从受访专家的研究方向看，覆盖海洋学各个领域，包含了水声探测、水声通信、海洋光学、水下装备、海洋科学等，具有较高的参考价值。

首先开展技术子领域重要性分析（见表 9-1），重要程度分为很重要、重要、较重要、不重要 4 个层次。对统计结果，依次进行 100、85、70、55 的权重赋分，对受访专家（熟悉程度从很熟悉到不熟悉也依次按 15 分递减）。

表 9-1 技术子领域重要性分析

子领域		海洋立体观测-感知理论体系	新型海洋环境传感器技术	声场-光场-电磁场遥测技术和水下遥感体系	智能化感知和信息服务技术	海洋立体观测-感知平台/网络一体化技术
2020—2025 年	对海洋感知技术发展的重要程度	95.48	88.85	93.01	89.31	93.22
	对保障国家安全的重要程度	92.60	86.62	93.84	88.90	92.81
2026—2035 年	对海洋感知技术发展的重要程度	95.22	92.50	94.57	93.91	95.43
	对保障国家安全的重要程度	93.26	89.07	94.78	92.83	94.78

由表 9-1 可知，对 2020—2025 年海洋立体观测-感知核心技术发展的重要程度，绝大部分专家认为海洋立体观测-感知理论体系非常重要，其次是声场-光场-电磁场遥测技术和水下遥感体系及海洋立体观测-感知平台/网络一体化技术，其余两个子领域被认为重要性低于以上 3 个子领域。在同一时间段对保障国家安全的重要程度，以上 3 个领域的得分接近，被认为很重要。

对 2026—2035 年时间段，5 个子领域的重要程度得分都较高，其中新型海洋环境传感器技术对海洋感知技术发展的重要程度得分相对低于其他 4 个子领域，这一子领域在对保障国家安全的重要程度得分也相对较低，其次是智能化感知和信息服务技术的得分。

综合两个时间段的统计结果可知，在此次技术子领域重要性的调查中，专家们认为技术子领域的重要性排序如下：海洋立体观测-感知理论体系、海洋立体观测-感知平台/网络一体化技术、声场-光场-电磁场遥测技术和水下遥感体系、智能化感知和信息服务技术、新型海洋环境传感器技术。

在关键技术方向分析方面，针对技术清单中 47 个技术方向问卷调查结果统计分析和领域专家研讨分析，得出对海洋感知技术发展和保障国家安全的重要程度得分最高的前 10 个关键技术方向（见表 9-2）。其中，声场-光场-电磁场遥测技术和水下遥感体系技术子领域包含 5

个关键技术方向，分别为宽覆盖高精度水下导航定位技术、多基地主/被动协同声学探测技术、分布式水声网络观测探测技术、海洋环境与海洋目标耦合探测技术以及水面遥感水下声学协同探测技术；海洋立体观测-感知平台/网络一体化技术子领域包含 3 个关键技术方向，分别为水下声学通信组网技术、空海一体化信息网络系统及低功耗高效能水下通信技术；海洋立体观测-感知理论体系技术子领域包含 1 个关键技术方向，即声场-光场-电磁场联合传感机理与传感器技术；新型海洋环境传感器技术子领域包含 1 个关键技术方向，即大深度水声换能器。

表 9-2　海洋立体观测-感知核心技术子领域关键技术方向

得分排序	关键技术方向	所属子领域
1	宽覆盖高精度水下导航定位技术	声场-光场-电磁场遥测技术和水下遥感体系
2	多基地主/被动协同声学探测技术	
3	分布式水声网络观测探测技术	
4	海洋环境与海洋目标耦合探测技术	
5	水下声学通信组网技术	海洋立体观测-感知平台/网络一体化技术
6	大深度水声换能器	新型海洋环境传感器技术
7	空海一体化信息网络系统	海洋立体观测-感知平台/网络一体化技术
8	低功耗高效能水下通信技术	
9	水面遥感水下声学协同探测技术	声场-光场-电磁场遥测技术和水下遥感体系
10	声场-光场-电磁场联合传感机理与传感器技术	海洋立体观测-感知理论体系

下面按照 4 个子领域，分别对上述 10 个关键技术方向进行概要说明及发展趋势预测。

9.3.1　海洋立体观测-感知理论体系

海洋立体观测-感知核心技术领域的关键前沿技术是声场-光场-电磁场联合传感机理与传感器技术。

海洋学是一门依赖数据生存的科学，因此需要大量的仪器设备用于获取各类观测数据。在该子领域，应开展数据观测能力/有效性/感知性能限、针对不同场（声场、光场和电磁场）观测的传感器的联合传感机理、空时优化采样、传统与新型压缩感知的传感方法、传感数据的完备性等研究，加强理论体系建设和学科交叉研究。

9.3.2　新型海洋环境传感器技术

新型海洋环境传感器技术子领域的关键前沿技术是大深度水声换能器。水声换能器是在水介质中实现声波与其他形式能量或信息转换的装置，是声呐等海洋声学设备信息发送或接收的关键部件。面向深海探测和环境观测应用，在该子领域亟须发展深水大静水压等复杂应用环境下的高效、高稳定性换能器技术，以及大深度换能器电声参数测试系统。

9.3.3 海洋立体观测-感知平台/网络一体化技术

1. 关键前沿技术之一：水下声学通信组网技术

利用水下声波远距离传输的优点，克服信道的动态性、多普勒扩展特性、多路径传输特性、声传播慢速特性等，在观测海域内实现点对点或多节点间的远程无线信息水下声传输，应发展具有环境自适应能力的物理层技术、动态和坚固的多节点协同组网路由协议，以及高效的水下媒体接入控制协议等水声组网技术。

2. 关键前沿技术之二：低功耗高效能水下通信技术

低功耗高效能水下通信技术兼顾功耗和效能的需求，能大幅度提升水下通信机和水下无线网络的使用寿命、通信速率等性能指标，为水声通信技术的发展带来革命性变化，我国亟须发展小型、低功耗、智能化、稳定可靠的水声通信技术。除了水声通信，水下磁感应通信是一种新型的水下通信方式，与传统的水声通信方式相比，它具有低功耗、高效能的优点。同时应发展高速安全的水下光学，包括单光子通信技术。

3. 关键前沿技术之三：空海一体化信息网络系统

空海一体化信息网络是面向全时域态势感知、全海域网络覆盖、全方位信息服务、全业务综合应用、全体系安全管控等海洋信息化能力建设要求而构建的立体综合性海洋信息网络。空海一体化信息网络由覆盖天、空、陆、海及水下的综合信息网络节点装备组成，集"感知、传送、应用、管控"等功能于一体，定位为最关键的海洋信息化基础设施。在该子领域，应发展跨界面声-非声通信技术、异构组网技术、分布式可靠网络系统等，积极推进海上试验场的建设，实现相关技术的业务化长期运行。

9.3.4 声场-光场-电磁场遥测技术和水下遥感体系

1. 关键前沿技术之一：分布式水声网络观测探测技术

分布式水声网络观测技术是利用空间分布的大量小型化、低成本空间分布的传感器，并结合一定数量的潜水器形成的水下无线传感网络，可实现大范围、高分辨率、高可靠率、高时效性环境测量和目标/事件检测。在该子领域，应构建完备的分布式传感网络体系，发展有效的观测/探测技术，对从人工声源、机会声源等多类声源和分布式接收平台获取的数据和信息，进行准实时（Firm Real-Time）多层次融合和关联，为深远海环境观测/目标探测、极区环境观测等水下遥测体系的构建提供可执行的框架和方法。

2. 关键前沿技术之二：水面遥感水下声学协同探测技术

水下声学探测性能受海洋环境的影响重大，海洋环境参数三维信息是海洋环境安全保障中重要的环境信息。利用雷达/卫星遥感，可获取海洋表面参数；利用激光雷达遥感，可以利用回波信号获取水体次表层的剖面信息；利用声波，可实现水体和海底环境参数反演和目标探测。在该子领域，应发展水面遥感水下声学协同探测技术和空间融合技术，实现海洋立体观测-感知。

3. 关键前沿技术之三：宽覆盖高精度水下导航定位技术

水下滑翔机和自主式潜水器等移动平台无法接收北斗卫星与GPS数据，不能对自身进行定位。水下导航定位技术主要采用水声导航定位和惯性导航两类方法。前者通过声波测量得到目标的距离、方位、速度等导航定位参数，该方法的优点是精度高、误差不随时间发散，但是受海洋声传播特性的影响，存在数据更新慢、容易受多途及突发性噪声干扰而出现无效数据的缺点。惯性导航以惯性器件为核心，通过积分输出导航参数，该方法的优点是连续性好，但其误差随着时间发散。为此，应发展可融合两者优点的宽覆盖高精度组合导航定位技术，实现全系统国产化，满足广域、长时、多探测平台高精度作业需求。

4. 关键前沿技术之四：海洋环境与海洋目标耦合探测技术

声波作为水下信息的主要载体，是水下信息感知、辨识和通信的主要手段。受复杂海洋水声信道的影响，传统水声信号处理性能遇到瓶颈。为此，应发展新一代海洋环境-目标耦合信号处理技术，通过将物理现象与传感器观测过程的数学模型融入水声信号处理器，以提取有用信息，实现动态、不确定性海洋环境下的稳健信号处理，提高复杂海洋环境下目标检测、定位、跟踪和识别性能。

5. 关键前沿技术之五：多基地主/被动协同声学探测技术

随着舰船降噪效果的提升，被动声呐探测距离大幅度缩短，而主动声呐又易于暴露自身位置，对自身安全造成极大威胁，限制了其应用。多基地主/被动声呐协同探测技术将发射和接收节点分别搭载于不同平台，发射机发射声波监测海域，接收机以被动监听的模式实施目标探测，可避免传统的主/被动声呐面临的问题。为此，应发展主/被动联合、固定和移动平台相结合的多基地、分布式协同探测技术，侧重多潜水器协同信息的获取、自主任务的规划、在线处理、多源信息融合等技术。

9.4 技术路线图

9.4.1 发展需求与目标

1. 发展需求

党的十八大首次提出了建设海洋强国的发展战略，十九大又强调要加快建设海洋强国。因而，促进海洋经济发展，建设海洋生态文明及深度参与全球海洋治理是海洋工作的"三大聚焦点"[1]。

海洋立体观测-感知是认识海洋、经略海洋、可视海洋的基础，经过分析综合获得的信息和产品对提高公共服务、促进商业活动、支持科学研究、促进民众福祉和保护民众生命财产至关重要。结合我国 2035 年中长期发展规划，我国的海洋战略对于海洋立体观测-感知核心技术也有着非常迫切的需求，需要具备对物理、生物地球化学、生物等基本海洋变量具有空-时观测能力，需要海洋观测传感器、高端海洋观测装备国产化，形成沿海及重点海区水下监控、近岸海洋灾害监测与预警、生态灾害预警、海洋环境信息服务的产品，主要体现在以下 6 个方面：

（1）前沿海洋科学研究包括全球性气候、环境问题，深海及其与大气、深地的相互作用，极地认知和保护，微小尺度海洋现象及跨尺度交互机理，地外海洋等，都需要不同标准海洋观测数据的支撑。

（2）"一带一路"、海上丝绸之路航行安全保障和航路优化，需要海洋环境信息服务，包括地形、海况、目标等数据的收集和感知及全链路通信保障。

（3）海洋资源包括油田、矿藏、天然气水合物、生物资源、可再生能源等的开发和利用，需要不同种类、不同分辨能力、高精度的观测和感知技术。

（4）海洋、海岛和海岸带的大数据和智能管理，需要全时空覆盖、多时空尺度数据和海洋模式的支撑。

（5）海洋生态环境、海洋污染和灾害的监测需要对不同海域的生物种类、生物量与分布、水色、水质、营养、海况和地质等参数进行实时监测。

（6）海上维权与国防需要实时获取沿海和重点海区的环境和目标数据，对水下目标进行监控，以及对不同种类数据进行融合、挖掘和智能处理。

2. 发展目标

面向 2035 年，以支撑海洋强国建设为目标，针对发展海洋经济、开发深远海资源、拓展生存和发展空间，以及维护国家海洋权益的战略需求，实施"具备自主海洋装备研发能力、构建全球海洋立体观测-感知体系、快速实时提供海洋信息服务"的海洋立体观测-感知核心技术发展任务，其总体框架如图 9-4 所示。

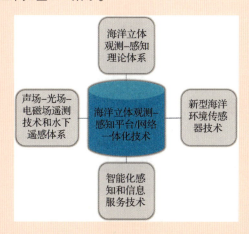

图 9-4　海洋立体观测-感知核心技术总体框架

围绕总体框架，重点发展具有自主知识产权的海洋立体观测-感知理论体系、新型海洋环境传感器技术、声场-光场-电磁场遥测技术和水下遥感体系、智能化感知和信息服务技术，以及海洋立体观测-感知平台/网络一体化技术，提高海洋立体观测-感知技术自主创新能力；建立以"信息化、智能化、大数据"为主要特征，面向服务的海洋综合管理保障系统和集成数据分析平台[27]，为海洋经济发展、国家海洋安全和海洋生态环境保护提供支撑，同步实现海洋信息服务的产业化。

（1）到 2025 年，海洋立体观测-感知工程科技达到国际同类水平，完成我国重点海域立体观测-感知体系建设，形成海洋立体观测-感知理论体系；完成覆盖我国沿岸海域、南海及西太平洋关键海域的海洋立体观测-感知网络建设，包括卫星遥感观测网、高频雷达观测网、水下智能传感观测网和海底观测网，实现四网互联互通；形成上述海域 24 小时的立体监测能力，并具备初步的水下特定目标时效预警能力，初步的台风、海啸等灾害的时效预警能力，初步的生态灾害时效预警能力，初步的显著海洋动力学过程的预报能力。同时海洋立体观测-

感知传感器和装备中低端市场自主技术占有率超过 30%。

（2）到 2035 年，海洋立体观测-感知工程科技进入国际先进行列，完成全球海洋立体观测-感知核心技术体系建设。海洋立体观测-感知装备研制水平大幅度提升，关键系统和配套设备的自主创新能力极大增强，对各种风险、灾害、大气-海洋动力学过程的预报预警能力快速提升，成为行业技术引领者和标准的重要制定者。完成海洋传感与立体感知体系建设，建立天-空-海、水面-水中-海底智能组网海洋立体观测-感知核心技术体系，形成全球 6 小时、中国近海 1 小时、关键海区连续观测的立体观测-感知能力，并具备水下目标探测实时预警能力，台风、海啸等灾害的实时预警能力，生态灾害实时预警能力，海洋动力学过程 5 天以上的预报能力[1]。同时，立体观测-感知传感器和装备高端市场自主技术占有率超过 30%。

9.4.2 重点任务

（1）构建具备多空时尺度、宽空时覆盖的声场-光场-电磁场联合海洋立体观测-感知理论体系。充分考虑天、空、陆、海基传感器的不同空间分布、不同传感模式和时间上不连续的特征，分阶段突破声场-光场-电磁场联合海洋立体观测-感知的同化-像形成理论体系、复杂系统理论体系和巨系统理论体系，指导全球/大洋/区域海洋立体观测-感知体系的构建，实现海洋情景的可视化。

到 2035 年，构建海洋立体观测-感知理论体系，形成全球/大洋/区域海洋立体观测-感知体系构建的方法论。建立可在空间上（盆地-大陆架-海岸-河口）、在过程上（陆地-海岸-海洋-大气）、在时间上（从秒到数百年）以及在变量上（水文物理、生物地球化学、生物等基本海洋变量）的无缝集成框架[28-30]。

（2）以技术创新带动装备和产业升级，构建新型海洋传感器和搭载平台自主研发生产体系。作为海洋立体观测-感知核心技术之一，海洋传感器技术向大范围、大深度、高精度和极端环境应用方向发展。伴随着海洋监测系统的拓展，在长期连续观测的需求下，海洋观测装备向小型化、低功耗、快速响应方向发展，以使传感器适合于水下小型运动平台、固定平台上搭载应用[31]。研发高端海洋观测装备，实现设备的多功能、多参数、模块化、智能化，建立智能化海洋环境立体观测-感知服务平台是未来的重点任务。

到 2035 年，突破极端环境传感器技术，实现主要传感器自主技术的产业化；创新传感集成系统技术，形成系列高端装备；突破水下复杂环境下无人航行器的运动规划与智能控制集成技术，实现水下航行器的高精度定位、智能操控及多平台协同运行，导航与操控技术达到国际先进技术水平。

（3）建立全球海洋立体观测-感知与预报预警系统，具备全球海洋信息精细化服务能力。建立全球海洋立体观测-感知核心技术体系，为海洋环境信息的获取提供四维立体监测技术手段，建立包括天基、空基、船载、水下移动和固定平台在内的多种平台观测和长期连续观测技术体系，实现由现象观测到过程观测，强化重要现象与过程机理的观测力度。综合运用各种先进的传感器和观测仪器，进一步将声学、光学、电磁学等遥感手段运用于海洋观测，发展分布式海洋与目标组网探测技术，使点、线、面观测通过复杂不规则网络系统处理获得三维立体观测效果，对重要区域进行有效连续监控。加强海洋卫星遥感建设，提升海洋遥感观测大范围海区观测能力及重点海区的持续观测能力。加强海洋雷达建设，发展分布式海洋雷达探测与应用技术，天地波一体化雷达组网技术，提升雷达探测的覆盖能力。加强水下和海底观测网络建设，实现全球海洋声学观测网，获取长时间水下海洋综合信息。

到 2035 年，建立起完善的海洋环境信息综合服务平台。实现"信息化、服务化、智能化"的智慧海洋系统，在满足国家在海洋防灾减灾、海洋经济发展、海洋权益维护、海洋科学研究和海洋生态保护等方面战略需求的同时，向全世界提供可查找、可访问、可交互操作、可理解、可重复使用的精准海洋信息资源服务[1,32-33]。

9.4.3　基础研究

着重进行基于信息学、数学和地球物理学交叉融合的海洋立体观测-感知巨系统理论；海洋地球物理流体动力学与声学、光学或电磁学交互理论；全球/大洋/区域观测系统设计方法论；欠定逆问题推断的新机理与新方法；声场-电场-电磁场和光通信异构网络的设计与组网探测机理；通信-信号处理-控制一体化理论与方法；多平台多源数据融合机理与方法；多源数据跨尺度同化机理与方法；大数据建模与人工智能预报技术；甚低频声波/地震波超远程噪声源探测机理与技术。

9.4.4　重点产品

（1）海洋传感器。包括大深度声学换能器、基于微机电系统（MEMS）的声场-光场-电磁场传感器、系列化温盐深测量传感器、超高分辨率温度链阵列、高灵敏度地声传感器、高精度电磁海流计。

（2）高端装备。包括高速水声通信机、远程低频声呐、高分辨率多波束声呐、检测/通信

/定位一体化声呐、环境参数声学剖面仪；激光雷达、高频地波雷达、极化雷达、多普勒雷达；智能无人船、智能无人艇；多要素智能浮标、智能潜标、极地冰浮标、表面漂流浮标；高安全性波浪滑翔机、长续航浅海滑翔机、新材料高能效生物机电组合控制水下滑翔机、长期值守自主式潜水器。

9.4.5 示范工程

（1）近岸海洋灾害监测系统。实现对台风、海啸等多种灾害的检测、跟踪和预测，及时、完整、正确地发送和上报预警信息。

（2）沿海及重点海区水下监控系统。构建我国沿海及重点海区的高分辨率海洋综合地图，实现水下突发事件和特定目标的检测与跟踪。

（3）极区海洋立体观测-感知系统。构建我国天-空-陆-冰下无缝立体观测-感知系统，实现对极区海洋物理、生物、化学、地质环境与生态系统变量的观测与跟踪。

9.4.6 重大工程

在 2035 年，要实现的重大的工程是海洋立体遥感体系关键技术与集成应用系统。在现有的光遥感、红外遥感和微波遥感等基础上，系统研究水下声遥感及适应于海水内部的其他遥感机理、方法与技术，研究水下遥感与卫星/航空遥感结合的机制与方法。完成针对海洋环境监测和目标探测的体系设计，突破水下平台高效供能、高速数据传输等瓶颈技术，实现空-海平台与水面-水下遥感系统集成，研发云平台信息融合与挖掘大数据软件系统。作为我国重大原创性海洋观测集成技术，该重大工程的实施将为解决我国水下环境监测及安防实际问题提供急需的手段，为"透明海洋"提供具体的框架和技术，最终实现无缝覆盖高分辨的全球海洋立体观测-感知系统。

9.4.3 技术路线图的绘制

面向 2035 年的海洋立体观测-感知核心技术路线图如图 9-5 所示。

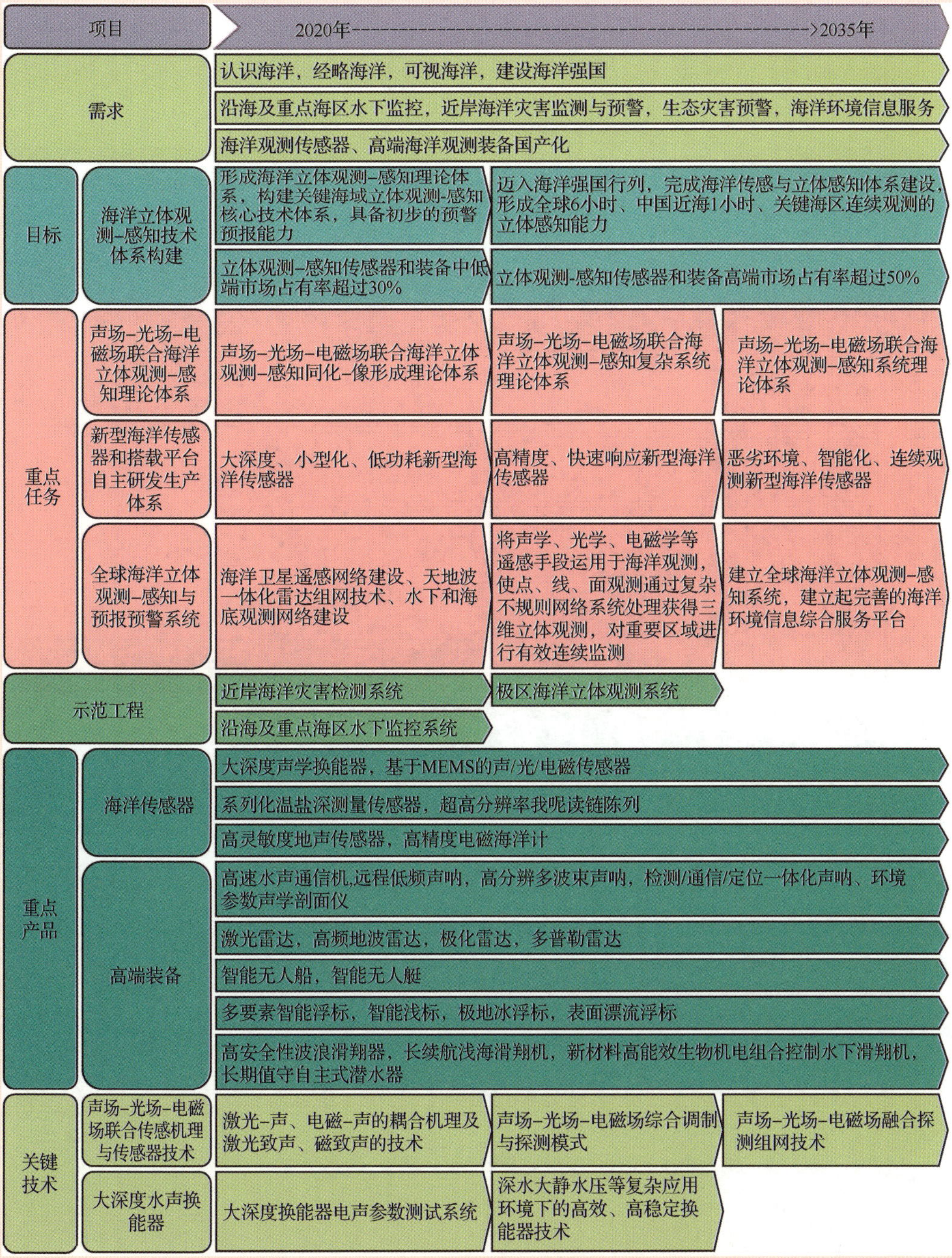

9 ■ 面向2035年的海洋立体观测-感知核心技术路线图

项目		2020年 ————————————————→ 2035年			
需求		认识海洋，经略海洋，可视海洋，建设海洋强国			
		沿海及重点海区水下监控，近岸海洋灾害监测与预警，生态灾害预警，海洋环境信息服务			
		海洋观测传感器、高端海洋观测装备国产化			
目标	海洋立体观测-感知技术体系构建	形成海洋立体观测-感知理论体系，构建关键海域立体观测-感知核心技术体系，具备初步的预警预报能力		迈入海洋强国行列，完成海洋传感与立体感知体系建设，形成全球6小时、中国近海1小时、关键海区连续观测的立体感知能力	
		立体观测-感知传感器和装备中低端市场占有率超过30%		立体观测-感知传感器和装备高端市场占有率超过50%	
重点任务	声场-光场-电磁场联合海洋立体观测-感知理论体系	声场-光场-电磁场联合海洋立体观测-感知同化-像形成理论体系	声场-光场-电磁场联合海洋立体观测-感知复杂系统理论体系		声场-光场-电磁场联合海洋立体观测-感知系统理论体系
	新型海洋传感器和搭载平台自主研发生产体系	大深度、小型化、低功耗新型海洋传感器	高精度、快速响应新型海洋传感器		恶劣环境、智能化、连续观测新型海洋传感器
	全球海洋立体观测-感知与预报预警系统	海洋卫星遥感网络建设、天地波一体化雷达组网技术、水下和海底观测网络建设	将声学、光学、电磁学等遥感手段运用于海洋观测，使点、线、面观测通过复杂不规则网络系统处理获得三维立体观测，对重要区域进行有效连续监测		建立全球海洋立体观测-感知系统，建立起完善的海洋环境信息综合服务平台
示范工程		近岸海洋灾害检测系统	极区海洋立体观测系统		
		沿海及重点海区水下监控系统			
重点产品	海洋传感器	大深度声学换能器，基于MEMS的声/光/电磁传感器			
		系列化温盐深测量传感器，超高分辨率我呢读链陈列			
		高灵敏度地声传感器，高精度电磁海洋计			
	高端装备	高速水声通信机，远程低频声呐，高分辨多波束声呐，检测/通信/定位一体化声呐、环境参数声学剖面仪			
		激光雷达，高频地波雷达，极化雷达，多普勒雷达			
		智能无人船，智能无人艇			
		多要素智能浮标，智能浅标，极地冰浮标，表面漂流浮标			
		高安全性波浪滑翔器，长续航浅海滑翔机，新材料高能效生物机电组合控制水下滑翔机，长期值守自主式潜水器			
关键技术	声场-光场-电磁场联合传感机理与传感器技术	激光-声、电磁-声的耦合机理及激光致声、磁致声的技术	声场-光场-电磁场综合调制与探测模式		声场-光场-电磁场融合探测组网技术
	大深度水声换能器	大深度换能器电声参数测试系统	深水大静水压等复杂应用环境下的高效、高稳定换能器技术		

图 9-5　面向 2035 年的海洋立体观测-感知核心技术路线图

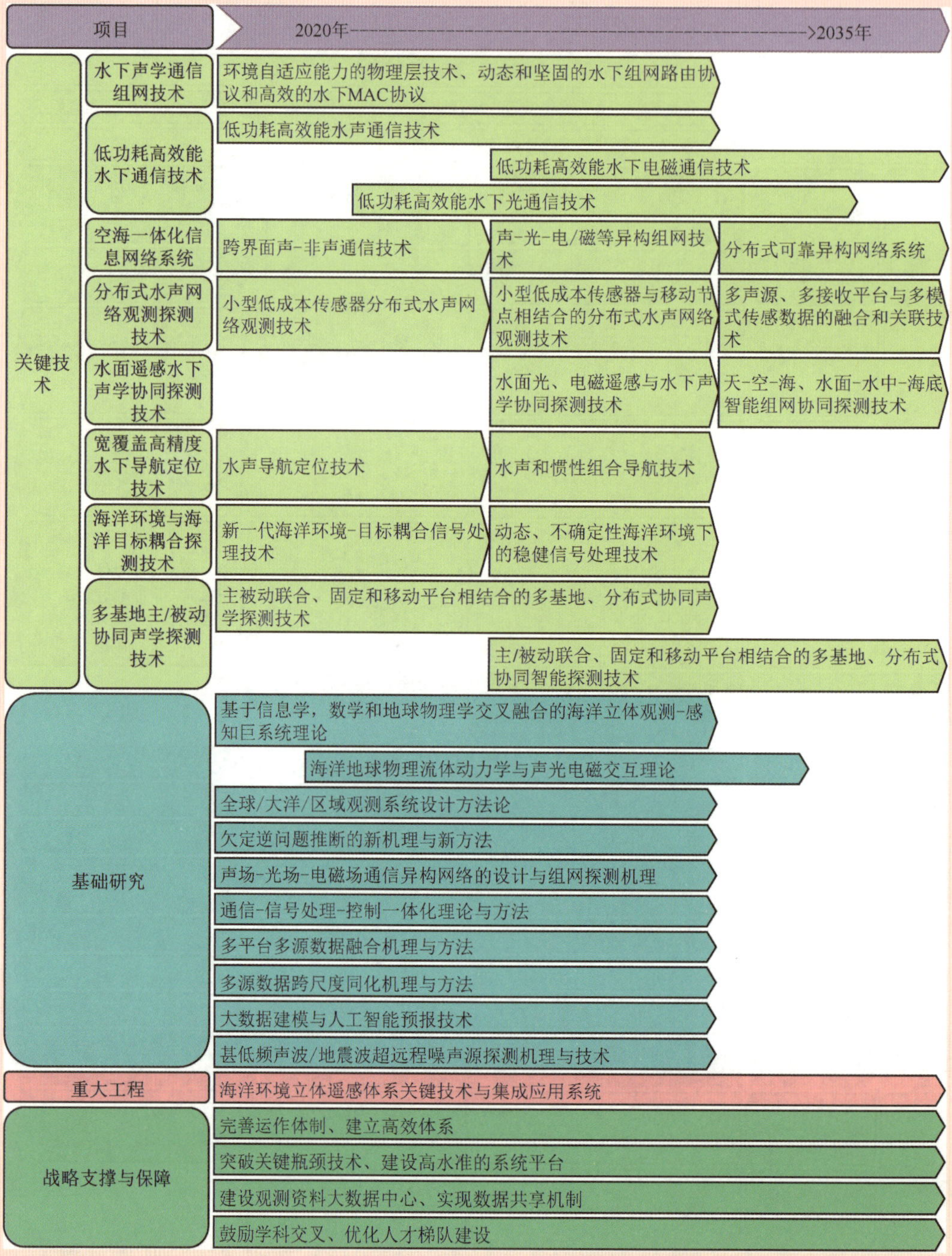

项目	2020年 ————————————————————→ 2035年		
关键技术			
水下声学通信组网技术	环境自适应能力的物理层技术、动态和坚固的水下组网路由协议和高效的水下MAC协议		
低功耗高效能水下通信技术	低功耗高效能水声通信技术		
		低功耗高效能水下电磁通信技术	
		低功耗高效能水下光通信技术	
空海一体化信息网络系统	跨界面声-非声通信技术	声-光-电/磁等异构组网技术	分布式可靠异构网络系统
分布式水声网络观测探测技术	小型低成本传感器分布式水声网络观测技术	小型低成本传感器与移动节点相结合的分布式水声网络观测技术	多声源、多接收平台与多模式传感数据的融合和关联技术
水面遥感水下声学协同探测技术		水面光、电磁遥感与水下声学协同探测技术	天-空-海、水面-水中-海底智能组网协同探测技术
宽覆盖高精度水下导航定位技术	水声导航定位技术	水声和惯性组合导航技术	
海洋环境与海洋目标耦合探测技术	新一代海洋环境-目标耦合信号处理技术	动态、不确定性海洋环境下的稳健信号处理技术	
多基地主/被动协同声学探测技术	主被动联合、固定和移动平台相结合的多基地、分布式协同声学探测技术		
		主/被动联合、固定和移动平台相结合的多基地、分布式协同智能探测技术	
基础研究			
	基于信息学、数学和地球物理学交叉融合的海洋立体观测-感知巨系统理论		
	海洋地球物理流体动力学与声光电磁交互理论		
	全球/大洋/区域观测系统设计方法论		
	欠定逆问题推断的新机理与新方法		
	声场-光场-电磁场通信异构网络的设计与组网探测机理		
	通信-信号处理-控制一体化理论与方法		
	多平台多源数据融合机理与方法		
	多源数据跨尺度同化机理与方法		
	大数据建模与人工智能预报技术		
	甚低频声波/地震波超远程噪声源探测机理与技术		
重大工程	海洋环境立体遥感体系关键技术与集成应用系统		
战略支撑与保障	完善运作体制、建立高效体系		
	突破关键瓶颈技术、建设高水准的系统平台		
	建设观测资料大数据中心、实现数据共享机制		
	鼓励学科交叉、优化人才梯队建设		

图 9-5 面向 2035 年的海洋立体观测-感知核心技术路线图（续）

9.5 战略支撑与保障

我国是海洋大国，加强海洋资源利用和生态环境保护、壮大海洋经济、维护海洋权益事关国家安全和长远发展。在党的十九大报告中明确要求"坚持陆海统筹，加快建设海洋强国"，再一次吹响了加快建设海洋强国的号角。海洋观测是实现海洋强国战略的前提，海洋感知是实现海洋强国战略的保障，发展海洋环境立体观测-感知技术与装备符合国家海洋战略背景要求和政策导向，促进建成海洋强国。针对我国海洋观测和感知技术的现状，在战略支撑和保障方面提出以下建议。

1. 完善运作体制，建立高效体系

在国家层面进行海洋立体观测-感知总体布局，制定统一运作政策，由主管部门统筹安排，以具有相关基础的研究机构、高校和企业等为主导，其他部门、科研院所或社会团体共同参与，结合智慧海洋工程建设，鼓励并重视部门、地区和组织间建立合作伙伴关系，整合资源、充分协调相关科技和人才力量，使之共同投入海洋立体观测-感知系统建设中来，形成良性竞争关系，建立以目标为导向的分工明确、功能齐全、综合高效的海洋立体观测-感知运维体系。

2. 突破关键技术瓶颈，建设高水准的系统平台

海洋立体观测-感知需要高性能、高可靠、功能强的装备和平台进行支撑。装备和平台正朝着自动化、信息化、智能化、高科技化方向发展，需要推动科技创新进行引领，鼓励国内外科研组织广泛联系与合作，加大对关键技术研制的投入，联合共同攻关，突破核心共性技术瓶颈，加强成果转化与推广力度。综合运用物联网、云计算、地理信息系统、互联网、人工智能、融合通信等技术[34]，实现海洋观测参数综合化、系统模块化、数据传输实时化、观（监）测服务一体化高水准的系统平台。

3. 建设观测资料大数据中心，健全数据共享机制

海洋观测集合了天、空、岸、海各类观测数据，需要综合运用智能获取、传输、存储、处理等技术，并结合网络安全技术，建设一流的海洋观测资料大数据中心。从制度层面规范数据的标准格式，加强对国家海洋观测资料管理能力，有效对海洋观测资料进行保护，并健全共享机制，提高数据的使用率，实现授权用户可自由地访问、分析、处理数据以及共享成果资源。

4. 鼓励学科交叉，优化人才梯队建设

海洋立体观测-感知涉及海洋、物理、能源、电子、信息、数学、材料、网络、通信、自动化、管理和人文等多个学科，需要不同要素的共同参与，充分进行学科的交叉融合，保证海洋观测-感知技术的不断高速发展。鼓励"产、学、研"合作，培养急需的科研人员、技术

技能人才与复合型人才，引进领军人才和紧缺人才，优化人才队伍梯队建设，为该领域不断输送人才资源，建立人才激励机制，充分激发科研人才的积极性，保证海洋立体观测-感知领域长期持续发展。

小结

本章从我国对海洋立体观测-感知的战略需求出发，分析了全球海洋立体观测-感知系统的现状与发展趋势，以及我国目前在该领域达到的水平，梳理了为满足战略需求必须加强的物理波与信息像、观察与通信的统一、声场-光场-电磁场的联合、图像形成与可视化等科学问题，以及传感器、设备、网络与系统的发展方向，以及用于验证技术发展和向业务化转型的示范验证项目，绘制了面向2035年的本领域技术路线图。

海洋立体观测-感知核心技术在2025年、2035年分分阶段达到国际先进水平和完成我国重点海域立体观测-感知体系建设、完成全球立体观测-感知体系的目标；需完成理论体系研究，声场-光场-电磁场联合传感机理与传感器技术，高灵敏度、长时序、小型化、低功耗、极端环境生存等新型传感器的研发，全球海洋立体观测-感知与预报预警系统等重点任务；突破以大深度水声换能器、水下声学通信组网技术、低功耗高效能水下通信技术、空海一体化信息网络系统、分布式水声网络观测探测技术、水面遥感水下声学协同探测技术、宽覆盖高精度水下导航定位技术、海洋环境与海洋目标耦合探测技术、多基地主/被动协同声学探测技术为代表的一批关键技术，生产一批新型海洋传感器和一系列高端海洋装备。以近岸海洋灾害检测系统、沿海及重点海区水下监控系统、极区海洋立体观测系统为示范工程，设立海洋立体遥感体系关键技术与集成应用系统重大工程专项，建设完成我国重点海域立体观测-感知系统，并逐步建立起全球海洋立体观测-感知与预报预警系统能力，服务于国家安全、经济和管理的需求，为国家"一带一路""海上丝绸之路"建设提供技术支撑。

第9章编写组成员名单

组　长：宫先仪

成　员：潘德炉　马远良　徐　文　赵航芳　李建龙　张霄宇　张　婷
　　　　陈惠芳　徐元欣　杨子江　孙　超　杨益新　杨坤德　瞿逢重
　　　　王迪峰　白　雁　潘　翔　徐　敬　孙贵青　宋春毅　黄豪彩
　　　　雷　波　黄海清　龚　芳　陶邦一　陈　鹏　王天愚　李春晓
　　　　汪　勇　王　罡

执笔人：徐　文　赵航芳　张　婷　张霄宇　李建龙　陈惠芳　徐元欣

10

面向 2035 年的园艺工程发展技术路线图

　　园艺是指在园地中种植作物的技艺，这种作物称为园艺作物，主要包括蔬菜、果树、花卉、西甜瓜和食用菌等。近 20 年来，我国已成为全球最大的园艺产品生产和消费国，据估算，2018 年我国园艺产业产值已超过 3.5 万亿元，占农业种植业总产值的 60% 以上。园艺产业的可持续发展，为保障以鲜嫩多汁为主的多样化园艺产品周年供应、满足人民美好生活的需求、促进农民脱贫致富与农业增效、实现资源高效利用、平衡农产品进出口贸易等做出了重大贡献。然而，我国园艺产业目前仍未摆脱以追求产量为主要目标、以劳动力密集型为特征的传统生产模式；一些主栽品种和关键技术依赖进口、缺乏产权主导的局面没有根本性改变；多数产品仍以未经采后处理的初级或低端商品进入市场，中高端商品供给不足；区域或季节性生产过剩导致的旺季和淡季分明，周年均衡供应仍欠稳定；产品质量缺乏国际市场竞争力；产业可持续发展后劲乏力，园艺产业现代化的推进难度较大。

本项目针对我国园艺产业发展现状，提出我国园艺产业现代化发展的"两步走"战略：2020—2025 年，通过园艺产业的结构优化和技术进步，实现以品质和效益为主的整体产业提档升级；2026—2035 年，通过科技自主创新，引领园艺产业生产能力和产品供给体系全面提升，实现园艺产业生产的现代化。为此，提出了运用现代生物技术、工程技术和信息技术等手段，围绕优质、绿色、高效、可持续等关键问题，开展园艺作物种质资源收集评价与创制、基于综合环境要素的园艺作物生长发育模型及调控、园艺作物逆境生长发育障碍（气候逆境障碍、土壤逆境障碍）的调控、园艺作物采后品质保持的生物学基础及调控等方向的重点攻关。同时，提出加大政府政策支持、强化基础研究投入、推动园艺"产、学、研"一体化、优化科技评价与激励机制、加强研究队伍建设等方面的战略建议。

10.1　概述

10.1.1　研究背景

在我国大力推进农民脱贫致富、乡村振兴、农业现代化等重大战略的新时代背景下，园艺产业的战略地位越来越重要。目前我国园艺作物种植面积居种植业中的第二位，产值名列第一。园艺产业的快速发展，丰富了我国城乡居民的"菜篮子""果盘子""花篮子"，在提高人民生活水平、促进国民经济发展方面发挥了重要任用。但我国的设施园艺发展水平与园艺生产强国相比还有较大差距，主要表现为产业布局和品种结构不尽合理，部分产品的采收期和生产区域过度集中，产业结构趋同化严重；生产技术水平相对落后，主要以经验为主，标准化、机械化、自动化和信息化水平较低；园艺产品采后生产能力和水平较低，流通环节多，损耗率高达 20%~30%，显著高于美国、澳大利亚等发达国家的损耗率（5%以下）；园艺生产仍然以小规模的农户生产为主，从业者年龄偏大、受教育程度不高、经营规模狭小、兼业化现象普遍；产业服务体系不健全；产业品牌打造不够。

在园艺科技创新方面，随着国家对基础研究日益重视和科研投入持续增长。2009—2019 年，园艺科学基础和应用基础研究方面取得了显著成绩，在番茄、西瓜、黄瓜、大白菜、柑橘、苹果、猕猴桃、月季、中国莲等重要园艺作物基因组解析方面取得了突破性进展，在重要园艺作物营养和风味品质、产品器官形成、植株生长发育等重要性状的基因挖掘、园艺作物与环境互作机制等方面取得了一些重要成果，相关成果发表在 *Science*、*Nature*、*Cell* 等国际主流期刊；在主要园艺作物专用品种选育、绿色高产优质栽培、设施节能高效栽培、植物工厂高效生产、病虫害安全防控、产品采后处理等产品和技术创新方面取得了许多重要突破。然而，从总体发展水平来看，科技创新能力和科技创新成果仍远不能满足园艺产业发展需求，更难以适应现代园艺产业发展的需求。

10.1.2 研究方法

本项目采用文献与实地调查分析法、文献收集统计分析法、专家咨询与头脑风暴法等。在国内外园艺产业发展现状及趋势、科技发展现状及趋势方面,主要采用资料收集统计分析法和文献与实地调查分析法;在我国园艺科技发展的重大战略目标、主要方向与重点任务方面,主要采用文献收集统计分析法和专家咨询与头脑风暴法;在我国园艺科技创新平台与队伍建设、科技发展的重大政策措施建议方面,主要采用文献与实地调研分析法。

10.1.3 研究结论

我国园艺产业在服务乡村振兴、精准扶贫和巩固脱贫成果、长江经济带建设、黄河流域生态保护、振兴东北老工业基地、京津冀一体化发展和绿色高质量发展等国家战略中将发挥越来越重要的产业支撑功能。按照"十九大"提出的到 2035 年基本实现现代化的总体目标,园艺产业必须围绕现代化生产的重大需求,构建完整的园艺产业链,加强科技对园艺产业现代化的支撑作用;加大对园艺创新平台建设及应用基础研究的科研投入力度,加快园艺作物种质资源创新、重要性状功能基因挖掘与利用、设施环境模拟与控制、采后生物学基础与保鲜等各项关键技术领域突破,在科技创新政策保障、创新能力提升、高端人才培养、成果转化等方面采取相应措施,确保我国园艺产业健康、快速、可持续发展。

10.2 全球园艺科技发展态势

10.2.1 全球园艺产业政策与行动计划概况

根据世界人口时钟网站,截至 2020 年 1 月 1 日,全球人口超过 77 亿。民以食为天,消除贫困和促进营养与健康仍是当今全人类共同关注的主题,而园艺产业的发展水平已成为评价各国食物供给能力的重要标志。现代园艺产业则是典型的高技术产业,除了传统的农业生物技术,更是集现代生物技术、工程技术和信息技术于一体的多学科交叉的高技术产业。受农业人口转移和人口老龄化等带来的劳动力短缺和用工成本提高、环境污染带来的优质耕地和水资源短缺、清洁能源和绿色生产资料投入带来的生产成本增加等多重因素的影响,传统的数量型园艺产业加速向发展中国家转移;依托设施和高技术支撑的现代园艺产业在发达国家蓬勃兴起;以可持续和优质绿色生产为核心的现代园艺产业已成为全球园艺产业发展的总趋势。下面以荷兰、日本和韩国为例,介绍它们的园艺产业政策与行动计划。

荷兰温室园艺部门计划在 2020 年通过更有效的温室运行和种植方法,以及热量回收利用、可再生能源高效利用等技术措施实现 CO_2 零排放目标，到 2050 年实现 100% 的"气候中立"目标，并计划在 2030 年取得重大进展。

日本一方面通过引进园艺作物新品种和强化培育新品种进行高效生产，另一方面通过大力发展设施园艺和工厂化栽培，实现优质园艺产品的周年均衡供应。

韩国在实施农业保护政策的同时，积极鼓励和支持特色农业的发展，通过建立特色农产品生产基地发展品牌产品；推广机械化解决劳动力不足问题，发展生态农业和设施园艺以满足市场需求，提高本国农产品竞争力。

10.2.2 基于文献和专利分析的全球园艺科技发展态势

本项目组按 WOS 分类法检索了自 2009 年以来的 Web of Science 外文数据库，结果表明，截至 2019 年 12 月 31 日，10 年来全球园艺类论文发表数量为 62446 篇，园艺类年度论文数量变化趋势如图 10-1 所示。从图 10-1 中可以看出，2009—2019 年，园艺领域发表的论文数量呈逐年增加趋势，反映出园艺相关研究越来越受到科研人员的重视。

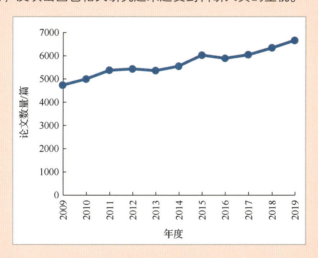

图 10-1　园艺类年度论文数量变化趋势

主要国家在园艺领域的论文数量对比如图 10-2 所示，从图 10-2 中可以看出，近 10 年在园艺领域发表 1000 篇以上论文的国家有 20 个，其中排名前 5 位的国家为美国、中国、巴西、意大利、西班牙。我国在园艺领域的论文数量仅次于美国，占该领域总论文数量的 12%，这在一定程度上反映了我国在园艺领域取得大量成果。

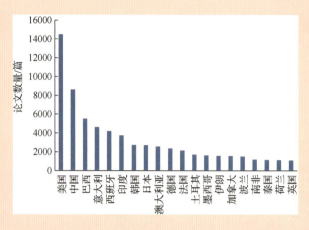

图 10-2 主要国家在园艺领域的论文数量对比

按年度公开的国际园艺专利数量变化趋势如图 10-3 所示，从图中可以看出，自 2009 年以来，德温特专利数据库的公开专利数量呈迅速增加趋势，从之前的 2725 项提高到 2018 年的 15695 项。园艺专利主要受理国和机构如图 10-4 所示，排名前 10 的分别国家为中国、日本、美国、韩国、法国、欧洲专利局、德国、世界知识产权组织、英国和荷兰。从图 10-4 可知，我国公开专利数量占绝对优势，约 2 倍于排名第二的日本公开专利数量。园艺专利权人国别如图 10-5 所示，排名前 5 的国家分别为中国、日本、韩国、美国、荷兰。

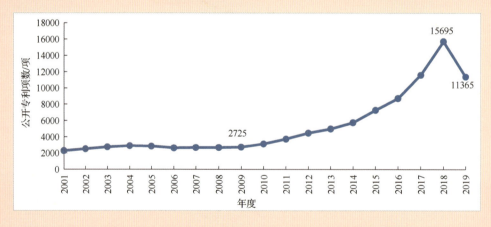

图 10-3 按年度公开的国际园艺专利数量变化趋势

园艺专利的关键词（见图 10-6）主要集中于园艺设施、园艺作物栽培、植物生长等方面，并重点突出了"成本低"。在园艺设施方面的专利主要集中于农业大棚、连接件、滑动连接、种植架、支撑架（杆、板）等；在栽培方面的专利主要集中于、栽培系统、栽培容器、栽培装置、营养液、控制单元等。植物生长发育调控涉及光照、生长环境、土壤、植物生长调节剂、植株根系等；在低成本方面的专利主要体现为操作简单、产量高、成活率高、效果好、生产效率高等。

10 ■ 面向2035年的园艺工程发展技术路线图

图 10-4　园艺专利主要受理国和机构

图 10-5　园艺专利权人国别

图 10-6　园艺专利关键词

10.2.3 我国园艺科技发展态势

通过在我国知网数据库中检索园艺文献，1992年1月1日—2019年12月31日，我国核心期刊及其他重点期刊上发表的园艺类论文共 110966 篇。其中，《工程索引》(EI) 收录 1569 篇，《科学引文索引》(SCI) 收录 524 篇。1992—2019 年我国各类期刊上的园艺类论文数量如图 10-7 所示。

1992—2019 年我国核心期刊上的园艺类论文数量变化趋势如图 10-8 所示。从图 10-8 可以看出，我国核心期刊上的园艺类论文数量变化大体分 4 个阶段，第一阶段的变化是 1992—1995 年，论文数量小幅度上升；第二阶段的变化是 1996—2000 年，论文发表处于一个低谷时期，年度论文发表数量仅为 2300 篇左右；第三阶段的变化是 2001—2010 年，年度论文发表数量迅速升高，从 2600 余篇迅速升高到 10100 余篇，增加 2.6 倍；第三阶段的变化是 2001—2019 年，论文数量又迅速降低。

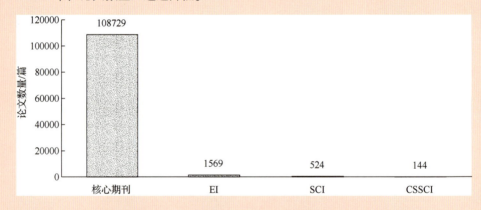

图 10-7　1992—2019 年我国各类期刊上的园艺类论文数量

图 10-8　1992—2019 年我国核心期刊上的园艺类论文数量变化趋势

我国发表园艺类论文较多的研究机构如图 10-9 所示，国内园艺类论文数量排名前五的分别是西北农林科技大学、南京农业大学、中国农业大学、山东农业大学、沈阳农业大学。园艺类论文所属的学科类别主要为果树、蔬菜、观赏园艺、与园艺作物栽培密切相关的植物保护、设施园艺与瓜果，如图 10-10 所示。

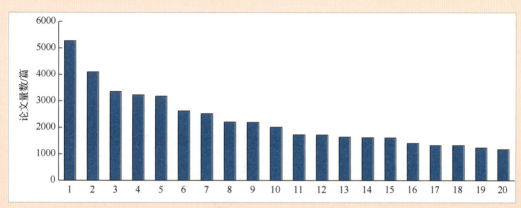

1—西北农林科技大学；2—南京农业大学；3—中国农业大学；4—山东农业大学；5—沈阳农业大学；6—河北农业大学；7—华南农业大学；8—中国农业科学院蔬菜花卉研究所；9—北京林业大学；10—华中农业大学；11—西南大学；12—浙江大学；13—东北农业大学；14—福建农林大学；15—新疆农业大学；16—甘肃农业大学；17—四川农业大学；18—海南大学；19—郑州果树研究所；20—河南农业大学

图 10-9　我国发表园艺类论文较多的研究机构

图 10-10　我国园艺文献学科类别分析

园艺文献的关键词分析如图 10-11 所示，目前研究的主要作物为番茄、黄瓜、苹果、葡萄、辣椒、草莓、西瓜、梨、桃、甜瓜、大白菜、核桃、茄子、猕猴桃，主要研究活动集中在产量、品质与品种方面，涉及组织培养、生长、遗传多样性、光合作用、种质资源、日光温室栽培等主要研究。

图 10-11 园艺文献的关键词

10.3 关键前沿技术及其发展趋势

10.3.1 园艺育种新技术和优质新品种选育技术

研究园艺作物传统育种技术与细胞工程技术、分子标记辅助选择技术、基因编辑技术等相结合的育种新技术。在新品种选育方面，应用育种新技术，聚合高产、优质、抗逆、抗病、耐贮运、适应机械化生产等多种优良性状，培育出一批适于我国园艺产业的具有自主知识产权的优良品种（系），驱动我国园艺产业向现代化强国发展。

10.3.2 农机与农艺相融合的现代园艺生产模式与技术

建立农机与农艺相融合的轻简化和机械化的现代园艺生产模式与技术体系，促进多种园艺作物育苗、整地、定植、田间管理、病虫害防治、设施环境调控、采收等全过程机械化，实现园艺作物生产的标准化、规模化和专业化，提高园艺生产效率。

10.3.3 园艺作物绿色安全、减灾、增效栽培与植保新技术

围绕重点区域、重点作物、重大病虫害，针对我国园艺作物生产条件及栽培特点，以保护生态环境、节本降耗、提高资源利用率为目标，以"绿色减灾、和谐植保"为核心，利用现代传感器和信息技术，研制出能够预测主要园艺作物重大病虫害发生的准确预警系统，明确寄主植物与有害生物的环境适应差异，优化集成生态环境控制、物理防治、生物防治和化学调控等新技术，推动园艺作物病虫害的生态环境控制与物理防治水平提高，实现绿色安全减灾增效的园艺作物生产。

10.3.4 现代节能园艺设施及其环境智能调控技术

研制装配式现代节能日光温室与大跨度多层覆盖式现代节能大棚，增加设施空间，提高土地利用率，显著提高园艺设施的性能，实现设施环境调控自动化和物联网化，进一步提高园艺作物产量与质量。在建立园艺设施环境变化模型和园艺作物生长发育模型的基础上，构建设施园艺作物科学栽培的现代专家管理系统，研制基于物联网和现代专家管理系统的低成本、高效的环境自动调控技术，研究适于我国节能设施的低成本环境调控装备，从而提高我国特色设施园艺作物生产的精准调控能力。

10.3.5 现代节能设施园艺作物高效栽培模式与关键技术

加快研究和构建适用于设施园艺作物生产管理机械化和轻简化的生产模式和技术体系，其中的关键技术包括适用于机械化生产的园艺作物高产优质绿色种植模式、基于物联网的低成本园艺作物生长发育及环境要素（温、光、水、肥）监测系统、气候环境要素与肥水的自动化调控系统、小型智能机械化生产技术、园艺作物机械化作业系统、园艺作物生产管理全过程自动化服务系统等。最后要集成这些技术，构建现代设施园艺作物高效栽培模式与技术体系。

10.3.6 设施园艺土壤障碍调控技术

在设施园艺作物生产中，土壤障碍已成为制约我国设施园艺作物生产的关键问题。在明确设施园艺土壤障碍形成因素及其相互作用机制的基础上，明确调控设施园艺土壤障碍的施肥配方及施用技术，建立不同设施园艺作物、不同土壤质地、不同栽培茬口的、可防止土壤障碍形成的科学施肥模型，探讨生物炭、秸秆等有机物料和关键营养元素等土壤投入品在抑制和修复土壤障碍方面的作用及关键技术，研制各种嫁接与砧木栽培在抑制土壤障碍方面的作用及技术，研究重度土壤障碍设施园艺作物土壤替代栽培技术，为防止设施园艺作物土壤障碍和修复、利用障碍土壤提供技术支撑。

10.3.7 园艺产品采后处理保鲜技术

以品质保持和腐烂控制贯穿全程为主题，以绿色、生态、低能耗、自动化和标准化为目标，开展园艺产品采后处理保鲜技术创新。首先，研制在园艺产品贮运期间用于降低腐烂损耗和依赖化学药剂控病的低能耗绿色处理保鲜技术、保鲜投入品、保鲜装备和信息化管理系统；其次，研制基于外观和内在品质的采后精准分级包装的自动化装备及技术系统。

10.3.8 城镇家庭园艺相关产品与关键技术

随着城镇化的推进，城镇居民利用房前屋后、屋顶、窗台、阳台等空间或区域进行园艺作物栽培或装饰的需求越来越多，这种家庭园艺已成为一种新的健康、绿色生活方式和时尚，其市场前景广阔。因此，未来需要研发适合家庭园艺的新品种、新装备、新基质，以及新的生产模式、栽培系统、病虫害防控技术等，为家庭园艺的发展提供技术支撑，以延伸园艺作物生产功能，开拓园艺产业的新市场。

10.3.9 园艺植物工厂化高效节能生产技术

园艺植物工厂是推进设施园艺智能化的重要生产方式。重点需要研究不同园艺作物生长发育和品质形成的最佳光配方（人工光植物工厂），然后研发以最佳人工光配方（或自然光）为核心的、基于耦合环境的园艺作物生长发育模型、植物工厂内的各环境因子模拟模型，以及基于这两种模型的园艺植物工厂环境物联网自动调控系统，选育适合植物工厂的专用园艺作物品种，研发植物工厂园艺作物栽培模式、技术系统和生产工艺流水线，研制适用于植物工厂的低成本智能装备、栽培设施与设备、基质与营养液配方，实现园艺作物全年标准化生产。

10.3.10 园艺作物功能成分筛选、鉴定、挖掘与应用

多数园艺作物富含有利于人体保健的功能成分，有些园艺作物还是药食兼用植物。因此，筛选、鉴定、挖掘与应用园艺作物功能成分，也将成为未来科技攻关重点。特别是新材料（如纳米）、现代信息（包括生物信息）、现代生物、现代医学和化学（如新药筛选）等科技的创新发展与进步，为筛选、鉴定、挖掘与应用园艺作物功能成分提供了许多新方法。应用分析化学、合成化学相关技术分析鉴定具有生物学功能的园艺天然产物，有力地促进园艺产业的发展。

10.4 技术路线图

10.4.1 发展目标与需求

1. 发展目标

到 2025 年，完善和优化产业链的结构，基本解决园艺作用产前/产中/产后的关键技术、配套设施和管理服务体系等问题。构建多学科交叉的综合配套研究体系，强化园艺产业科学理论与技术创新，加快综合技术的集成应用。依托种业工程加大自主新品种培育；充分发挥现代设施与技术对园艺产业提质增效的作用，升级改造和创新栽培模式，围绕绿色环保的节能化、省力化、轻简化和资源利用高效化，加强农机与农艺融合，加快实现园艺作物生产机械化，加大提档升级技术创新力度；积极探索园艺产业智能化装备与管理技术，开展园艺植物工厂的展示与示范，培植现代园艺产业的新增长点；着力填补园艺产品采后处理技术的短板，建立和完善园艺产品保鲜技术、贮运装备和管理服务体系，构建完整的产业链条，提升

采后生产能力和现代化水平。

到 2025 年，关于园艺作物生产的绿色、生态、环保理念被广泛接受，园艺生产设施与机械化比例达 50% 以上。其中，大宗园艺作物主要生产环节的机械化水平达到 60%，劳动生产率提高 50% 以上，园艺产品采后商品化处理比例达到 50%~60%，采后腐烂和损耗率控制在 15%~20%，产品周年供给能力和参与全球市场的竞争能力显著提升。

到 2035 年，我国园艺将在现代生物技术应用、现代信息技术应用、现代工程技术应用、种质资源评价与重要性状挖掘、新品种选育、绿色生产、作物生育障碍防控、病虫害绿色综合防治等科技方面取得众多突破，园艺产业取得长足进步。园艺作物优良核心品种的自我供给率达到 80% 以上，依托现代设施与管理系统的现代园艺比重达到 60% 以上，采后商品化处理比例达到 85% 以上；核心技术、生产投入品、关键装备、管理系统等自主化程度达到 80% 以上，园艺产业科技含量达到 75% 以上，带动园艺作物产量大幅度增长、产品质量显著提高、社会经济效益稳定提升，园艺产业劳动生产率较现有水平提高 80% 以上，真正成为创新型园艺生产大国和产品及技术供给强国，实现园艺产业的品种多元化、布局区域化、技术标准化、产品优质化、生产现代化。

2. 发展需求

（1）保障园艺产品周年供应。园艺产品与民众的日常生活密切相关，随着生活水平的不断提高，民众对园艺产品的需求日益增多。同时，园艺产品多为新鲜产品，不耐贮藏，需要周年生产才能满足市场的需要。但我国园艺产品单产较发达国家明显偏低，整体收益偏低，迫切需要在基础研究与核心技术方面有所突破，大幅度提高其产量，保障产品的周年供应。

（2）确保园艺产品质量安全。"食以安为先"，民众对园艺产品的质量要求也越来越高，园艺产品的食品安全问题日益受到消费者关注。我国在园艺产品的食品安全控制方面与发达国家相当尚有重大差距，亟须在食品安全快速检测、农药残留防治等方面有所突破。

（3）促进农艺与农机融合，提高生产率。园艺产业机械化与自动化是实现现代化的前提，转变传统园艺作物耕作方式，构建农艺与农机融合技术，提高园艺产业劳动生产率、土地产出率、资源利用率，是园艺产业现代化发展的内在要求。

（4）保障园艺种业安全。优良种质资源的开发与利用是实现园艺作物优质高产的重要保障，而目前我国园艺作物种子市场，尤其是一些高端作物种子多被外国公司控制，严重影响了我国园艺产业的快速发展。充分应用现在生物技术，挖掘种质资源，创新育种技术尤为迫切。

（5）拓展园艺产业功能，推动第一、二、三产业深度融合。园艺产业除了为广大消费者提供丰富的园艺产品，还带动了农药化肥、建材、旅游观光、医疗康养、素质教育、家庭园艺等相关产业的发展，对推动第一、二、三产业深度融合的作用日益突出。

10.4.2 重点任务

实现园艺产业现代化发展的重点任务主要包括以下 3 个方面：

（1）加强园艺基础研究，提升园艺产业创新水平。

（2）做好园艺科学技术集成示范与推广，拓展园艺科学技术的应用领域。

（3）推进园艺产业工程，促进园艺产业提档升级。

1. 优先开展的基础研究方向

1）园艺作物种质资源收集、评价及创制

（1）在搜集原始及特色园艺作物种质资源的基础上，构建种质资源数据库、表型数据库、基因表达数据库、表观遗传学数据库和代谢物网络等综合数据库，解析重要物种的系统演化及驯化机理。

（2）通过人工栽培选择变异、有计划地进行远缘和近缘杂交选择变异、采用各种诱变技术人为创造变异，从中选择各器官多样化的优异变异植株和品系，开发种质资源的 DNA 序列分析及分子标记，揭示野生资源到栽培品种的系统演化原理。

（3）在主要园艺作物基因组测序的基础上，挖掘特异种质资源和阐明重要经济性状遗传与关键功能基因，突破分子标记辅助选择和分子设计育种的技术瓶颈，建立基于远缘杂交、常规杂交、芽变、基因组选择与分子设计育种相结合的现代育种技术平台体系。

2）园艺作物轻简化栽培的生物学基础

轻简化载栽培包括简化生产程序和实行机械化生产管理两个方面，为达此目的，需要有适宜的理想株型和栽培模式。以往我国虽在黄瓜侧枝发育、有限生长习性以及番茄花序构型等主要控制基因方面有些研究效果，但对整体株型研究相对滞后，国际上的相关报道也很少。因此，未来为适应园艺作物轻简化生产，需要加强不同种类园艺作物株型形成机制研究，探索和筛选适用于轻简化生产的园艺作物理想株型，利用我国丰富的园艺作物品种资源，研究各具特色的作物株型形成机制；挖掘和调控适用于轻简化生产的园艺作物理想株型基因，为培育适用于轻简化生产的园艺作物高产优质抗逆新品种奠定理论基础，也为培育适用于植物工厂生产的园艺作物品种提供理论依据。

3）园艺作物非生物逆境胁迫的响应机制与调控

近年来，全球范围内的气候变化越来越剧烈。全球气候变化主要表现为温度升高气候变暖、极端高温/低温频繁出现、干旱持续时间越来越长、旱情越来越严重，这些逆境导致园艺作物大幅度减产和产品品质大幅度降低。深入研究主要园艺作物对非生物逆境胁迫的响应机制，挖掘园艺作物响应逆境胁迫过程的关键基因，阐明其功能及其相互调控机理；探索外源物质及物理措施对园艺作物非生物逆境胁迫障碍的调控机制，为园艺作物防控非生物逆境胁迫障碍，实现抗逆、优质、高产栽培奠定理论基础。

4）园艺作物产品品质形成与调控机理

园艺作物产品品质包括外观品质、营养品质和风味品质等。在现有基础上，从转运蛋白、转录调控因子、表观修饰因子以及非编码 RNA 等方面，开展不同层级的基因表达级联调控机制及其调控网络、植物激素信号传导与品质形成的交互调控，以及品质代谢与环境的耦合调控机制等研究，探明园艺产品品质形成的调控网络和信号传导机制，为园艺产业提质增效提供科学依据。

5）园艺作物土壤障碍发生与调控机制

土壤障碍可分为原生土壤障碍和次生土壤障碍，园艺作物生产中常出现的土壤障碍多为次生土壤障碍。首先，需要深入、完整地探究园艺作物土壤障碍发生的成因，明确不同设施园艺作物连作和不科学施肥导致土壤障碍的机制。其次，探讨连作作物根际、施肥、土壤三者之间的相互作用，明确健康土壤缓解园艺作物土壤连作障碍的机制。最后，研究不同栽培茬口主要设施园艺作物对不同土壤的养分高效利用机理，建立不同土壤质地下不同栽培茬口主要园艺作物防控土壤障碍的科学施肥模型。

6）园艺作物产品器官形成与生长发育机理

园艺作物产品器官丰富多样，可分为根、茎、叶、花、果等类型。近年来，虽然有人已在番茄、黄瓜、白菜、苹果、柑橘、梨等作物中，挖掘并鉴定出部分产品器官形成和发育的关键基因，但尚有大量关键基因未被解析，更未能揭示其在产品器官形成中的作用和互作调控机理。因此，为促进具有自主知识产权的优良园艺作物品种培育奠定基础，未来需要从分子水平解析主要园艺作物根、茎、叶、花、果实等产品器官形成与生长发育机理，探讨作物品质形成与调控机制；利用我国丰富的园艺作物品种资源，挖掘特异性园艺作物产品器官形成与生长发育的关键调控基因，探讨其作用和调控机制。

7）园艺作物的水肥需求规律与高效利用基础

由于土壤质地、园艺作物种类、栽培茬口、目标产量和质量要求、环境变化等的复杂性，因此，目前很多园艺作物的水肥需求规律与高效利用基础尚缺乏明确结论，需进一步加强主要园艺作物水肥需求规律的研究；深入探索不同土壤质地、不同栽培茬口、不同园艺作物种类水肥高效利用的基础理论，厘清水肥施用对园艺作物栽培土壤理化性质、生物区系、代谢活力等的作用机制；明确水肥耦合调控下园艺作物生长发育的机理，建立不同土壤质地、不同栽培茬口、不同园艺作物的水肥高效利用方法。

8）园艺作物产品采后品质保持的生物学基础

品质劣变是园艺作物采后贮、运、销过程中常见的问题，严重影响产品的商品价值。解析园艺作物采后品质变化规律及成熟衰老调控机制，将为其品质保持技术的研制提供理论依据，保障园艺产业的健康持续发展。未来园艺作物采后生物学研究的重点和优先发展方向如下：鉴定在园艺作物产品品质保持和成熟衰老调控中发挥关键作用的基因，揭示园艺作物对采后环境条件的响应机制，阐释园艺作物产品采后品质保持的生物学基础。

9）园艺作物砧木资源高效利用与砧穗互作机制

在系统收集我国园艺作物种质资源功能基因组数据的基础上，对砧木资源开展系统评价，利用现有丰富的重测序基因组数据，深入剖析重要砧木性状的关键遗传位点；利用园艺作物杂合度较高的特点，研究砧穗间信息交流，剖析砧木对接穗生长影响的关键核心因子；利用高通量信息化数据及表型组学数据，深入开展砧穗高效组合筛选与利用研究；系统解析砧木养分高效吸收的分子机制，培育优良砧木品种，更好地利用它们进行嫁接栽培；挖掘园艺作物根际微生物群落的特点，筛选特定功能菌，探究其生理特性和对养分影响的偏好性，更好地调控土壤微生物，促进园艺作物养分吸收。

10）园艺作物重要性状功能基因挖掘与利用

充分利用我国在园艺作物基因组学的领先优势，融合多组学、基因编辑和合成生物学技术，例如，利用CRISPR-Cas9基因组编辑技术、基因编辑突变体库、酵母杂交文库、转录组测序等方法，从不同园艺作物中挖掘农艺性状相关的优异基因，进行功能分析。然后，结合我国丰富的园艺作物种质资源优势，挖掘一批园艺产业急需的重要性状功能基因，促进主要园艺作物全基因组选择育种、分子设计与基因编辑育种技术的发展。

2. 重点技术集成与示范任务

1）园艺作物提质增效关键技术集成与示范

通过集合国内优势育种单位，共同搭建高效资源鉴定和分子育种平台，对种质资源实现精准评价，挖掘和筛选具有优异性状的种质，创新目标性状突出、综合性状优良的优异新种质。在已有基因组学研究的基础上，充分利用各种前沿技术手段，系统地开展园艺作物优异种质资源收集鉴定与利用工作；挖掘与园艺产业密切相关的重要性状基因，如品质、抗病、生长发育、形态建成和肥水调控等，建立并完善园艺作物生长发育模型，实现园艺作物良种简约化智慧生产技术集成。

2）园艺作物优质高效轻简化栽培与绿色生产

针对全国园艺产业发展和市场供需特点，紧紧围绕高品质、高效益、低成本、低消耗的生产目标，选择在消费和市场供应方面占据重要地位的园艺作物为对象，以全过程机械化和减肥减农药为重点，开展适宜不同区域栽培的品种筛选，包括整地做畦、播种育苗、水肥一体化、机械采收和采后商品化处理的系列实用机械设备选型，基于有机肥替代和生物有机肥、土壤调理剂应用的化肥减施，农业、物理、生物和化学综合应用的病虫害绿色防控，以合理轮作和土壤健康为基础的连作障碍控制等关键技术研究与集成，形成适应规模化生产、可推广的园艺作物优质高效轻简化栽培与绿色生产技术体系。

3）食用菌工厂化栽培及物联网管理技术集成与示范

食用菌工厂化栽培集封闭式、设施化、机械化、标准化、周年栽培于一体，按照食用菌生长需要设计封闭式厂房，利用温控、湿控、风控、光控设备创造人工环境，利用机械设备自动化（半自动化）操作，实现高效率生产。食用菌物联网智能监控系统通过传感器实时采集食用菌工厂的环境参数，由监控系统、网络传输系统、中央控制系统、执行系统、决策支持系统和专家系统五大部分组成。通过物联网管理技术，实现在线实时管理，对食用菌生长环境进行自适应调节，精准模拟食用菌最佳生长环境，可满足不同品种的食用菌对生产环境的要求。

4）设施园艺作物农机与农艺融合高效栽培技术集成与示范

集成北方以冬季节能保温为主的第三代节能高效日光温室、南方以夏季降温为主的塑料连栋大棚的设计与建造技术，规范设施类型与建造标准。构建设施园艺作物生产管理机械化和轻简化的生产模式和技术体系，建立基于物联网的低成本园艺作物生长发育及环境要素（温、光、水、肥）监测系统，气候环境要素与水肥的自动化调控系统。集成设施园艺作物农机与农艺融合高效栽培技术，实现园艺作物生产的机械化、精准化、轻简化与自动化，提高设施园艺作物的土地产出率、资源利用率和劳动生产率。

5）高营养蔬菜绿色生产与采后关键技术集成创新与示范

以提升绿色、优质高效蔬菜产业为目标，围绕高营养蔬菜绿色生产与采后处理全过程，集成高营养高抗蔬菜品种筛选、种苗质量、水肥一体化精准控制、智能化监控与管理、机械化采收、采后保鲜与贮运、流通管理技术，形成适应多种新型农业经营主体的技术体系和模式，并跨区域开展典型应用示范。

6）现代设施园艺作物高效生产技术集成与示范

集成现代节能、材料、工程、环境调控、信息等技术，开发第一代现代节能塑料大棚和日光温室建造技术，在不同区域建造适宜的标准化第一代现代节能塑料大棚和日光温室，并开发基于物联网的配套设施环境监测与控制设备，实现环境控制数字化与信息化；集成适用于第一代现代节能塑料大棚和日光温室园艺作物轻简化配套高效生产技术，实现塑料大棚和日光温室园艺作物生产的现代化；集成园艺植物工厂高效生产技术，实现园艺植物工厂的低成本高效生产。集成设施园艺作物高品质生产技术，开发园艺作物功能成分的高效生产模式，开拓设施园艺产业领域。

3. 园艺产业工程

1）园艺作物种质资源利用与种业创新工程

以资源、技术、品种实现突破性创新为目标，构建基础研究、技术创新与产业化紧密结合的高效种业创新体系，全面提升我国园艺产业自主创新能力、持续发展能力和国际竞争力。通过种质资源精准评价，创制一批遗传背景丰富、关键性状优异、具有自主知识产权的核心种质资源；在分子育种和基因编辑育种技术方面取得突破，形成系统化、流程化、规模化、信息化的分子育种技术体系，育成一批在产量、品质、抗病性、抗逆性、加工特性等方面有突破性进展的新品种；在适合机械化作业和轻简化管理的品种选育方面，获得一批重要育种材料；培育具有自主知识产权的重大品种，培育出一批具有一定国际竞争力的育、繁、推一体化园艺产业龙头企业；良种产业整体达到国际先进水平。

2）园艺作物优质高效现代化生产工程

到 2035 年，基本实现园艺产业的现代化目标，应用现代工程、机械、信息、生物等技术，全面提升园艺产业的现代化生产水平。建立农机与农艺相融合的园艺现代化园艺生产技术体系，提高园艺作物生产的资源利用率、劳动生产率与土地产出率；规范适合不同地区设施园艺的设施结构标准、环境调控标准、栽培管理标准，提高设施园艺作物生产水平；打造园艺产业集群，建立产、供、销一体的完整产业链，构建完整的产业服务体系，突破制约园艺提质增效的瓶颈，从整体上推进中国特色园艺产业的提档升级。

3）园艺从业人员素质提升工程

园艺从业人员素质提升是园艺现代化的重要组成部分，实施园艺从业人员素质提升工程，加强园艺农业技术推广人员的专业培训，建立科学考评体系，建立一支高素质、稳定的园艺技术推广队伍；应用现代信息技术与传统技术，打造园艺从业人员的培训框架体系，培养一批具有科学文化素质、掌握现代园艺科技、具备一定经营管理能力的新型职业园艺从业人员；通过技术示范与培训，树立优秀园艺从业人员学习典型等措施，多方面激发园艺从业人员对园艺科学技术的兴趣与学习热情。

10.4.3 技术路线图的绘制

面向 2035 年的园艺工程发展技术路线图如图 10-12 所示。

项目	2020年 ————————————————————→ >2035年
需求	保障园艺产品周年供应 确保园艺产品质量安全
目标	园艺优质高产生产轻简化 园艺优质高产生产现代化
关键共性技术	园艺育种新技术和优质新品种选育技术 农机与农艺融合的现代园艺生产模式与技术 园艺作物绿色安全减灾增效栽培与植保新技术 现代节能园艺设施及设施环境智能调控技术 现代节能设施园艺作物高效栽培模式与关键技术 设施园艺土壤障碍调控技术 园艺产品采后处理保鲜关键技术 城镇家庭园艺相关产品与关键技术 园艺作物工厂化高效节能生产技术 园艺作物功能性产物筛选、鉴定、挖掘与应用
优先开展的基础研究方向	园艺作物种质资源收集、评价及创制 园艺作物轻简化栽培的生物学基础 园艺作物非生物逆境胁迫的响应机制与调控 园艺作物品质形成与调控机理 园艺作物土壤障碍发生与调控机制 园艺作物产品器官形成与发育机理 园艺作物水肥需求规律与高效利用基础 园艺作物产品采后品质保持的生物学基础 园艺作物砧木资源高效利用与砧穗互作机制 园艺作物重要性状功能基因挖掘与利用
技术集成与示范	园艺作物提质增效关键技术集成与示范 园艺作物优质高效轻简栽培与绿色生产 食用菌工厂化栽培及物联网管理技术集成与示范 设施园艺作物农机与农艺融合高效栽培技术集成与示范 高营养蔬菜绿色生产与采后关键技术集成创新与示范

图 10-12　面向 2035 年的园艺工程发展技术路线图

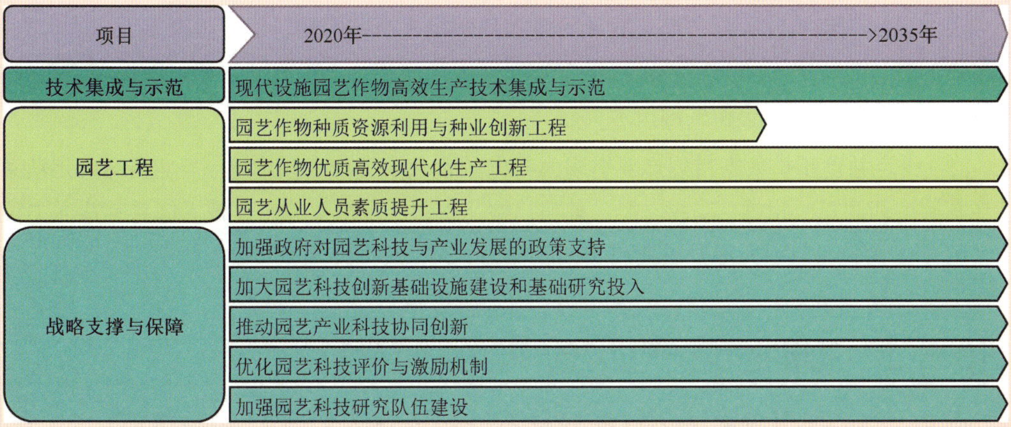

项目	2020年—————————————————————>2035年
技术集成与示范	现代设施园艺作物高效生产技术集成与示范
园艺工程	园艺作物种质资源利用与种业创新工程 园艺作物优质高效现代化生产工程 园艺从业人员素质提升工程
战略支撑与保障	加强政府对园艺科技与产业发展的政策支持 加大园艺科技创新基础设施建设和基础研究投入 推动园艺产业科技协同创新 优化园艺科技评价与激励机制 加强园艺科技研究队伍建设

图 10-12　面向 2035 年的园艺工程发展技术路线图（续）

10.5　战略支撑与保障

10.5.1　加强政府对园艺科技与产业发展的政策支持力度

在园艺产业发展方面，根据不同园艺作物的生物学特性和不同地区资源及社会经济发展状况，进一步完善和重构园艺作物优势区域产业发展总体规划；制定全面支持园艺产业集群发展的支持政策；通过政策引导园艺作物集中产区构建完整的产业链；健全园艺产业管理机构和农技推广体系；加大园艺作物高效绿色生产的政策补贴力度；加大土地流转的支持力度，扶持新兴经营主体，出台以家庭农场和企业加农户为主体的规模化经营相关政策；建立重大灾害预警与防控、突发应急事件处理等风险保障机制，建立和完善园艺产业的保险机制；在园艺作物优势产区，推动园艺产业与乡村振兴战略相结合。在园艺科技研究方面，建立与园艺产业的社会贡献相匹配的、稳定的园艺科技创新经费投入机制；强化园艺产业科技创新平台建设，增强科技创新能力；建立以农业类高校及省级以上农业科研单位为主体的园艺产业专业技术人员培训中心，加强对园艺技术人员和技术农民的培训力度；加强园艺产业生产技术规程的制定与修订，推动高产优质绿色园艺产业快速健康发展。

10.5.2　加大园艺科技创新基础设施建设和基础研究投入力度

（1）要围绕不同园艺作物产业需求，在果树、蔬菜、观赏园艺、设施园艺、食用菌、茶学、园艺产品采后处理等领域，组建国家重点实验室和科技创新研究中心，增强园艺产业的科技创新能力。

（2）要围绕制约我国园艺产业发展的重大科学技术瓶颈问题，设立国家重点研发计划项目，在园艺作物种质资源与育种、栽培与生理、生物学特性、设施园艺和采后生理与贮藏加工等方面，实现基础理论和关键技术突破。

（3）稳定并逐步扩大支持以产业需求为导向的现代农业产业技术体系，加强对大宗蔬菜、特色蔬菜、西甜瓜、柑橘、苹果、梨、葡萄、桃、香蕉、食用菌等产业技术体系等投入力度，扩大园艺作物的覆盖面，提升农业科技创新能力，增强我国农业竞争力。

10.5.3 推动园艺产业与科技协同创新

瞄准我国园艺产业的现代化目标，组建多学科、多领域交叉融合的协同创新体系。按照园艺生产环节或行业共性领域进一步明确社会分工，组建专业技术服务队伍，优化产业结构和区域布局，创新生产和经营模式，提升产业自主化水平，推动品种、技术、投入品、设施、装备、管理软件、服务队伍等一体化发展。强化产业联盟、学会和协会服务产业的作用，加大对具有创新活力的园艺生产企业培植力度，重点打造能与新奇士等全球知名园艺销售企业品牌相抗衡的领军企业品牌。改革高校和科研院所同质化发展问题，强化科研服务国家战略或产业重大需求的能力。鼓励以国家科研经费进行创新的成果，及早应用到园艺生产实践，使之产生经济价值和社会价值，在创造社会活力的同时，形成一个创新活动投资的良性循环。

10.5.4 优化园艺科技评价与激励机制

制定出科学合理、操作性强、完整的科技评价机制，改变"唯论文、唯职称、唯学历、唯奖项"的评价方法；改革以往科技管理导致的短周期、重数量、逼成果式的项目考核机制，建立长效动态的科技项目评价机制；充分考虑园艺科研周期长、公益性强等特点，育成一个品种往往需要一个团队、一代人甚至几代人的努力，建议将重视积累、稳定队伍、服务产业作为评价的重点；重视对园艺应用基础和应用技术研究成果的评价。健全科技人员评价与激励机制，加强监督评估和科研诚信体系建设，让科研人员安心搞研究。加强国内园艺专业期刊建设，强化《园艺学报》等国内一级学术期刊在科技评价中的作用。

10.5.5 加强园艺科技研究队伍建设

对基层园艺科技工作者，着力解决园艺产业基层科研队伍空心化、不稳定和人员断档问题；克服跨领域和行业的外行者搞园艺专业的现象；提高基层专业人员待遇，创造使青年人才用心工作、安心发展的创业环境。针对高等院校教师队伍纯生物学化、人才培养专业淡化、专业传承不足、基础研究缺乏专业灵魂、技术创新游离在产业需求之外、成果落地困难等问题，强化教师引进的专业背景考核，构建以园艺产业需要为导向、"产、学、研"结合、切实懂园艺生产技术、具有较强动手能力的园艺本科人才培养模式，建立从理论学习、生产实践、技术指导的多层次多类型的园艺人才培养和储备体系。制定土地使用、资金支持的优惠政策，吸引大学毕业生从事园艺相关产业工作。

小结

园艺产业与人民生活息息相关，在国民经济中占有重要地位，已成为种植业的支柱产业。随着乡村振兴战略的实施，园艺产业的地位与作用将会变得更加突出。然而，园艺生产中单产低、品质差、机械化程度低、产品附加值较低、国际竞争力不强等问题严重限制了园艺产业可持续发展。

面向 2035 年园艺生产现代化的宏伟目标，我们必须依靠科技进步走内涵式发展的道路，加强对园艺科技的支持力度，建设园艺国家重点实验室平台，加强对我国特色优势园艺作物长期稳定支持，推进园艺机械化发展，加强园艺科技队伍建设，全面提升园艺作物的单产、质量、效益，为园艺产业现代化发展奠定基础。

第 10 章编写组成员名单

组　长：李天来

成　员：侯喜林　郝玉金　陈发棣　许　勇　李长田　齐明芳　程运江

执笔人：齐明芳　侯喜林　郝玉金　陈发棣　许　勇　李长田　程运江
　　　　刘高峰　李媛媛　宋爱萍　夏　阳

11

面向 2035 年的经济林科技和产业发展技术路线图

经济林既集生态体系、产业体系和生态文化体系三大体系于一身，又集生态效益、经济效益和社会效益三大效益于一身，它在脱贫攻坚、乡村振兴和健康中国战略中发挥十分重要的作用。世界上唯有经济林有如此之内外兼顾的功能，服务于经济社会的可持续发展。本领域技术路线图以"健康中国"为目标，通过划分经济林科技和产业的技术路线范围与边界，厘清相关产品在未来 15 年内的发展重点与难点，确定关键共性技术，建立创新示范工程，实行相应的战略支撑与保障措施，以期形成我国经济林主导产业地位与技术标准体系。基于战略咨询智能支持系统获取相关文献、专利数据，完成相关数据的统计分析，概述我国经济林研究发展的既有优势以及存在的问题。

11.1 概述

11.1.1 研究背景

经济林（Non-Wood Forest）是指以生产果品、食用油料/饮料/调料、工业原料和药材等为主要目的的林木[1]。经济林产品是指除用作木材以外的树木果实、种子、花、叶、皮、根、树脂、树液等直接产品或是经过加工制成的油脂、食品、能源、药品、香料、饮料、调料、化工产品等间接产品，国外称之为非木质林产品（Non-Wood Forest Products，NWFPs）[2]。经济林不仅有效地改善生态环境，而且能够为城乡居民提供营养丰富的非木质林产品，为国家提供充足的相关工业原料和中药材，并逐步成为山区农民脱贫致富的支柱产业、保障国民健康的民生产业。根据 2018 年的统计数据，我国经济林栽培总面积达 4133 万公顷，各类经济林产品年总产量为 1.81 万吨，经济林种植业和采集业年总产值达 1.45 万亿元，占我国林业第一产业产值的近 60%[3]。

我国经济林产业正处于快速发展的黄金阶段。近年来，国家高度重视经济林建设，把经济林产业建设作为现代林业建设的重要组成部分，很多省（直辖市、自治区）将发展木本粮油、特色经济林和林下经济列为当地的主导产业、特色产业，推进山区农民脱贫致富的支柱产业[4]。中共中央、国务院和国家发改委等有关部门出台了一系列政策措施，以支持经济林产业持续稳定发展。纵观全球，经济林为各国社会经济发展作出了巨大的贡献。国际上，以联合国粮农组织（Food and Agriculture Organization of the United Nations，FAO UN）为代表的多个国际组织、区域机构和政府组织，对世界经济林资源、市场、统计、制度、产业链、科技基础研究等进行了详细研究，为我国经济林发展规划的制定提供了有益借鉴[5]。

经济林发展已成为改善生态环境、调整农业结构、繁荣农村经济的重要措施，在满足人民生活需求、增加农民收入、促进区域经济发展方面发挥着重要作用，同时也面临着许多值得思考的问题。如何抓住时代机遇发展我国经济林产业，我国具有哪些既有优势以及存在着哪些具体问题，都是值得研究的。

11.1.2 研究方法

本章从领域关键词、专利技术分类号、领域内代表性机构和核心期刊等多方面综合开展检索工作。由于经济林概念包含的品种和产业丰富，故相关联的技术与专利涉及众多行业。经过近 60 年的发展，我国经济林学科形成了从科研到产业再到专业教育的完整体系，本章从学科研究的经济林资源、培育（育种和栽培）、经济林加工利用、经济林产业和经济林文化 5 个方面指定关键词，并对 4 类预期重点发展的经济林产业（木本油料、木本调香料、果品和木本粮食）进行分析。

根据战略研究的范围和主要内容，本课题组邀请相关专家对经济林研究领域进行了 3 个层次的技术分解，用于界定此次文献和专利分析的主要研究范畴。本章涉及的中国经济林物种资源主要由 7 类 113 种组成[6]。

本领域技术路线图采用了专家咨询、德尔菲问卷调查等方法，技术路线图制定流程如图 11-1 所示。在成立专家组后，共访问咨询专家 60 人次，两次发放专家问卷，采用记名方式咨询本课题相关内容，先后回收专家问卷 51 份。

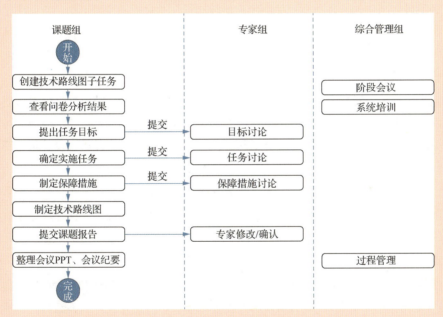

图 11-1　技术路线图制定流程

11.1.3　研究结论

本领域技术态势扫描主要是通过检索关键词，然后汇总技术分解表，形成了 3 个层次的关键词，涵盖经济林品种、育种和栽培、经济林加工利用和文化等多方面的内容。

11.2 全球技术发展态势

11.2.1 全球政策与行动计划概况

目前经济林产业面临激烈的市场变化，所有的产品、服务和业务都需要依赖迅速变化的技术[5]。产品变得更加复杂，而消费者的需求也变得更加苛刻。产品的生命周期变得越来越短，从产品到市场的时间也越来越短，全世界变成一个市场。

美国林务局研究人员在近期发布的题为《变化中的美国非木质林产品评估报告》中[7]，综合分析了最易获得的非木质林产品的相关科学知识，并且提供科学证据，帮助决策者、从业者和研究人员推动非木质林产品的可持续采获。在美国，非木质林产品的采获每年能创造上百万美元的效益，特色产品的采获不但创造了工作机会，还能促进农村经济发展，满足日益增长的市场需求[8]。

欧洲是全球最早对非木质林产品进行认证的地区，目前在全球获得认证的非木质林产品企业中欧洲的企业占60%以上[8]。非木质林产品认证就是对非木质林产品的培育、采收、储藏、运输和销售等生产经营活动进行审核和评价，使得非木质林产品纳入森林可持续经营规划中，从而确保产品的品质，也确保当地居民权利[9]。

在印度总人口中，大约有1亿人生活在森林中或森林周围，他们的生计有相当一部分来自收集和销售非木质林产品。这些非木质林产品为人类提供生活保障和保证农业生产，如燃料、食物、药品、水果、肥料和饲料。印度林业收入的60%来自非木质林产品。因此，是否获得非木质林产品的权利是影响森林居民生计的重要问题[10]。

经济林作为一个独立的学科概念，包括经济林生产（产业）、科研和教学的完整体系。我国从20世纪60年代就开始了现代经济林产业体系建设，经过几代人的不断努力，特别在改革开放以来，取得了巨大成就[11, 12]。国家林业局在2014年发布的《关于加快特色经济林产业发展的意见》提出：到2020年，全国特色经济林新增种植面积810万公顷，经济林总面积比2010年增加24%，达到4100万公顷，实现总产值在2010年的基础上翻一番，达到1.6万亿元以上；良种使用率达到90%以上，优质产品率达到80%以上；重点县农民来自经济林的收入大幅度增加，累计提供就业机会40亿个工日[13]。

截至2019年11月，在Web of Science数据库中，共检索到经济林领域相关论文207026篇，2001—2019年经济林领域年度论文数量变化趋势如图11-2所示。从图中可以看出，2017年、2016年、2015年这3年发表的经济林相关论文数量较多，分别为1.50万篇、1.51万篇、1.43万篇。

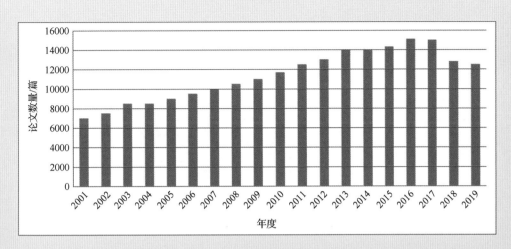

图 11-2 2001—2019 年经济林领域年度论文数量变化趋势

CNKI 中,1994—2018 年经济林领域年度中文论文数量变化趋势如图 11-3 所示。总数为 187052 篇,2016 年、2015 年、2014 年这 3 个年份发表的论文数量较多,分别为 13472 篇、13372 篇、13406 篇。

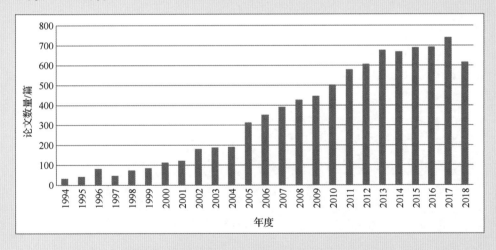

图 11-3 1994—2018 年经济林领域年度中文论文数量变化趋势

1994—2018 年,中文期刊上的经济林培育方面的年度论文数量变化趋势如图 11-4 所示。2015 年和 2016 年发表的相关论文数量较多,分别为 693 篇、740 篇。

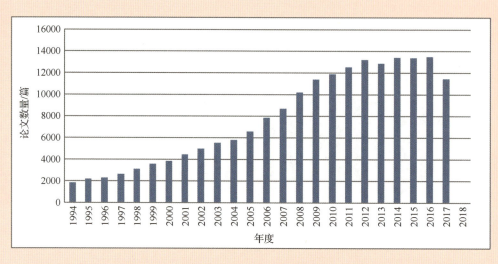

图 11-4　1994—2018 年中文期刊上的经济林培育方面的年度论文数量变化趋势

11.2.2　基于文献分析的研发态势

1. 中国等 10 个国家的经济林研究趋势对比分析

通过查询 Web of Science 核心数据库中的文献发现，1995—2019 年在经济林领域发表的论文数量排名前 10 的国家中，中国最多，美国次之，日本排名第三，如图 11-5 所示（截至 2019 年 11 月的数据）。

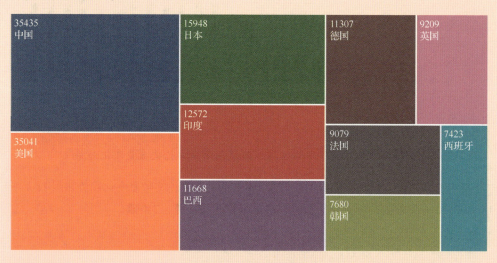

图 11-5　1995—2019 年在经济林领域发表的论文数量排名前 10 的国家

研究木本油料、木本粮食、木本调料/香料、水果的主要国家发表的相关论文数量对比如图 11-6～图 11-9 所示。其中美国发表的木本油料类研究论文数量最多，中国发表的木本粮食类研究论文数量最多，印度发表的木本调料/香料研究论文数量最多，美国发表的水果类研究论文数量最多。

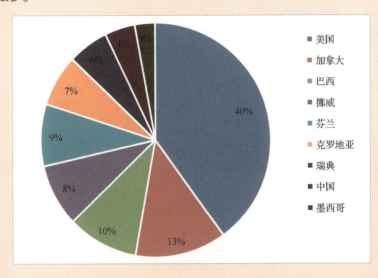

图 11-6　研究木本油料的主要国家发表的论文数量对比

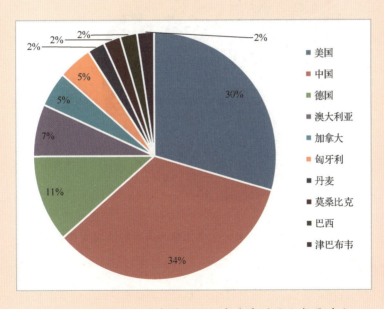

图 11-7　研究木本粮食的主要国家发表的论文数量对比

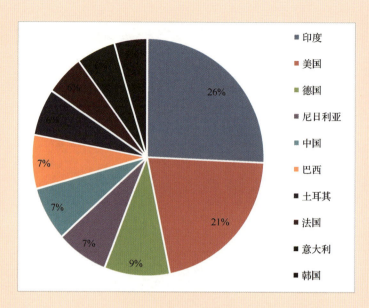

图 11-8　研究木本调料/香料的主要国家发表的论文数量对比

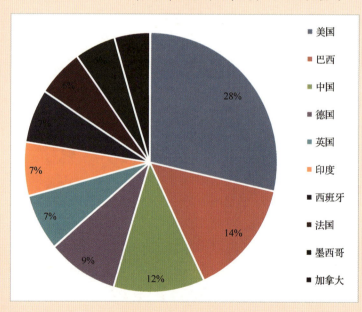

图 11-9　研究水果的主要国家发表的论文数量对比

2. 开发趋势对比分析

通过检索专利数据库发现，经济林领域的专利主要来自日本、俄罗斯和韩国，如图 11-10 所示。其中，木本油料方面 45% 的专利来自日本，木本粮食方面的专利以日本、俄罗斯、韩国和美国为主。

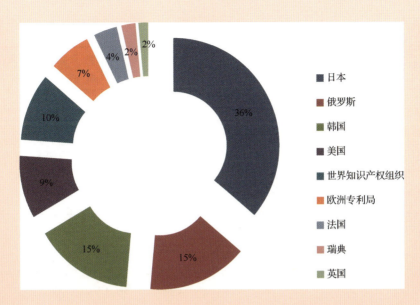

图 11-10 研究经济林的主要国家和机构专利数量对比

3. 研发能力对比

表 11-1 所列为全球经济林相关的论文数量排名前 20 位的研究机构，这 20 个研究机构的论文数量占该领域总论文数量的 11%。从国别来看，这 20 个研究机构中有 8 个是中国的，4 个是美国的。

表 11-1　全球经济林相关论文数量排名前 20 位的研究机构

排名	机构	国别	数量/篇
1	中国科学院	中国	3907
2	圣保罗大学	巴西	2256
3	坎皮纳斯大学	巴西	1164
4	俄罗斯科学院	俄罗斯	1027
5	国立汉城大学	韩国	998
6	浙江大学	中国	997
7	四川大学	中国	960
8	印度理工学院	印度	955
9	法国科学研究中心	法国	886
10	北京化工大学	中国	772
11	西班牙高等科学研究理事会	西班牙	759
12	哈尔滨工业大学	中国	753
13	美国森林服务公司	美国	753

续表

排名	机构	国别	数量/篇
14	明尼苏达大学	美国	738
15	上海交通大学	中国	730
16	东京大学	日本	718
17	京都大学	日本	717
18	中国科技大学	中国	702
19	曼彻斯特大学	英国	700
20	佛罗里达大学	美国	699

4. 研究热点分析

2004—2019 年，全球经济林领域研究热点主要集中在生态系统服务（ecosystem services）、森林经营（forest management）、气候变化（climate change）、森林砍伐（deforestation）、碳循环（carbon sequestration）等方面，如图 11-11 所示。

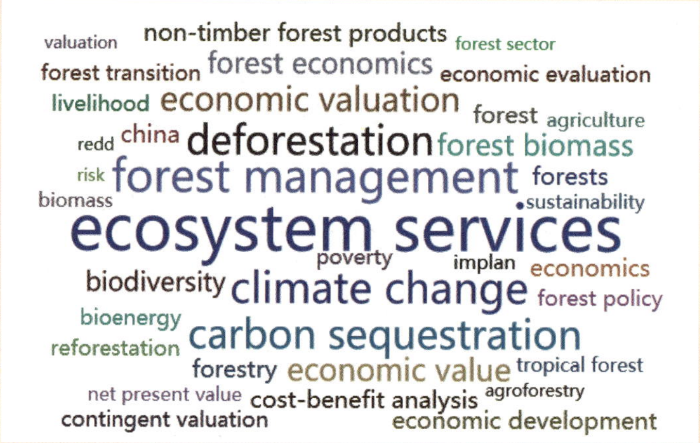

图 11-11　2004—2019 年全球经济林领域研究热点

国内经济林领域研究热点主要集中在经济林的发展、经济林的生态作用及经济林相关产业发展等方面。其中，经济林的生态作用非常贴近国际主流方向。国内研究最多的还是经济林相关产业发展问题，这个研究热点立足国情，也是目前国家所关注的态势。但是国内经济林领域的技术开发主要着重于林木本身，对经济林产品的二次开发加工利用的技术开发相对较少。2004—2019 年国内经济林领域研究热点如图 11-12 所示。

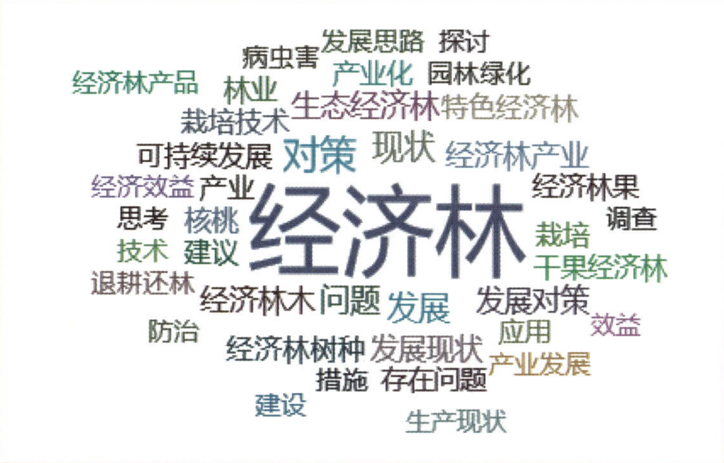

图 11-12　2004—2019 年国内经济林领域研究热点

11.3　关键前沿技术及其发展趋势

经过专家研讨，对全球经济林科技和产业的关键技术进行了态势扫描，对未来相关前沿技术及其发展趋势进行如下分析。

11.3.1　重要性状形成的遗传机理与分子改良基础

1. 重要性状形成的遗传基础

解析经济林重要性状形成的遗传基础是经济林定向改良的前提和依据。在未来 10 年内通过揭示经济林木的生长、产量、品质、发育、代谢等重要性状形成的遗传基础，研究重要的经济性状的遗传规律及遗传参数等，为有效控制经济林良种繁育提供理论基础。

2. 品质性状的形成与调控机理

开展目标收获物（果实、叶、汁液）产量形成机理研究，在未来 10 年内找到调控机理的关键点，探明主要经济林树种目标收获物产量的形成规律，并揭示森林生态因子（光、温、水、肥）与目标收获物品质形成之间的关系，为通过栽培措施提升经济林木产量、提供理论依据。

3. 产量形成与调控机理

针对重要经济林树种的产量和品质提升，重点研究其坐果、果实发育中重要成分合成代谢及果实采后的品质形成机制，将针对土壤贫瘠、营养供应不稳和环境不协调等问题，提升经济林树种的抗逆性状，为经济林的优质、高效选育提供理论依据。

4. 抗逆性状的形成与调控机理

从植物组织细胞结构、生理、分子应答和表观遗传组修饰等方面开展重要经济林树种抗性（抗寒、抗旱、抗热、抗盐、抗病等）机理研究，解析主要经济林树种抗逆性状的形成与调控机理，筛选抗性关键基因进行抗性鉴定，为主要经济林树种抗性育种奠定基础。

11.3.2 优异种质的创制与良种选育

1. 经济性状基因的规模化挖掘和评价

加速重要经济性状基因的挖掘和鉴定进度，为功能基因的修饰利用和全基因组分子设计育种提供技术支撑。在未来15年内建立经济林良种高效选择、评价及繁育技术体系，构建经济林核心种质群体、完善经济林常规育种体系。

2. 分子辅助育种、基因编辑和基因组育种

不断创新育种技术，加速育种进程，提高育种效率。应用分子辅助育种技术，揭示育种目标性状形成的表现遗传调控机制，挖掘决定育种目标性状的关键基因并解释其分子和生理生化机制。利用基因组信息开展重要性状的基因组关联分析，从基因水平对经济林树种重要性状进行选育，对决定遗传性状的基因进行，使育种技术靶向性更强、更高效，实现重要经济林树种基因编辑和基因组育种。

3. 新种质的创制和优良品种选育

在对种质资源进行优选收集、保存的基础上，通过表型选择与分子标记结合进行亲本选配，杂交创制聚合多性状的新种质，表型和分子辅助选育优良品种，实现培育优质丰产及熟期、株型、果实均匀度等适合机械化作业的优良品种。

4. 良种标准化繁殖技术体系

依据主要经济林树种本身的生物学和生态学特性，在未来15年内研究低成本和高效的良种规模化繁殖技术，如扦插、嫁接、组织培养等，建立良种标准化繁殖技术体系，为经济林造林提供良种的壮苗，为经济林苗木良种的产业化提供技术支撑。

11.3.3 特色区域化经济林的高效栽培

1. 经济林定向标准化栽培技术体系

依据培育目标,开展能提升目标收获物产量和品质的品种选用、密度调控、树体调控、水肥调控、激素调控、复合经营、病虫害防治等栽培关键技术,建立定向标准化栽培技术体系。

2. 基因农药和高效微生物肥料新技术

构建靶标基因选择和高效特意运载体系,开发、推广基因农药;定向设计出对不同作物发挥特定功能、结构稳定的组合微生物群,开发、推广高效微生物肥料。

3. 经济林生态康养多功能价值挖掘和培育技术

开展经济林生态康养多功能价值挖掘、生态康养型经济林营造技术,开发森林旅游、生态康养服务产品,完善经济林生态康养等林业综合服务业。将生态康养理念与经济林多功能价值挖掘、区域栽培技术相结合,在充分发挥经济林生产功能的基础上,合理平衡经济效益、生态效益和社会效益,促进具有生态康养功能的经济林可持续发展。

4. 经济林智慧精准化栽培技术

开展经济林山地小型采收技术、运输技术、栽培种植高度集约化技术及综合配套技术研究,重点研究经济林智慧精准化栽培技术促进特色经济林优质高效生产的机制,建立经济林智能精准化高效栽培技术体系。

5. 以机器人为核心的无人智能化栽培技术

引入导航、定位、识别、作业等智能机器人技术和装备,推行以机器人为核心的无人智能化栽培技术。在经济林栽培实现标准化、机械化和精准化的基础上,进一步推行以机器人为核心的无人智能化栽培技术。

11.3.4 经济林产品高值化加工利用

1. 智能低耗长效贮藏保鲜技术

针对当前经济林产品采后处理简单粗放、贮藏期间损耗大且贮藏期短等关键瓶颈,制定经济林产品的分期采收、采后分级标准,以采收、分级标准为依据,开发基于光谱特征的智能采后处理技术;研究经济林产品在贮藏期间的重要物理、化学、生物学特性的动态变化规律及其分子机制，开发贮前规模化快速预冷技术，实现机械冷藏、气调贮藏、超高压处理、辐照处理、生物保鲜、纳米保鲜等技术的集成应用。在 2020—2025 年，建立经济林产品的智能低耗长效贮藏保鲜技术体系。

2. 以微生物发酵为核心的生物技术

针对当前经济林废弃物利用率低、利用技术单一等关键瓶颈，根据经济林废弃物的特征，开展功能微生物的大规模筛选、鉴定、改造和发酵特性研究，建立针对不同经济林废弃物的单一菌种、混合菌种、野生菌株、改造菌株、不同形态的高效发酵技术体系。大幅度减少经济林废弃物面源污染，实现经济林废弃物的资源化利用。

3. 快速、高效、灵敏的质控与检测技术

针对当前经济林产品质控技术落后、检测技术缺乏或低效等关键瓶颈，建立重要经济林产品关键性状和特征性化合物数据库，组合应用大数据、生物信息学开发高效精准的经济林产品溯源技术；提升基于传统化学成分的定性定量技术的灵敏度、操作的简便性和检测的快捷性；开发基于谱学、生物传感、基因信息、智能感知技术的现代快速高效检测技术。建立经济林产品快速、高效、灵敏的质控与检测技术体系。

4. 智慧材料感知质控与安全检测技术

智慧材料感知质控与安全检测技术是 2030—2035 年期间的发展重点。智慧材料是指利用那些对温度、酸/碱性等生物或非生物胁迫信号敏感的新材料，研发光纤传感器、仿生传感器、电化学传感器等新兴传感器核心技术，实现传感器的微型化、仿生化和智能化，提高其性能和适用性，研发智慧林业需要的稳定可靠、节能、低成本、具有环境适应性的设备和产品，实现对经济林植物体和环境的高灵敏度、多点同步、动态实时连续监测和安全检测。

11.3.5 经济林文旅康养功能评价与利用

1. 经济林文旅康养基地环境质量监测与评价技术

为提高经济林文旅康养基地环境质量，积极探索经济林文旅康养基地环境质量监测与评价技术，不断完善经济林文旅康养基地环境质量的评价标准。充分利用经济林文旅康养基地的生态资源、景观资源、食药资源和文化资源，开展保健养生、康复疗养、健康养老等服务活动，促进大众健康。在此基础上，建立健全经济林文旅康养基地的建设标准，不断提升建设水平。

2. 经济林文旅康养智能化管理与检测技术

以提升经济林文旅康养智能化管理水平为目标，开发经济林资源的智能化管理与检测技术，降低检测成本，提升智能化管理效率。推进"互联网+经济林康养"发展模式，打造经济林文旅康养大数据平台，与国家生态大数据平台实现对接和数据共享。推广运用人工智能、物联网和大数据等技术和装备，提升经济林康养的智能化水平。

3. 经济林文旅康养基地旅游开发适宜性评价与利用技术

促进经济林文旅康养基地旅游资源的开发利用，研究并制定经济林文旅康养基地旅游开发适宜性评价标准、评价方法与流程，形成评价技术规范，准确反映经济林文旅康养基地的旅游开发适宜性水平。统筹考虑经济林的生态承载能力和发展潜力，科学确定其旅游开发的方式和强度，实现景观与生态的保护、旅游与康养的发展。

4. 经济林文旅康养规划及开发利用技术

以优化配置经济林文旅康养资源为目标，按照环境质量监测及旅游开发适宜性评价结果，结合智慧化手段，对经济林文旅康养资源进行整体规划，充分挖掘经济林文旅康养资源潜力，提升经济林产业的综合效益。在全国规划建设一批功能显著、设施齐备、特色突出、服务优良的经济林文旅康养基地，构建产品丰富、标准完善、管理有序、融合发展的经济林文旅康养服务体系。

11.4 技术路线图

11.4.1 发展需求

1. 经济林产业化重大关键技术提升的需要

当前，以先进生物技术、信息技术、人工智能为代表的新技术不断创新发展，正带动以绿色、智能、泛在为特征的群体性重大技术变革，并将深刻影响现代经济林产业，推动经济林产业技术向标准化、规模化、智能化发展。需要经济林从种质资源创新、高值化利用、装备与工艺、技术推广与服务等方面建立全产业链的战略体系。

2. 乡村振兴和"健康中国"战略发展的需要

经济林产业的迅速发展，使得社会对其提出更多的人才需求和科技需求。近年来，党和国家从生态文明建设、扶贫开发、乡村振兴、维护粮食安全、食用油安全、能源安全和生态安全等战略高度，确立了经济林前所未有的重要地位，赋予了经济林"生态富民产业"的新定位，提出了"产业发展生态化"的总体思路，为经济林产业提供了新的发展机遇，成为我国发展地区绿色经济、促进绿色增长、增加农民收入和促进新农村建设，推动"健康中国"的战略发展的支柱产业。

3. 国际合作与"一带一路"建设的需要

我国融入全球化的步伐不断加快，国际地位将继续提升。通过我国经济林资源与技术的比较优势，进行产业的配置与开发，实行经济林产品品牌战略，提升我国经济林产业的国际竞争力，开展多方国际合作，从而实现优势经济林产品的国际主导地位。

11.4.2 研究目标

面向 2035 年的经济林科技和产业发展目标如下：运用现代科技建立绿色、安全、和谐、高效的经济林全产业链体系，满足我国居民小康生活对各种经济林产品日益增长的多元化需求。包括以下三大目标和九个子目标。

1. 经济林种业科技原始创新能力大幅度提升

目前我国经济林种业科技领域基本形成了基础研究、前沿研究和品种开发相结合的科技创新体系，但与国际先进水平相比仍有较大差距。主要在于经济林种业科技创新不足、经济林种业企业研发能力相对较弱、经济林种业市场监管技术和手段落后。在未来 15 年内，为实现经济林种业科技的原始创新能力大幅度提升，需要进行以下 3 个方向的研究。

1）建立世界一流的高水平种质基因库，对其开展精准评价

从 2020 年开始，进一步收集经济林种质资源，建立和完善重要经济林树种的种质基因库，并对种质资源进行标准化整理，全面开展表型和分子水平评价为品种改良、良种选育及生物学特性的研究提供丰富的种质和研究材料。

2）常规育种和现代生物育种技术有重大突破

现代生物育种技术始于 20 世纪 70 年代初，是在重组 DNA 技术、细胞培养技术、生物反应技术等领域深入发展的基础上形成的一项高新技术，推进了经济林育种技术的发展。从现在到 2030 年，要应用分子生物学、细胞生物学及遗传学的技术和方法，有目的地进行经济林重要性状的遗传改良，在 DNA 或者 RNA 水平上揭示更多的经济林育种目标性状；利用分子标记辅助等育种技术。从遗传水平上对经济林重要性状进行，提高育种效率，进而有效加速育种进程，培育出优良性状的新品种，为提高经济林产量和质量提供保障。

3）培育出一批优良特色的经济林新品种

优良特色的经济林新品种关系到经济林产业的经济效益、生态效益、社会效益、旅游效

益，也关系到经济林第一、二、三产业的发展。随着经济林功能基因组学理论与育种技术体系的建立，育种进程进一步加快，将在未来15年内选育出一批特色经济林品种，为乡村振兴、生态文明和"健康中国"战略的实施提供品种保障。

2. 经济林生产管理机械化、智能化水平明显提升

智能化是驱动林业现代化的先导力量，信息技术是管理中的制高点。智能技术将显著推动经济林科技变革，对经济林未来发展起系统性和颠覆性驱动作用。未来15年，基于物联网、大数据、人工智能和机器人技术，通过物联网传感系统实现物物相连，为经济林产业大数据提供渠道和数据基础。在这一过程中机械化、轻简化、智能化逐次提升，相互承载，也相互融合，从而使经济林生产管理水平得到明显提升。

1）机械化程度逐步提升

机械化是经济林产业发展的根本出路，是提升劳动生产率的必由之路。从2020年起的10年内，经济林产业亟须在机械化程度上逐步提升，从苗木繁殖到栽植、水肥一体化、树体调控、病虫害防治、收获等，均需要逐步实现机械化。通过模拟经济林培育、栽培和加工等过程中人体的肢体功能、感知功能、神经功能到认知功能，由简单到复杂，由低级到高级，逐步实现以各类型机械设备对人工劳动的拓展和替代。

2）轻简化水平进一步提高

"轻"，就是用机械代替人工，减轻劳动强度；"简"，就是减少作业环节和次数、简化管理。轻简化在经济林产业中的应用，就是机械化与林下经济的有机融合，大大降低生产成本，解放劳动力，提高种植效率与经济效益，促进经济作物可持续生产。在机械化水平提高的基础上，研发光纤传感器、仿生传感器、电化学传感器等一些新兴传感核心技术，实现传感器的微型化、仿真化和智能化。因此，轻简化水平的进一步提高是未来15年的重要方向。

3）智能化栽培计划逐步实施

利用现代信息技术提高经济林培育、采摘和加工等方面装备的智能化水平，是实施智慧林业、实现乡村振兴、提高经济林产业发展质量和效益的重要手段。未来15年将利用导航系统、地理信息系统、5G技术，在经济林栽培区域实现机械化、自动化、信息化、智能化，构建智慧种植云平台，实现高效的生产管理网络，大幅度提升经济林智能化、多功能的专业水平。

3. 经济林资源高值化加工利用水平显著提升

经济林产品关系到"健康中国"战略发展，是振兴乡村、实现生态富民的重要组成。未来15年，经济林产业将利用多组学技术手段，探明产品在贮藏和加工过程中色、香、味的形成机理，对加工过程食品营养、功能成分的转化/演替规律，以及食用后食品的消化、吸收、功能等作用的机制进行全面研究。解析食用林产品的营养功能组分及其转化、代谢规律，筛选主要经济林植物品质性状调控，及代谢关键基因，进行靶向设计与定向导入，建立基于人体健康、个性需求的经济林产品安全高效加工技术，开发个性化的营养与功能食品。

1）建立智能采后处理与低耗长效贮藏保鲜技术体系

随着经济林育种、栽培的逐步现代化、智能化，经济林产品愈加丰富，原料的采后处理技术、原料及产品的贮藏保鲜技术将极大地制约经济林加工业的发展，采后处理技术和贮藏保鲜技术的好坏影响经济林产品销售时价，进而影响产业经济效益。在育种、培育和栽培等方面技术提升的同时，未来10年要建立智能采后处理与低耗长效贮藏保鲜技术体系。

2）建立高质化、多层次增值利用体系

随着科学技术的进步和食品加工新技术的应用，未来食品的发展趋势将更加营养化、功能化，人类对食品的需求也愈发"个性化"，这些发展趋势迫切需要开发经济林食品的定向功能化加工技术体系。同时，经济林产品在加工过程中的废料、下脚料的综合利用也迫切需要开发多级增值利用技术体系，达到"吃干榨净"，真正实现清洁生产，进一步提高企业核心竞争力，促进企业的可持续发展。

3）建立高效、灵敏、质量控制与安全检测技术体系

改进传统种植模式，落实绿色、有机栽培管理措施。围绕我国特色经济林产品，建立从"田间"到"餐桌"、"境内—国门—境外"的全链条式质量控制与安全检测技术体系。加快制定和完善关于特色经济林产品的企业、行业、地方、国家标准以及国际商务标准，加大这些标准的推广与执行力度。

11.4.3 示范工程

1. 种质创制、新品种选育及快繁技术创新示范工程

通过示范工程初步建成系统完整、科学高效的经济林种质资源保护与利用体系，建立和完善特色经济林树种的基因库，对特色经济林树种种质资源进行收集和保护，并进行资源创新利用，进行周年化智能育种创新与示范以及工厂化快繁技术创新与示范。

2. 产量品质提升工程

改变传统经济林产业发展模式，建立规范化栽培示范工程，进行优质、高效、多功能定向培育关键技术的创新与示范、机械化和轻简化栽培技术的创新与示范、信息化智能化管

技术的创新与示范，并注重与"互联网+"的融合，注重对经济林产业大数据、物联网等应用。以具有辐射作用的示范区为目标，在示范、辐射的基础上，建立规范化栽培产业基地，形成高标准、高起点、规范化、智能化、标准化的经济林栽培示范工程。

3. 精深加工和综合利用工程

形成一系列采收、干燥、脱内外种皮、清洗、贮藏等采后处理环节标准化技术规范，建立经济林产品规模化贮藏保鲜技术创新与示范工程。做好采后标准化的清洗、预冷、分级、保鲜及冷链运输，减少采后损耗，延长经济林产品市场供应期，增加经济林产品消费量，从而扩大经济林市场容量与产业规模。建立功能性产品加工技术创新与示范工程，例如，建立功能性油脂、发酵饮品、休闲食品示范生产线，不断开展产品创新研究工作，实现装备自动化、智能化，建立经济林产品智能化加工装备创制。

4. 经济林文旅功能挖掘与示范

选择有优势、有特色的经济林区域，结合当地优质旅游资源，打造经济林特色小镇，发挥经济林第三产业效益，充分彰显经济林的综合效益。该领域示范工程的具体任务如下：经济林文康养基地建设与示范、经济林研学旅行基地建设与示范、经济林生态旅游基地建设与示范。针对康养旅游者，有针对性地营造、补植具有康养功能的树种、花卉等植物，着力打造生态优良、林相优美、景致宜人、功效明显的森林康养环境。针对研学旅游者，深入挖掘森林文化、花卉文化、膳食文化、民俗文化以及乡土文化，通过强化自然教育，提高公众对森林资源的全面认识。针对生态旅游者，遵循森林生态系统健康理念，科学开展森林抚育、林相改造和景观提升，丰富植被的种类、色彩、层次和季相，丰富游客的生态旅游体验。

11.4.4 技术路线图的绘制

技术路线图的绘制基于专家咨询和问卷数据的整理，本课题组成员集中讨论并采用头脑风暴的方法组织群体决策。经分析确认未来15年（2020—2035年）我国经济林研究所面临的三大需求，汇总并确定三大目标，分解为九个子目标。总结专家意见，对经济林产业科技发展趋势做了预测，并归纳了五类关键共性技术，提出四类创新示范工程。最后，对四个方面的战略支撑与保障体系做了分析和预测。面向2035年的经济林科技和产业发展技术路线图如图11-13所示。

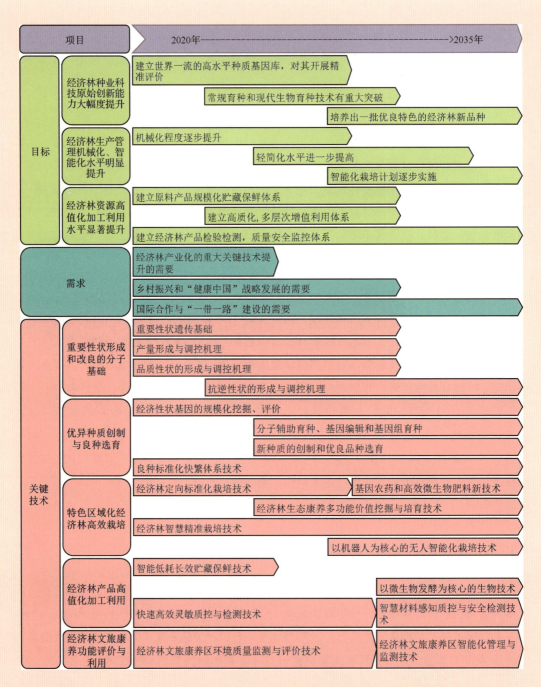

图 11-13 面向 2035 年的经济林科技和产业发展技术路线图

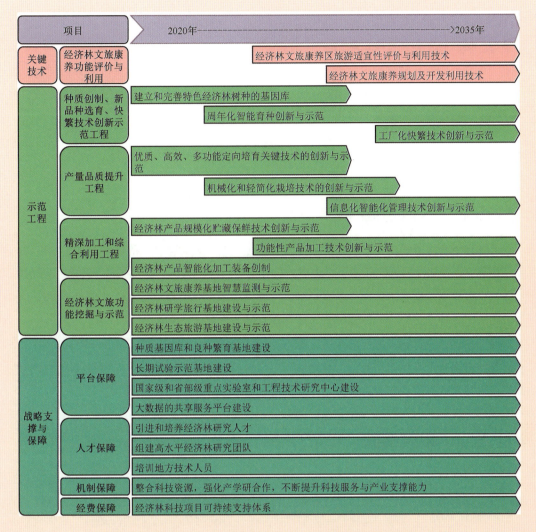

图 11-13　面向 2035 年的经济林科技和产业发展技术路线图（续）

11.5　战略支撑与保障

11.5.1　平台保障

（1）建设种质基因库和良种繁育基地。建立重要经济林种质资源库、经济林多学组数据分析平台；按树种建立基因库，按照开发利用程度与潜力建立国家级、省级基因库。建立标准化良种繁育基地，保证重要经济林良种的供应。实现现代经济林产业技术体系保障。

（2）建设长期试验示范基地。按种质资源分布、发展集中程度，建立经济林育种科研试验基地、国家野外科学观察试验站。

（3）建立国家级和省部级重点实验室和工程技术研究中心。可以按照资源分布区域、研究水平建立经济林生物学国家重点实验室、经济林栽培技术创新中心、经济林智能装备技术创新中心、经济林产品加工与食品科学中心。

（4）建立大数据的共享服务平台。科学数据中心能够服务于生产、市场营销、科研及国际交流合作，为打造技术创新高地奠定基础。

11.5.2 人才保障

（1）引进和培养经济林研究人才。专业人才是经济林发展最基本的保证。除了重视国内人才培养，还要加速引进国外的顶尖人才，充实我们的人才队伍，优化我国经济林人才结构。

（2）组建高水平经济林研究团队。可以按区域种类建立首席科学家模式的高水平经济林研究团队，这样能更有效地保障经济林产业精准高质发展。

（3）培训地方技术人员。地方技术人员在指导和保障经济林科学、绿色生产与经营及可持续发展方面起很大作用。为此，要持续培训地方技术人员的专业知识及管理水平，加强他们的科技文化素质与产业素质，助力地方提高经济效益。

11.5.3 机制保障

鉴于经济林的生态功能及多功能性，建议建立经济林生态补偿机制。整合土地资源，强化"产、学、研"合作，不断提升经济林科技服务与产业支撑能力。

11.5.4 经费保障

建立经济林科技项目可持续支持体系，特别是基础理论研究、基础示范项目、基因库等需要足够的资金保障，国家还需要加大对经济林第一、二、三产业科技创新的经费支持力度。

小结

我国是世界第一大经济林生产国，经济林产业已成为我国林业发展中的战略产业和国民经济的重要门类。面向 2035 年中国经济经济林科技和产业发展的重大需求，本研究提出"运用现代科技建立绿色、安全、和谐、高效的经济林全产业链体系，满足中国居民小康生活水平对各种经济林产品日益增长的多元化需求"的总愿景。调研国内外经济林科技发展现状和趋势，利用文献专利分析、技术清单制定、德尔菲问卷调查等方法，结合中国经济林领域工程科技发展愿景与需求，解析中国经济林工程科技发展与国际先进水平存在的差距，进行经济林科技发展路线的预见和产业发展战略的设计，汇集中国经济林科技与产业发展思路、战略目标及总体架构，提出未来15年中国经济林科技和产业发展的三大目标、五项关键技术、四项重点示范工程及四类战略支撑与保障措施。

第11章编写组成员名单

组　　长：曹福亮

成　　员：吕　柳　孙　圆　贾卫国　丁　胜　汪贵斌　谭晓风　黄坚钦
　　　　　林明鑫　梁子瑜　王荣荣　许斐然　秦添男　吴梦迪　梁钰坤

执笔人：孙　圆　吕　柳　丁　胜　贾卫国　汪贵斌

12

面向 2035 年的暴恐袭击事件应急处置发展技术路线图

自 2001 年美国发生"9·11"恐怖袭击事件以来，恐怖主义在全球呈蔓延趋势，严重威胁各国的公共安全和社会稳定，已成为当今世界各国面临的最严峻和紧迫的安全威胁。虽然近年来恐怖势力得到有效遏制，但受国际恐怖活动的影响，暴恐袭击的潜在威胁并未根除。法国巴黎、比利时布鲁塞尔、英国伦敦等地先后发生暴恐袭击事件，造成重大人员伤亡和经济损失。2018 年 9 月 19 日，美国国务院发布的《2017 年度反恐形势国别报告》显示，2017 年发生的恐怖袭击事件数量较 2016 年下降 23%，因恐怖袭击而死亡的人数下降 27%，但全球的反恐形势依然严峻而复杂。暴恐袭击事件呈现出的新特点、新手段、新趋势对全球防恐反恐工作提出了更高要求。

暴恐袭击事件发生后，快速高效的应急处置对于降低人员伤亡和财产损失、提高侦查破案速度意义重大。开展面向 2035 年的暴恐袭击事件应急处置工程科技发展战略研究，对严厉打击恐怖主义、全面提高我国的反恐能力和水平、维护国家安全和社会稳定具有重要的战略意义。

12.1 概述

12.1.1 研究背景

党的十九大以来，我国的反恐怖斗争整体态势较好，反恐怖斗争形势发生根本性好转，反恐怖工作由被动向主动转变[1]。但在暴恐袭击事件应急处置方面，我国仍存在应急处置速度不快、高性能应急装备主要依赖进口、情报信息资源整合共享能力不足等问题。针对上述问题，亟须开展相关研究，以提高我国打击和防范暴力恐怖袭击（以下简称恐怖袭击）的能力和水平，同时为我国暴恐袭击事件应急处置的中长期发展战略提供决策依据。

12.1.2 研究方法

（1）采用文献分析、专家研讨、实地调研等方式，梳理我国暴恐袭击事件应急处置的现状及存在问题，从科技规划、体制机制、法律法规等方面提出具体对策和建议。

① 文献分析。通过相关文献分析掌握暴恐袭击事件应急处置工程科技发展、体制机制、法律法规方面存在的问题，明确国内外暴恐袭击事件应急处置的发展方向。

② 专家研讨。通过专家研讨，掌握当前我国暴恐袭击事件应急处置的现状和技术需求。

③ 实地调研。在国内外开展实地调研，了解国外暴恐袭击事件应急处置的成功经验，掌握我国暴恐袭击事件应急处置的实战需求。

（2）通过问卷调查广泛征求专家意见，对问卷调查数据进行统计分析。

（3）运用中国工程院战略咨询智能支持系统（iSS）开展技术预见，确定面向2035年的暴恐袭击事件应急处置发展的重点方向以及需突破的关键技术。

12.1.3 研究结论

当前，暴恐袭击事件逐渐呈现出袭击主体年轻化、多元化，袭击手段多样化、复合化，袭击目标不确定性，恐怖主义传播手段网络化等趋势。同时，网络恐怖袭击的风险和威胁逐渐增大。因此，加强网络反恐风险以及数据信息安全研究是暴恐袭击事件应急处置工程科技领域的一项重要课题。

在暴恐袭击事件应急处置工程科技领域，根据任务分工和研究方向，可按应急处置、应急疏散、通信指挥、情报信息、侦查破案、综合保障六个领域开展相关研究工作。根据应急流程，可按"事前—事中—事后"三个阶段开展相关研究。在事前阶段，情报信息和综合保障是预防暴恐袭击事件的关键,可借助反恐情报信息大数据平台和网络恐怖袭击预测预警系统的建立,提高我国防范恐怖袭击的能力和水平;在事中阶段,除了开展应急处置与救援、应急疏散与安置等技术及装备研究,还应开展大规模杀伤性生化战剂快速检测、溯源技术研究,注重应急处置技术和装备的快速化和集成化,加快应急处置装备的国产化进程;在事后阶段,可从生物特征识别信息便携式采集装备及数据库建设方面,为暴恐袭击事件的快速侦破提供科技支撑。

在法律法规方面,《中华人民共和国反恐怖主义法》的颁布和实施加快了我国反对暴力恐怖工作的法治化进程。为进一步完善相关法律法规,应加快推进生物特征识别信息采集的相关立法工作,为预防和打击恐怖主义提供完备的法律依据。

12.2　全球技术发展态势

12.2.1　全球政策与行动计划概况

美国"9·11"恐怖袭击事件造成的大量民众伤亡和巨大经济损失,使美国赢得了国际社会的广泛同情,世界舆论纷纷谴责国际恐怖主义。英国、以色列、日本及其他盟国迅速利用以往的情报合作关系,加强反恐领域的情报交流与合作;法国、德国也表示坚决打击国际恐怖主义活动;北大西洋公约组织还首次启动其成员国互助条款,表示对国际恐怖主义宣战[2]。美国借此机会组建了以其为主导的反恐联盟,加强了其在该联盟的中心地位及其在全世界的主导地位。世界各国纷纷增强了反恐力度,使预防恐怖主义成为国际组织、区域组织和各国政府的主要任务之一[3]。联合国在全球反恐斗争中发挥了极为重要的作用,2001年9月28日,联合国安理会颁布第1373号决议,号召所有成员国将恐怖主义融资、策划、筹备和支持恐怖主义活动等行为明确定罪,并详细设计了反恐工作框架,此项决议还被写进了《联合国宪章》[4]。

2005年8月,美国军方制订了首个防止本土遭受恐怖袭击和在遇袭时迅速做出反应的行动计划,设想了15种危机状况并准备应对在美国本土同时发生的多起袭击。对于每一次恐怖袭击,美军将调动至少3000人的快速反应部队,而随着袭击破坏程度和民间救援反应能力的变化,兵力可以进一步增加。2006年3月,法国公布了反恐行动计划,供官员和民众作为应对恐怖攻击的依据。2006年9月8日,第60届联合国大会第99次全体会议通过《联合国全球反恐战略》(60/288)决议,这是针对反恐战略达成的协议,以协调和加强联合国各个成员国在打击恐怖主义方面的努力,也是联合国192个成员国第一次就打击恐怖主义的全球战略达成一致意见[5]。英国于2015年2月批准生效了《反恐和安全法案》,为"预防"战略中的去极端化教育项目提供了法律依据。2015年12月8日,日本正式成立"国际反恐情报收集组",旨在加强针对宗教极端组织的情报收集和分析工作。2016 年 1 月,《中华人民共和国反恐怖主义法》开始实施,它全面系统地规定了反恐工作的体制机制和手段措施,推进了我国反对暴力恐怖工作的法治进程。2018 年 6 月,第 72 届联合国大会第 101 次全体会议通过了《联合国全球反恐战略》(72/284)决议,再次确认并建议成员国根据国情提出执行《防止暴力极端主义行动计划》的相关措施,并按照各自的优先重点,考虑制订国家和区域行动计划,以防止助长恐怖主义的暴力极端主义。《联合国全球反恐战略》作为联合国打击恐怖主义的重要决议,既提出了全球反恐工作的宏观战略和具体措施,又充分保障了各国结合当地实际开展反恐工作的自主性和灵活度,还不断总结经验教训,调整和修正国际反恐工作的发展理念[6]。

综上所述,可以看出,在新的时代背景下,各国纷纷把防范和打击恐怖主义上升为国家安全战略的重要内容。

12.2.2 基于文献和专利分析的研发态势

基于 iSS 系统中的文献和专利数据,利用中国工程科技知识中心检索数据库对专利和文献进行检索,将关键词限定在 "暴恐袭击(恐怖袭击)""应急处置"等,得出暴恐袭击事件应急处置领域的研发态势。

1. 文献分析

1)总体趋势

图 12-1 为全球暴恐袭击事件应急处置领域的文献发表数量变化趋势,从图中可看出,2002 年公开发表的文献数量最多,达到 1858 篇,说明该领域相关研究与 2001 年发生在美国的 "9·11" 恐怖袭击事件密切相关。从 2003 年开始,相关文献数量呈逐渐减少趋势。2013 年之后,相关文献数量小幅度增长,与世界各地频繁发生暴恐袭击事件有直接关系。根据美国国务院发布的《2016 年反恐形势国别报告》,2016 年重大恐怖袭击事件增多,造成百人以上伤亡的重大恐怖袭击案件屡有发生,对国际社会的安全和稳定造成巨大冲击[7]。

2)研究机构分析

对全球暴恐袭击事件应急处理领域的主要研究机构进行统计,结果显示,华盛顿《化学与化工新闻》(C&EN Washington)、"中国人民公安大学""中国人民武装警察部队学院(现为中国人民警察大学)"发表的相关文献数量较多,分别为 44 篇、40 篇、39 篇,这与国家安全战略和学科设置相关。

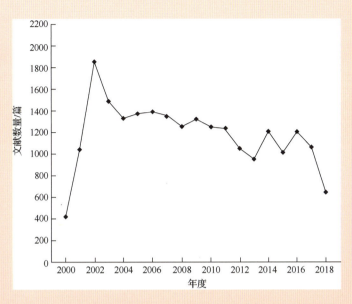

图 12-1　全球暴恐袭击事件应急处置领域的文献发表数量变化趋势

2. 专利分析

1) 专利申请数量变化趋势

图 12-2 为全球暴恐袭击事件应急处置领域专利申请数量变化趋势。从图中可以看出，2014—2016 年申请的专利数量较多，分别为 23 项、12 项和 11 项，说明 2014—2016 年该领域技术创新活跃，经过多年研究，相关研究机构开始重视专利保护。但随着新技术的出现，社会和企业创新动力不足，近年来，该领域专利数量呈下降趋势。

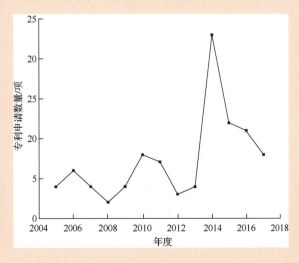

图 12-2　全球暴恐袭击事件应急处置领域专利申请数量变化趋势

2）公开专利数量变化趋势

图 12-3 为 2006—2017 年公开专利数量变化趋势，反映出公开专利数量随时间（按年计算）的变化情况。从图中可以看出，公开专利数量变化趋势与专利申请数量变化的趋势基本吻合，高峰期均出现在 2015—2017 年。但由于专利在完成申请之后的 1~2 年内公开，因此与专利申请时间相比，公开时间有一定的延迟。

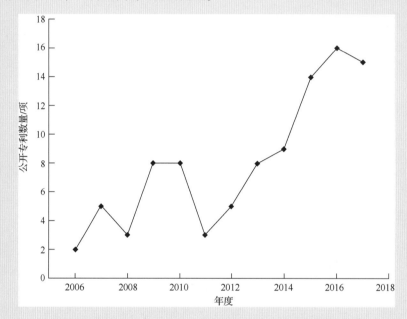

图 12-3　2006—2017 年全球暴恐袭击事件应急领域公开专利数量变化趋势

3）国际专利分类（IPC）分析

对相关专利技术的 IPC 号进行分析，结果显示，"B62D 57/00（仅以具有除车轮或履带以外的其他推进装置或接地装置为特征的车辆，或者以车轮或履带加上具有除车轮或履带以外的其他推进装置为特征的车辆）""B25J 5/00（装在车轮上或车厢上的机械手）""G05D 1/00（陆地、水上、空中或太空中的运载工具的位置、航道、高度或姿态的控制，如自动驾驶仪）" 3 个 IPC 号被引用的次数最多，分别为 21 次、10 次和 9 次。

4）词云分析

随着研究的不断深入，出现了越来越多相关的研究点，形成了庞大的研究网络。图 12-4 为暴恐袭击事件应急处置领域的词云分析结果，显示与暴恐袭击事件应急处置高度相关的研究点，研究数量越多，研究点之间的相关度越高。从图 12-4 中可以看出，巴黎暴恐事件、昆明暴恐事件成为研究热点；网络舆情、舆论引导、网络媒体等词显示出传播媒介在暴恐袭击事件应急处置领域的重要性。

12 ■ 面向 2035 年的暴恐袭击事件应急处置发展技术路线图

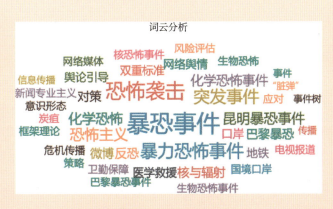

图 12-4　暴恐袭击事件应急处置领域词云分析结果

12.3　关键前沿技术预见

12.3.1　技术预见调查

根据暴恐袭击事件发生后应急处置的流程，本领域分为应急处置、应急疏散、情报信息、通信指挥、侦查破案、综合保障 6 个子领域，确定"暴恐（恐怖袭击）""应急处置""情报信息""网络安全"等关键词，通过中国工程院战略咨询智能支持系统（iSS）形成暴恐袭击事件应急处置领域初步技术清单，采取德菲尔问卷调查、专家咨询等形式开展本领域技术预见调查，共获得 13 项关键技术（见表 12-1），开展两轮技术预见问卷调查，其中第一轮调查（2018 年 10—12 月）邀请专家 603 人，填报问卷的专家为 214 人，专家参与度为 35.5%，共回收问卷 1395 份；第二轮调查（2019 年 6—9 月）邀请专家 847 人，填报问卷的专家为 296 人，专家参与度为 34.9%，共回收问卷 1695 份。以两次技术预见调查的数据开展统计研究，分析我国暴恐袭击事件应急处置领域技术预见的调查结果。

表 12-1　暴恐袭击事件应急处置领域关键技术

序号	子领域	关键技术
1	应急处置	暴恐袭击现场快速应急处置技术及装备
2		暴恐袭击现场物证快速提取、检测技术及装备
3		特种环境现场勘察及取证装备
4		应急救援人员安全防护技术及装备
5		生化战剂溯源关键技术及数据库
6	应急疏散	大规模密集人群快速疏散及仿真技术
7	情报信息	反恐情报信息大数据分析平台

续表

序号	子领域	关键技术
8	通信指挥	基于大数据的暴恐袭击事件应急处置专家决策辅助系统
9		基于地理信息系统（GIS）的暴恐袭击事件应急指挥平台
10	侦查破案	生物特征信息识别技术、装备及数据库
11		损毁电子数据鉴定关键技术及设备
12	综合保障	网络恐怖袭击防范技术及预测预警系统
13		网络舆情自动分析研判系统

1. 暴恐袭击现场快速应急处置技术及装备

该关键技术研究内容如下：研究暴恐袭击现场快速清理、转移、物证筛选技术，研发人体损伤快速评估技术及装备，研究暴恐袭击现场三维信息快速获取、传输技术及装备，研究暴恐袭击事件中生命探测/搜寻技术及可穿戴式生命体征探测设备，研制暴恐袭击现场快速处置、救援及现场安置装备。

2. 暴恐袭击现场物证快速提取、检测技术及装备

该关键技术研究内容如下：研究暴恐袭击现场遗留DNA、指纹、爆炸物的快速发现、提取及现场快速检测技术，研制物证现场快速检测装备，研制集现场勘察、物证发现和提取、物证快速检测、信息检索查询于一体的移动智能实验室，为现场应急处置提供参考依据。

3. 特种环境现场勘察及取证装备

该关键技术研究内容如下：研制在爆炸、火灾、烟气等特种环境下，基于综合优化集成设计、运动管理控制、通信与数据链、传感器感知等关键技术的反恐、救援、排爆、现场勘察及取证机器人，提高反恐、排爆、危化品事故救援能力和效能；研制集视频采集、红外线摄录、环境气体监测、液体/固体取样等功能于一体的用于现场信息传输、现场勘察及取证的专用无人机。

4. 应急救援人员安全防护技术及装备

该关键技术研究内容如下：研制在爆炸、火灾、有毒有害气体等复杂场景下无线通信、位置感知、生命感知、近场通信、信号处理、信息安全等功能高度集成化的数字化个体勘察设备，以及应急救援人员安全防护设备，提高装备轻便化、智能化和集成化水平；研究个体安全防护评价技术。

5. 生化战剂溯源关键技术及数据库

该关键技术研究内容如下：研究基于特征标志物检测的生化战剂溯源关键技术，为生化战剂的快速确认和来源推断提供依据；构建具备理化特征信息管理、统计分析、检索查询等

功能的生化战剂数据库,为现场应急处置和医学应急救援提供技术储备。

6. 大规模密集人群快速疏散及仿真技术

该关键技术研究内容如下:基于动态交通网络的复杂人车混合流过程,研究高密度人群大范围转移、疏散、防护及避难技术;研究突发情况下应急疏散人员的心理及行为特性;研究大规模密集人群风险预警与疏散疏导技术;研究突发事件发生发展与人员疏散疏导动态耦合技术;研发交互式应急疏散仿真技术系统;研发城市地上、地下及空中立体网联化疏散系统。

7. 反恐情报信息大数据分析平台

该关键技术研究内容如下:研究建立汇集社会管控信息、公安情报数据信息、社会管理及行业数据等信息资源的反恐情报信息大数据分析平台,构建各类数据模型,实现对巨量信息的关联分析、深度发掘、综合研判、事件跟踪、实时分析、动态监测、智能预警,提升对涉恐犯罪的精准预测和精确感知能力。

8. 基于大数据的暴恐袭击事件应急处置专家决策辅助系统

该关键技术研究内容如下:研发集信息管理、知识管理、通信指挥于一体的暴恐袭击事件应急处置专家决策辅助系统,充分运用大数据技术,建立各类数据模型,充分吸收行业专家的专业知识,实现对巨量信息的关联分析、深度发掘、综合应用,为各级政府提供过程监控和辅助决策支持。

9. 基于地理信息系统(GIS)的暴恐袭击事件应急指挥平台

该关键技术研究内容如下:研发以 GIS 为支撑,并与警力监控、视频监控、GPS 监控系统联动配合的暴恐袭击事件应急指挥平台,具备暴恐袭击事件快速上报、应急响应、信息交流、应急通信、指挥调度、信息发布等功能,实现暴恐袭击事件现场的数字化、可视化展示,以及警力资源的合理配置。

10. 生物特征信息识别技术、装备及数据库

该关键技术研究内容如下:研制集指纹、DNA、人像、虹膜、声纹等个体生物特征信息的采集、录入、无线传输于一体的便携式终端采集设备,可实现数据的快速传输与反馈;构建涵盖涉恐人员指纹、DNA、人像、虹膜、声纹等信息的个体生物特征识别数据库,通过检索比对快速锁定涉恐人员。

11. 损毁电子数据鉴定关键技术及设备

该关键技术研究内容如下:研究手机、计算机、硬盘等电子介质在爆炸、火灾作用后电子数据恢复、提取和鉴定技术,提高损毁电子数据的提取率;研制具有无线快速加密传输功能的暴恐袭击现场损毁电子数据的提取和鉴定设备;研究新型电子物证加密、解密技术。

12. 网络恐怖袭击防范技术及预测预警系统

该关键技术研究内容如下：研究暴恐音/视频、加密文件网络自动获取及识别技术；研究网络虚拟身份与真实身份关联技术；构建基于神经网络和深度学习的网络恐怖袭击事件数据库及预测预警系统，实现网络恐怖袭击的智能防范和自动预警；研究网络数据及信息安全技术，包括身份验证、网络入侵检测等。

13. 网络舆情自动分析研判系统

该关键技术研究内容如下：开展网络舆情大数据基础平台建设研究，实现各行业、各领域数据的统一存储、交流互通；研发图片、音/视频等数据自动识别系统，实现网络平台数据的全面抓取和记录；研究建立网络舆情量化指标体系及演化分析模型、网络舆情数据与暴恐袭击事件关联分析模型。

12.3.2 技术发展水平与制约因素

1. 技术发展水平

相关专家研讨结果表明，我国暴恐袭击事件应急处置领域13项关键技术的发展水平普遍落后于国际水平，持这一观点的专家占62%，认为接近国际水平的专家占34%，仅有4%的专家认为我国在该领域已达国际领先水平。美国在该领域的技术领先优势明显，欧盟在生化战剂溯源、损毁电子数据鉴定等关键技术方面与美国的水平相当，日本在复杂环境下的大规模密集人群快速疏散及仿真等关键技术方面领先，主要原因是，日本作为一个地震频发的国家，针对地震灾害，积累了丰富的应急处置和救援经验，在人员避难、疏散、安置、紧急处置技术方面处于世界领先水平。

2. 制约因素

首先，人才队伍与科技资源是最重要的制约因素，其次是研发投入、法律法规政策、标准规范，而协调与合作和工业基础能力对该领域发展的制约作用相对较小。

12.4 技术路线图

12.4.1 发展需求与目标

1. 发展需求

针对暴恐袭击事件现场快速处置的需求，开展暴恐袭击现场快速处置、救援技术及装备研究，暴恐袭击事件现场物证快速检验技术及装备研究，实现暴恐袭击事件处置的快速化和规范化；针对高性能应急装备主要依赖进口的问题，开展特种环境下的现场勘察、取证、物证鉴定技术及设备研究，实现暴恐袭击事件现场勘察、物证鉴定技术装备的国产化和标准化；针对情报信息资源整合共享能力不足等问题，开展反恐情报信息大数据分析平台建设研究。

2. 目标

到 2025 年，开展暴恐袭击事件现场快速处置、救援技术及装备研究，暴恐袭击事件现场物证快速检验技术及装备研究；研究暴恐袭击事件网络舆情管理和应对技术，建立网络舆情量化指标体系及演化分析模型、网络舆情数据与暴恐袭击事件关联分析模型和网民意见倾向分析模型；构建反恐情报信息大数据平台，实现反恐情报信息的自动研判。

到 2030 年，研发灾害环境下人体损伤快速评估技术及人员安全防护装备；研发突发事件现场信息快速获取与传输技术及相关装备；研究伤员生命探测、搜寻技术及装备；研发人员现场安置装备，实现设备国产化。

到 2035 年，建立暴恐袭击事件现场应急移动智能实验室；研制生物特征采集技术及装备，构建生物特征识别信息综合数据库；研究网络数据及信息安全技术，包括身份验证、网络入侵检测等，保障数据安全。

12.4.2 重点任务和示范工程

1. 重点任务

对技术预见结果进行统计分析，结合专家研讨意见，列出暴恐袭击事件应急处置 6 个子领域和 13 项关键技术。暴恐袭击事件应急处置领域的重点任务如下：

1）应急处置

暴恐袭击事件应急处置的关键在于有针对性的"快"，尽可能地避免造成更严重的人员伤亡和财产损失。应急处置子领域的基础研究方向包括大规模现场的快速处置、现场物证快速检验与识别、现场防护与救援，关键技术包括现场快速处置技术及装备、现场物证快速检验技术及装备、复杂场景下应急救援人员安全防护技术及装备、生化战剂溯源关键技术及数据库。

2）应急疏散

应急疏散子领域主要针对复杂场景开展大规模密集人群快速疏散技术研究。基础研究方向为基于大数据和人工智能的场景模拟与仿真技术；关键技术为复杂环境下的大规模密集人群快速疏散与仿真技术，通过模型构建、人体仿真等技术构建三维立体暴恐袭击事件场景，利用人体仿真技术重点模拟大规模密集人群的疏散方法，为反恐实战提供科学、合理、快速的疏散方案。

3）情报信息

情报信息子领域主要基于大数据和人工智能，开展反恐情报收集及自动研判技术研究。关键技术为基于大数据的反恐情报信息平台构建，通过构建反恐情报信息大数据平台，实现反恐情报信息的自动研判和恐怖分子的精准定位，为暴恐袭击事件应急处置提供强有力的情报信息支撑。

4）通信指挥

通信指挥子领域主要针对暴恐袭击事件的应急通信指挥开展相关研究。基础研究方向为GIS、无人机、无线加密传输等技术；关键技术为基于大数据的暴恐袭击事件应急处置专家决策辅助系统和基于GIS的暴恐袭击事件应急指挥平台，实现多部门、多层级、全方位工作的一键调度、一键指挥。

5）侦查破案

暴恐袭击事件发生后，侦查、取证和案件侦破是恢复正常社会秩序的重要环节。该子领域的基础研究方向为生物特征与个体识别信息、电子物证信息的快速采集和识别；关键技术为生物特征识别信息数据库构建、损毁电子数据鉴定关键技术、特种环境下现场勘察及取证机器人，为暴恐袭击事件的快速侦破提供科技支撑。

6）综合保障

综合保障子领域的基础研究方向为基于神经网络和深度学习的网络信息研判技术，以及网络空间入侵检测、网络关防等信息安全技术；关键技术为网络恐怖袭击防范技术及预测预警系统、网络舆情自动分析研判系统，实现网络恐怖袭击的智能防范和自动预警。

2. 示范工程

暴恐袭击事件应急处置领域的示范工程包括生物特征信息识别系统工程和立体网联化大规模密集人群快速疏散、避难系统工程。

1）生物特征信息识别系统工程

在暴恐袭击事件中对恐怖分子进行准确的身份识别是暴恐袭击事件应急处置的关键环节。构建覆盖全社会的生物特征信息识别系统，包括个体生物特征信息采集、录入、无线传输于一体的便携式终端采集设备，构建指纹、DNA、人像、虹膜、声纹等生物特征信息识别数据库，实现法定证件身份信息与生物特征信息的融合；研制DNA现场快速分析仪以及用于DNA扩增和检测的国产化试剂，为暴恐袭击事件中快速锁定涉恐人员提供技术支撑。

2）立体网联化大规模密集人群快速疏散、避难系统工程

构建城市地上、地下及空中立体网联化大规模密集人群快速疏散、避难系统。基于交互式应急疏散仿真技术，从微观和宏观层面对疏散过程中大规模人员流动和交通情况进行模拟，预测评估疏散时间和疏散方案。在交通和网络信息技术的带动下，不断完善智能化、一体化

的交通运输系统，构筑与功能和空间布局相协调的交通体系，结合轻型救援无人机、无人车，实现大规模密集人群的立体化快速疏散。结合 GIS、移动互联、物联网、大数据等技术，构建物联化的疏散避难场所，提高地下交通疏散的协调指挥效能。

12.4.3 技术路线图

面向 2035 年的暴恐袭击事件应急处置技术路线图如图 12-5 所示。

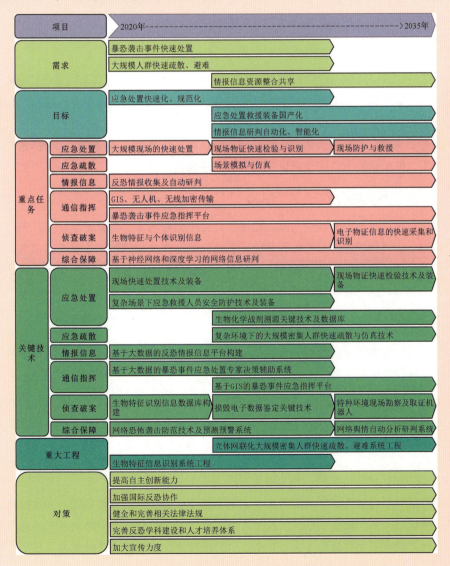

图 12-5 面向 2035 年的暴恐袭击事件应急处置技术路线图

12.5　战略支撑与保障

1. 提高自主创新能力

我国作为世界上人口最多的发展中国家，科研创新能力还有较大的提升空间，应紧紧依托高等院校，通过与科研院所、企业通力合作建立国家工程中心、技术创新中心、国家重点实验室，营造鼓励创新的良好氛围，持续推进"产、学、研、用"相结合的协同创新机制，提高我国暴恐袭击事件应急处置领域的自主创新能力，着力解决我国应急处置、现场勘察、现场快速检测等领域高端设备主要依赖进口的问题。

2. 健全和完善相关法律法规

《中华人民共和国反恐怖主义法》的颁布和实施，是我国完善国家法治建设、推进全面依法治国方略的要求，也是依法防范和打击恐怖主义的现实需要[8]。随着世界范围内暴恐袭击事件呈现出的新趋势和新动向，我国应不断健全和完善相关法律法规，特别是加快推动我国DNA、指纹、虹膜、声纹、人脸等生物特征识别信息采集相关立法的进程，为打击恐怖主义活动、保障人民生命和财产安全提供更加完备的法律依据。

3. 加强国际反恐协作

恐怖主义犯罪是一个全球化问题，恐怖主义组织之间具有广泛紧密的联系，因此反恐是国际社会面临的共同任务。加强世界各国、各地区的协作是预防和打击暴恐袭击事件的必要手段。我国应积极参加国际反恐协作，支持联合国在反恐方面发挥主导作用，加强地区和双边反恐合作，建立健全数据和情报共享机制，力争从源头上控制暴恐袭击事件的发生[9]。

4. 完善反恐学科建设和人才培养体系

（1）重点加强反恐学科建设，在现有反恐学科的基础上，建立完整、系统的学科体系，培育新的学科增长点。

（2）合理利用高等院校、科研院所的科技资源和优势，吸纳高水平、高素质的人才加入反恐、应急队伍，加强高层次人才队伍培养，完善人才培养体系，为我国预防和打击暴恐袭击事件储备足够的人才。

5. 加大宣传力度，提高公共安全意识

反恐不是一个行业、一个部门的工作，关系到全社会各个行业和领域，构建群防群治、全民参与的反恐体系，需要不断加大反恐应急的宣传力度，提升全民防恐反恐的意识，鼓励广大人民群众积极举报与暴恐袭击事件有关的各类线索，让社会公众整体参与反恐工作，全民反恐战略才能得到真正的落实。

小结

本项目组依托中国工程院战略咨询智能支持系统（iSS），针对面向 2035 年的暴恐袭击事件应急处置开展重点研究，一是从当前反恐形势的复杂性和严峻性等方面论述了开展此项研究的重要性和战略意义，确定了需求、目标和重点任务；二是通过文献调研、实地调研、专家研讨等方式梳理了当前暴恐袭击事件应急处置的现状和发展趋势，为确定我国暴恐袭击事件应急处置领域的关键技术、基础研究方向奠定了基础；三是重点对暴恐袭击事件应急处置的 6 个子领域、13 项重点技术进行问卷调查和专家研讨，确定了暴恐袭击事件应急处置领域的技术清单和技术路线图，为未来 15 年我国暴恐袭击事件应急处置领域技术和装备的发展战略提供了决策支持。

本项目研究结果表明，我国在暴恐袭击事件应急处置领域技术与装备方面还落后于国际领先水平。未来 15 年，暴恐袭击事件应急处置与救援装备将向轻便化、自动化、智能化、集成化方向发展。随着信息、材料、能源等领域科技的飞速发展，结合传感器、无线通信、"互联网+"技术的暴恐袭击事件应急处置理念将影响越来越多反恐领域的技术及产业发展。

第 12 章编写组成员名单

组　长：刘　耀

副组长：孙振文　周　红

成　员：贾贺萌　乔　婷　刘慧念　李孝君　冷　泠　黄思成　祁秋景　李　岩

执笔人：孙振文　贾贺萌　乔　婷

13

面向 2035 年的重点慢性病新药创制技术路线图

现阶段在我国，慢性病已经成为影响国民健康的主流疾病。发现有效的药物，实现慢性病的防治防控是全民的共同愿望。创新是引领发展的第一动力，未来15年是我国经济快速发展的重要阶段，实现党的第二个百年目标，促进我国医药卫生事业的发展，解决全民安全用药；实行重大疾病的有效防控，满足人民群众的健康需求；完善新药创制平台建设，实现我国新药自主研发；这些都将是我国的医药产业面临的机遇与挑战，也是医药产业转变和发展的历史任务。在我国重视保护和增进人民健康及生活水平的社会大环境下，慢性病防治的新药创制研究是关乎民生，顺应现阶段我国国情发展的必然趋势。依靠基础医学与临床医学等多学科相结合，进一步探索慢性病与其多种并发症之间相互影响的生物学机制，为慢性病新药创制奠定理论基础，这也是全面推进我国全民健康体系建设的关键。本课题提炼了未来15年我国在重点慢性病新药创制技术路线图，为我国未来医药卫生领域慢性病新药创制发展方向提供参考，为国家实施经济发展战略部署提供依据。

13.1 概述

13.1.1 研究背景

慢性非传染性疾病简称慢性病，包括心脑血管系统疾病、肿瘤、呼吸系统疾病、自身免疫系统疾病及代谢类疾病等，其具有病情隐匿、病程长、治疗费用高昂、致残致死率高等特点[1]。我国重视医药卫生事业发展，坚持"以农村为重点，预防为主，中西医并重，依靠科技与教育，动员全社会参与，为人民健康服务，为社会主义现代化建设服务"的卫生工作方针。2015年《中国疾病预防控制工作进展报告》发布的数据显示，慢性病导致的患者死亡人数已占到全国总死亡人数的86.6%，导致的疾病负担约占总疾病负担的70%，其中心脑血管疾病及恶性肿瘤等疾病已成为主要死因。因此，慢性病流行的控制是中国当前必须考虑尽快解决的重大问题。

人口老龄化是我国慢性病高发频发的主要原因之一，有数据预测，我国老龄化人口数量逐年上升，在2030年前后将是一个加速发展时期，更为严重的是，到2050年，老龄人口将占据20%的比例[2]。除了进行全民科学知识普及，增强公众特别是老龄人群对慢性病的认知、加强预先指示培训等手段、进行慢性病治疗的药物研发，尤其是新药创制研究也是提高慢性病人群生存质量的重要策略。

世界范围内，重点慢性病新药研发技术的热点主要集中在中药材类药物、抗体药物、多肽类药及核酸与细胞治疗类药物。我国的新药研发也已经初具规模，其中中药作为中国的特色占有了最大的研发比重。近年来国家对于新药创制的重视程度也大大增加，在"重大新药创制"科技重大专项的政策支持下新药的研发能力已经迅速发展，有望将来达到世界领先水平。自重大专项实施以来，我国的新药创制发展迅速，在专项的支持下，截至2019年7月，有139个品种获批新药证书，包括1类新药44个，其数量是重大专项实施前的8倍。尤其近两年更是飞速发展，2017—2019年，有14个1类新药获批，呈现井喷式增长态势，成果丰硕。

随着人类对慢性病的不断探究，出现更多的研究成果。对于疾病的预防及治疗，了解其致病机理很重要，越来越多的基础研究揭开了慢性病的神秘面纱。新近出现的研究报道肠道菌群与心血管系统疾病、高血压、代谢类疾病、帕金森疾病等均存在关联性。人类肠道菌群与人类疾病的研究为我们探索慢性病的创新药物开发提供了思路。我国是人口大国，人口老龄化的问题日益凸显，基于老龄化增加的慢性病风险也越来越高，研究人类衰老机制和抗衰老的药物是大势所趋。除此之外，科学工作者们对慢性病，如糖尿病、心血管疾病、癌症等的发生机制研究一直没有停止过，这为创新药物的研究奠定了雄厚的基础。慢性病发生机制的研究离不开恰当的动物模型，除了现有公认的一些慢性病的动物模型，如神经退行性疾病动物模型、心肌梗死、心力衰竭动物模型，糖尿病动物模型、骨质疏松动物模型等的建立，还需要表型稳定的转基因动物，更好地模拟人体内环境的改变，为新药研发提供可靠的动物实验平台。但是就目前的发展形势而言，我国的新药创制研究还是不能够满足民众的健康需求。慢性病的新药创制研究还有很长的路要走，研制适合我国民众自身状况的药物，更好地服务于民众便是我们不断追求的目标。

13.1.2 研究方法

本项目的研究选取了目前发病率较高的 11 种重点慢性病（慢性心力衰竭、慢性心房颤动、高血压、冠心病、心肌病、糖尿病、脑血管病、神经退行性疾病、脑梗死、骨质疏松、肿瘤），以及我国近几年"重大新药创制"科技重大专项中的 16 种主要新药类型（抗体药物、重组蛋白药物、RNA 干扰药物、脂质体注射给药系统药物、口服速释给药系统药物、多颗粒系统药物、酶法合成药物、不对称合成药物、微反应连续合成药物、碳纤维吸附药物、复方药、分子蒸馏、固体垃圾无害化处理、中药、中药活性成分、多肽类药物），采用了文献计量和专利分析的方法，使用 Web of Science（WOS）数据库作为分析数据源，结合重点慢性病及关键技术提出关键词并建立检索策略，应用中国工程院战略咨询智能支持系统（iSS）进行分析。专利部分应用 PQD（PatSeer）知识产权分析系统（涵盖 100 多个国家和地区及国际知识产权组织的专利文献），确定关键词及检索式进行检索分析，提炼出技术清单，预测了 32 个新药研发领域及技术。通过专家咨询会议及专家访问等方式进行研判，根据专家意见对结果进行调整，制定我国重点慢性病新药创制的技术路线图，最终形成院士、专家建议。

13.1.3 研究结论

通过本项目的研究开展，得到了如下的结论：

（1）根据各国在重点慢性病新药创制方面的论文发表数量和专利申请情况来看，世界各国对于慢性病新药创制的研究不断加强，始终保持增长态势。

（2）根据文献计量分析，美国在慢性病新药创制研究方面处于领先地位，中国位居第二。

（3）在国家资金支持力度方面我国处于领先地位，表明了我国重视慢性病新药创制发展。

（4）我国慢性病新药创制主要集中于中药开发研究，对于其他类型的新药创制研究较少。

13.2 全球技术发展态势

13.2.1 全球政策与行动计划概况

新药创制是一个制药企业乃至制药领域提升核心竞争力的关键，对于掌控疾病预防及治疗、提升国民幸福指数都具有积极的意义；同时，这一领域的发展也是随着政策变化波动比较大的行业。鉴于此，各国在新药创制方面都有其相应的政策和规划，确保在符合本国国情的情况下快速发展。英国由国家财政拨款，出台了《国民医疗体系未来5年规划》；美国由国家财政拨款或商业保险及自费等形式，出台了《健康人民2020》；澳大利亚由国家财政拨款，以社会健康保险等方式，出台了《国民慢性病战略》[3]。英国、美国、澳大利亚还构建了完善的慢性病防控的社区服务以及家庭式护理模式，更为全面地做到了社会保障服务，并且对全科医生实施激励政策，建立全科医生继续教育体制。

按照《国家中长期科学和技术发展规划纲要（2006—2020年）》的部署，经国务院批准，"重大新药创制"科技重大专项于2008年启动，由国家卫生健康委员会牵头组织实施，实施期限为2008—2020年。2009年5月5日，我国"重大新药创制"科技重大专项实施启动会议在北京召开。在国务院的统一领导下，以及在领导小组组长单位科技部的指导下，相关部门充分发挥牵头作用，建立了行政和技术管理体系[4]。在"重大新药创制"科技重大专项行动的带动下，我国新药研发得到了快速发展，百亿元级药企数量由专项实施前的2家增至17家，营造出了医药创新良好生态，激发了科研人员和医药企业的积极性。

13.2.2 基于文献分析的研发态势

本课题组通过Web of Science网站，检索了从1992年到2018年9月21日关于前文所述的11种重点慢性病16种新药创制的文献共100641篇，并结合中国工程院战略咨询智能支持系统进行数据分析，总结了该领域的年度论文发表数量变化趋势，如图13-1所示。

由文献分析数据可以看出，1992年，本领域的研究处于起步阶段，全世界关于本领域的论文发表数量为613篇。之后，世界范围内相关论文发表数量呈逐年平稳递增趋势，年复合增长率约为1.16%，呈平稳态势增长。自2009年5月5日我国"重大新药创制"科技重大专项实施以来，新药创新能力与产业发展持续增强，取得了阶段性成果，这也许是自2010年以后我国重点慢性病新药创制领域论文发表数量增长速度变快的原因之一。总体来看，世界各国对于慢性病新药创制的研究不断加强，始终保持增长态势，将有利于世界范围内慢性病新药创的猛发展。

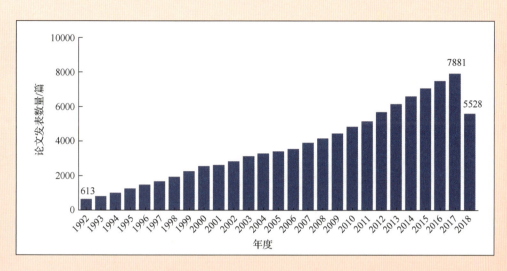

图 13-1　重点慢性病新药创制领域年度论文发表数量变化趋势

依据文献分析数据，对 2014—2018 年 5 年内本领域内排名前 10 的国家在慢性病新药创制方面的论文发表数量进行了对比，对比结果如图 13-2 所示。

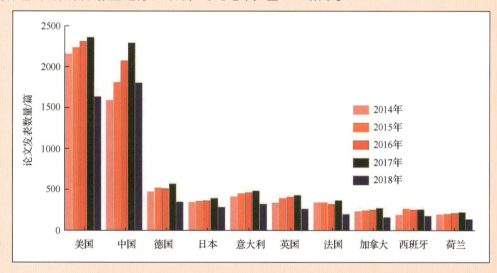

图 13-2　2014—2018 年排名前 10 的国家每年发文量对比结果

由对比结果可以看出，美国始终保持领先地位，其在 2014—2017 年的论文发表数量持续增长；我国在本领域的年度论文发表数量位居第二，但年增长速度大于美国，2017 年已经达到同年美国论文发表数量的 97%。在 2018 年我国在本领域的论文发表数量为 1795 篇（截至 9 月 21 日），已经超过美国的 1629 篇，也远远超过在本领域论文发表数量位居世界第三的德国，2017 年我国在慢性病新药创制领域的论文发表数量已经达到德国的 4 倍。这些说明我国重视新药创制，自开展"重大新药创制"科技重大专项资助以来新药的研发能力提高较快，有望达到世界领先水平。还可以看出，2014—2018 年，德国、日本、意大利、英国、法国、加拿大在慢性病新药创制领域的论文发表数量也呈平稳的增长趋势，而西班牙、荷兰对慢性病新药创制的研究发展缓慢，没有明显的增长。

同时，根据 PatSeer 知识产权专利分析（截至 2018 年 9 月 4 日），绘制了重点慢性病新药创制领域或专利申请数量变化趋势，如图 13-3 所示。

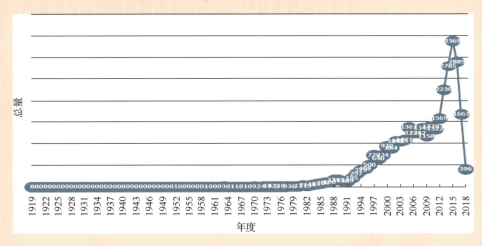

图 13-3　重点慢性病新药创制领域专利申请数量变化趋势

从图 13-3 中可以看出，重点慢性病新药创制领域研发成果产出较早，始于 20 世纪 50 年代，1952 年开始有相关专利的申请，呈逐年增长的态势。在经历了 1952—1991 年的缓慢发展阶段，重点慢性病新药创制领域专利数量在 1992—2012 年进入了稳步增长期，在 2013—2015 年进入了猛速增长阶段。其中，生命科学基础研究不断促进创新药物研究的飞速发展，在 2015 年达到了创新药物的研究热潮，专利申请数量达到了 3369 项。2016—2018 年 9 月 4 日，由于 2016 年全球首次批准或上市的新药和生物制品接近 90 种[5]，其中包括重要的延伸性新药，因此，与往年相比，批准的新药数量大大降低，故 2016 年药品研发的效率也大大降低。截至 2018 年 1 月 1 日，创新药物专利优先申请数量降至 396 项。

新药创制领域的发展对国家未来经济和社会进步都具有重要意义，鉴于此，世界各国/地区也纷纷将创新药物的研发作为 21 世纪技术创新的主要驱动器。本课题组统计了重点慢性病新药创制领域专利申请数量排名前 20 的国家/组织/地区见表 13-1。

表 13-1 重点慢性病新药创制领域专利申请数量排名前 20 的国家/组织/地区

国家/组织/地区	数量/项	国家/组织/地区	数量/项
中国大陆	24685	墨西哥	1829
世界知识产权组织	8294	西班牙	1806
美国	8046	德国	1634
欧洲专利局	6426	巴西	1516
澳大利亚	5455	奥地利	1377
日本	5438	丹麦	1352
加拿大	4991	新加坡	1342
韩国	2563	新西兰	1248
印度	1913	中国台湾	1067
以色列	1831	俄罗斯	1017

中国大陆在重点慢性病新药创制领域的专利申请数量处于领先位置,截至2018年9月4日,在该领域的专利申请数量已达到24685项。世界知识产权组织、美国和欧洲专利局,在该领域的专利申请数量分别为8294项、8046项和6426项。由此可以看出,专利权人非常注重中国、美国、欧洲等国家和地区的市场,通过专利申请获得相应地区的法律保护。此外,专利申请人在澳大利亚、日本和加拿大的申请数量平均为5000项左右,也显示了它们在创新药物全球市场中的重要地位。

行业中的主要参与者(公司、企业、高校、科研院所和团体等)及11类重点慢性病16种新药创制领域专利申请数量排名前50的研发机构,如图13-4所示。

从图13-4可以看出,研究抗体药物和多肽类药的专利权人较多,例如,葛兰素史克公司涉及多肽类药的专利为644项,抗体药物的专利为116项;罗氏制药公司涉及多肽类药的专利193项,抗体药物的专利为382项。中国大陆在中药材方面的专利较多,例如,北京绿源求证科技发展有限责任公司在中药材方面的专利申请数量264项,银川上河图新技术研发有限公司在中药材方面的专利申请数量192项,表明我国在中药材的新药开发方面走在了世界前列,并且具有很好的发展前景。

为了研究重点慢性病新药创制领域具有研发实力的国家分布情况(见图13-5),了解医药行业专利市场占比情况,课题组对该领域的专利进行了深入分析。

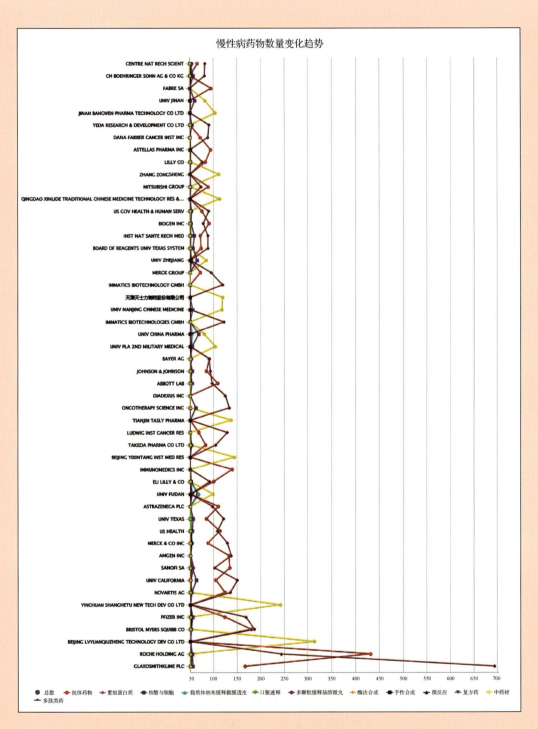

图 13-4 重点慢性病新药创制领域专利申请数量排名前 50 的研发机构

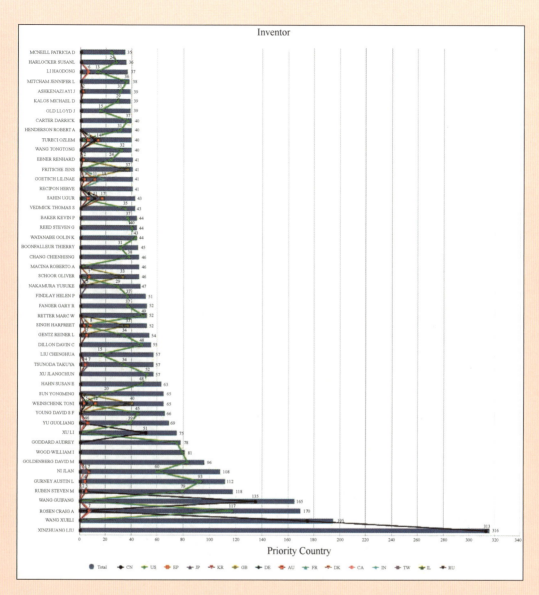

图 13-5 重点慢性病新药创制领域具有研发实力的国家分布情况

在研究重点慢性病新药创制领域专利申请国家分布情况时，发现在前 10 名中，有 7 位专利权人来自美国，显示出美国强大的研发实力。有 3 位专利权人来自中国，并且排名靠前，这说明中国在生物医药行业已有一定的研究基础和积累，同时可以看出，我国在重点慢性病新药创制领域的专利基本在本国内申请，可见中国发明人对国外市场的专利布局尚未重视，国外市场还有待开发。

13.3 关键前沿技术预见

13.3.1 中医药技术领域

1. 古方新用，中药经典名方的开发和挖掘

推动中药经典名方的高品质研发、标准化控制、规范化生产和产业化发展，促进中药经典名方的传承和发展，提升中药经典名方的现代化水平和国际影响力，促进我国慢性病新药创制发展。

2. 特色中药复方及其活性成分研究

化合物群分析法、指纹图谱分析、药代动力学、高通量药物筛选等技术在中药复方有效成分组研究中的应用，不仅有助于推动民族医药的继承和发展，同时为我国重点慢性病新药开发提供思路和技术上的参考。

13.3.2 生物工程技术领域

1. 新一代抗体药物的研发

抗体药物是生物工程技术领域中的第一大产业，近年来药企相继研发应用于非癌适应证（如哮喘、血脂异常、多发性硬化症等）的抗体药物，这有望成为未来慢性病新药创制的关键技术。新一代抗体药物将抗体与基因工程技术相结合，其中抗体修饰工程技术（如糖基化修饰、恒定区关键氨基酸改造、应用人抗体不同类型、同位素标记抗体药物（ARC）、化学药物偶联抗体（ADC）、嵌合抗原受体修饰型 T 细胞（CAR-T）、双抗体交联（如 BiTEs）等）成为当今新一代抗体药物的核心。抗体的高效表达系统、工程细胞系和规模化瞬时基因表达系统的完善和优化也将不断推动新一代抗体药物的发展进程。

2. 干细胞治疗与再生医学

干细胞疗法又称为再生医疗技术，是将健康的干细胞移植到患者体内，利用干细胞自我更新、多向分化、免疫调节和归巢等特点，以修复或替换受损细胞或组织，从而达到治愈的目的。用自己的细胞治自己的病，实现真正意义上的个体化治疗。未来 10~20 年组织修复和再生医学的发展需要在传统医疗技术方法不断完善的基础上，结合干细胞、组织工程和生物材料等多学科多领域优势，大力发展从分子、细胞到组织器官不同水平的修复、重建和促再生技术，促进技术成果的临床转化与应用。

3. 治疗慢性病用反义核酸药物

反义核酸药物为一类基因精准靶向治疗药物，具有抑制效率高、特异性好等特点，可用于多种类型的肿瘤、病毒感染性疾病、代谢性疾病及血管性疾病的治疗，由于其靶点明确、易于设计并可实现从"源头"对疾病进行治疗，因此被认为是一种很有希望的高选择性和高效率的潜在治疗药物。

4. 体液免疫及修饰性免疫细胞治疗新技术

免疫细胞输注多用于肿瘤的治疗，统称为过继免疫细胞输注治疗（ACT），涉及种类包括树枝状细胞、自然杀伤细胞以及 T 细胞等。该技术自 20 世纪 80 年代开始小规模应用于临床以来，在部分肿瘤患者中显示出较好的临床疗效，但由于输注细胞缺乏肿瘤特异性或者由于输注后发生免疫抑制的天然缺陷，因此临床可评价性依然模糊。鉴于 T 细胞基因组的稳定性与修饰后可靠的安全性，近年利用基因修饰策略显著地提升了 ACT 在肿瘤中的临床疗效。例如，针对 CD19 的嵌合抗原修饰 T 细胞（CART）治疗白血病等。这种基因修饰技术拓展了肿瘤治疗的方法，为延长肿瘤患者生存年限甚至治愈肿瘤带来了希望。目前，除了针对肿瘤某一特定抗原修饰的 ACT 技术，还要建立针对肿瘤普适性的去抑制 T 细胞技术并转化应用。

5. 细胞体外编程技术

细胞体外编程指的是分化的体细胞在特定的条件下被逆转后恢复到全能性状态，或者形成胚胎干细胞系，或者进一步发育成一个新的个体的过程。根据体细胞重编程技术的原理，需要将细胞核进行遗传信息的修饰，即诱导并激活处于关闭状态的基因，使其恢复到原来的未分化状态。这样一来，就可以将这种新产生的干细胞进行二次分化，形成所需的细胞（如造血干细胞等）。但到目前为止，诱导体细胞产生有功能个体的重编程的方法并不成熟，效率很低，细胞重编程的机制仍需要进一步阐明。

13.3.3 新型药物递送系统领域

1. 靶向药物递送系统

靶向药物递送系统是一种"导弹式"的超微粒药物载体，将药物包封于大多由高分子物质构成的载体中，把这些超微粒药物的载体通过各种给药途径（大多数是静脉注射或口服），把药物导向靶区（癌变部位或直接作用于病变细胞），使药物疗效提高，毒副作用降低。靶向的方式主要是通过淋巴定向、由巨噬细胞对超微粒药物载体的吞噬作用和融合作用、对癌细胞的亲合力、酶类对前体药物的作用以及磁性定位等。因此，化疗药物的"靶向药物递送系统"已成为治疗恶性肿瘤中较有希望的新途径，也为其他慢性病新药开发提供思路。

2. 病毒递送系统

病毒递送系统具备传送其携带的基因组进入其他细胞并进行感染的分子机制，包括逆转录病毒、腺病毒、慢病毒、腺相关病毒及杆状病毒等。病毒递送系统的应用促进了很多领域的科研工作及临床治疗技术的发展，药物利用病毒具有的天然感染特性进入细胞，转导效率高。但病毒应用的安全性（细胞毒性、染色体毒性、免疫毒性等）、基因转移中的靶向性（转导靶向性、转录靶向性等）以及基因转移的有效性（转导效率、基因表达水平、持续时间及表达的可调控性等）等问题仍亟须解决。

13.3.4 基于疾病治疗的基因与分子编辑技术

20世纪70年代，人们就已发明了改变生物体基因组的方法，但长期以来这些方法或技术复杂且精确度不高，难以进入量产化的实际应用阶段。最近几年，基因编辑技术取得了突破性进展，簇状规则间隔的短回文重复序列（CRISPR）技术革命性地改变了基因编辑，使基因编辑既简单、便宜、快速，精度又高。这种先进技术已极大加快了基因工程产业的发展，并将对医学和医疗具有深远的推动作用。目前，国际许多研究机构都在研发基于CRISPR技术的疾病疗法，包括艾滋病、阿尔茨海默病、精神分裂症以及癌症等的疗法。我国生物医药领域应加强和加速基因组编辑的基础研究和基于疾病治疗的应用研究，开拓其产业化和商业化；同时，应建立基因改造的伦理和潜在危害的监管机制。

13.3.5 大数据分析和人工智能用于慢性病的预防管理以及个体化用药

1. 基于组学大数据的慢性病风险评估以及药物靶点预判

慢性病具有病程长、流行广、费用高、致残致死率高等特点，若不及时得到有效控制，将会给社会、家庭及个人带来沉重的负担。因此，分析我国慢性病近40年来疾病谱的构成和变化，对科学制定慢性病政策和措施、加强慢性病的监测及减轻慢性病造成的经济负担具有重要作用。

2. 人工智能辅助设计药物

作为当今最重要的技术变革，人工智能（AI）已成为创新应用的重要手段，人工智能的利用彻底颠覆了药物设计观念。在药物研发中，人工智能利用大数据和机器学习方法，即从论文、专利、临床试验结果这些大量信息中提取出药物靶点和药物小分子的结构特征，根据已有的药物研发数据提出新的可以被验证的假设，自主学习药物小分子与受体大分子靶点之间的相互作用机制，并且根据学习到的各种信息预测药物小分子的生物活性，设计出上百万种与特定靶标相关的小分子化合物，并根据药效、选择性、ADME（吸收、分布、代谢和排泄）等其他条件对化合物进行筛选。对筛选出来的化合物进行合成并经过实验检测，把实验数据再反馈到人工智能系统中，用于改善下一轮化合物的选择。经过多轮筛选，最终确定可用于进行临床研究的候选药物。人工智能的使用大大加速药物研发的过程，并对新药的有效性和安全性进行预测。

13.3.6 基于声、光、电的新型诊断和治疗技术

1. 基于声、光、电的靶向成像分子探针

以分子和功能影像为手段，研制具有精准靶向成像功能、影像引导的外科手术，或者以介入治疗为目的的人体声、光、电等多模态成像检测系统，促进"前沿基础性研究"向"先导性高技术研制"及"临床应用"快速转化，实现"预防、预测、早期诊断"和"精确化、个性化、微创化"，建立活体原位生物合成近红外荧光探针及其生物靶向成像技术等医学诊断、治疗新技术，通过原位生物作用，定点合成对肿瘤和心脑血管等疾病相关病灶部位精准靶向快速标记的成像分子探针，实现非侵入式的活体病灶实时动态的高灵敏、快速示踪和多模态监测与治疗。

2. 基于声、光、电的多模式成像技术

基于声、光、电的新型检测与成像能够提供介观层面信息，提供细胞分辨的组织和网络成像结果，从而搭建连接微观和宏观的"桥梁"。国际上该领域技术如多光子显微成像、光声成像、光学CT等已逐步从实验室走向临床应用。我国在此方面经过十年的攻关，已在成像新原理、关键技术等方面有很好的积累，下一步重点是如何针对特定疾病，基于声、光、电的多模式成像技术，基于单细胞分辨观测网络的组织模式和活动规律，用于肿瘤、脑疾病的诊断与治疗及药物研发。

13.4 技术路线图

13.4.1 发展需求与目标

慢性病是一种终身性疾病，是影响社会、经济发展的重大公共卫生问题，已经成为全世

界最主要的疾病负担。我国在短短几十年内，随着经济、社会的发展，人口老龄化不断加快，生活方式改变，流行病学模式完成了从传染性疾病向慢性非传染性疾病的转变，且速度极大地超越了很多国家。2015 年发布的《中国疾病预防控制工作进展报告》指出，我国现有确诊的慢性病患者共计 2.6 亿人，死亡患者占总死亡人数的 85%，其导致的疾病负担比例高达 70%，所产生医疗费用的增长速度已经极大超过我国居民的承受能力。因此，开展有效的慢性病管理工作迫在眉睫[6]。

未来，将围绕我国慢性病的现实需求和未来发展趋势，明确未来慢性病防治的发展目标和工作重点，部署未来的慢性病防治工作，降低疾病负担，提高居民健康期望寿命，努力全方位、全周期保障人民健康；以建设"健康中国"为目标，多学科协同发展，从阐明疾病与健康机制、预防与干预、精准医学、整合医学等方面提高我国医药卫生发展水平。以控制慢性病流行为目标，实施精准防治策略，有效遏制慢性病快速增长的趋势，降低重大慢性病的过早死亡率。实施科技强国战略规划，以创新为动能，全面推进新药创制的高质量发展，完成我国"从仿制到创制，从跟跑到并跑甚至领跑"的转变；科学发展中医方剂及制药工艺，传承和发扬中医药理论体系，全面提升我国化学制药、生物制药水平。以全民健康需求为导向，坚持"发展高科技，实现产业化"发展理念，推动生物技术成果的转化应用和产业化衔接，大力推动组织工程及器官再生技术研发，使我国成为生物技术强国和生物产业大国[7]。全力开展生物医学大数据的开发与利用，加快推进可移动医疗设备的研制，引导数字化医学和智慧健康产业发展。强调防治结合、全程管理，针对不同目标人群提出针对性的策略措施，力争使用个体化和标准化用药治疗，延长患者寿命的同时使患者有更高质量的生活。

到 2035 年，我国医药卫生技术总体上达到世界先进水平，部分领域处于前沿位置，建成全社会一体化的综合防控慢性病的预防体系；能够完全满足建设"健康中国"的需求，为全面实现"人人享有健康"的战略目标提供技术保障。

13.4.2 重点任务

1. 建立慢性病健康管理体系，提高慢性病患者的医疗保障水平

建立我国慢性病防控的三级预防体系，全面利用社区卫生服务，为慢性病患者实行家庭医生签约机制，实施全程和个体化健康管理。卫生部门应重视慢性病防治资源的整合与配置，重点增加社区专职人员数量，合理引导全科人才流向基层。各级疾病预防控制中心需加大人才引进力度，加强培训，提升慢性病防控人力资源的整体水平。优先落实分级诊疗，可逐步规范常见病、多发病患者在社区首诊；超出社区诊疗能力的慢性病，由社区转诊并畅通转诊通道以合理分配就医流向。针对慢性病经济负担问题，应完善医疗保障和救助政策。通过强化医防合作，鼓励优质资源向基层倾斜，规范药品价格的统筹管理，完善基本药物目录并强

化上级医院与基层的用药衔接。针对老年人，可借鉴"医养结合"实施路径，促进慢性病健康管理与养老结合[8]。

2. 建立慢性病新药创制保障政策，强化人才培养

慢性病防治仍需要政府出台一系列政策予以宣传和支持，例如，对吸食烟草、膳食不平衡和身体活动不足等因素造成的慢性病进行综合控制，在控制污染物的排放及城市建设等方面完善相关规划和政策，在中西部贫困地区，政府还需大量投入经费防治慢性病，行使其公共卫生职能。由于慢性病防治的复杂性，因此要求相关人员具备多学科知识和技能。但实际情况是慢性病防治人员不足、素质亟待提高，特别缺乏预防与临床相结合、既有理论基础又有实践经验的复合型公共卫生人才[9]。应鼓励高校加大创新型研发人才培养力度，加强"产、学、研"合作。慢性病防治是一项崭新的、跨学科的系统工程，有大量的未知领域需要探索，因此除了政策支持，还需要国家加大科研力度，力争研发一批适合我国国情的慢性病防治关键技术，为慢性病防治提供有力支持。

3. 发挥中医中药优势，建立具有中国特色的国家慢性病药物创新体系

大力发展中药的作用，建立国家级中药材种质资源库，制定优质中药材质量评价技术标准；在中药现代化先进技术的辅助下，揭示方剂功效成分群与其生物效应相关性，使中医、中药发展水平达到国际标准；采用组学技术、生物医学大数据信息对传统中药复方进行组分确定，完善质量评价体系，进一步研制天然活性成分鉴定与分离技术和病症结合疗效评价技术。在生物药物方面，针对制约生物药物研究开发的瓶颈技术，提高单抗药物、靶向药物、治疗性疫苗、多肽药物等生物药物自主创新能力，提升生物药物规模化生产和纯化能力，重点创制出具有我国自主知识产权的生物新药。建立用于临床治疗的细胞与组织修复技术以及组织器官再造技术，大力推动再生医学基础科学研究向临床应用转化，研制出用于临床治疗的细胞与组织修复技术，以及组织器官再造技术，最终解决器官与组织移植供需矛盾，减轻或控制重大疾病给人民健康带来的危害[10]。

4. 发展成熟的个体化治疗和精准医疗，人工智能优化医疗系统

利用组学技术和生物医学大数据，完善疾病预警及风险评估技术，完成对我国不同人群不同病种的全面数据检测，并构建疾病预测、预警模型，对重大疾病进行有效精准预防诊疗。将这些数据收集起来在后台进行分析对比，能够更准确地进行慢性病的判断、辅助诊断和长期管理。通过人工智能技术把慢性病或者无症状的疾病及时找出，并解决问题。同时，利用人工智能的深度学习算法，加速和精准定制手机 App，使之应用于个性化健康管理，充分利用医工合作，尽早实现可穿戴式医疗设备的普及。

13.4.3 技术路线图的绘制

面向 2035 年的重点慢性病新药创制发展技术路线图如图 13-6 所示。

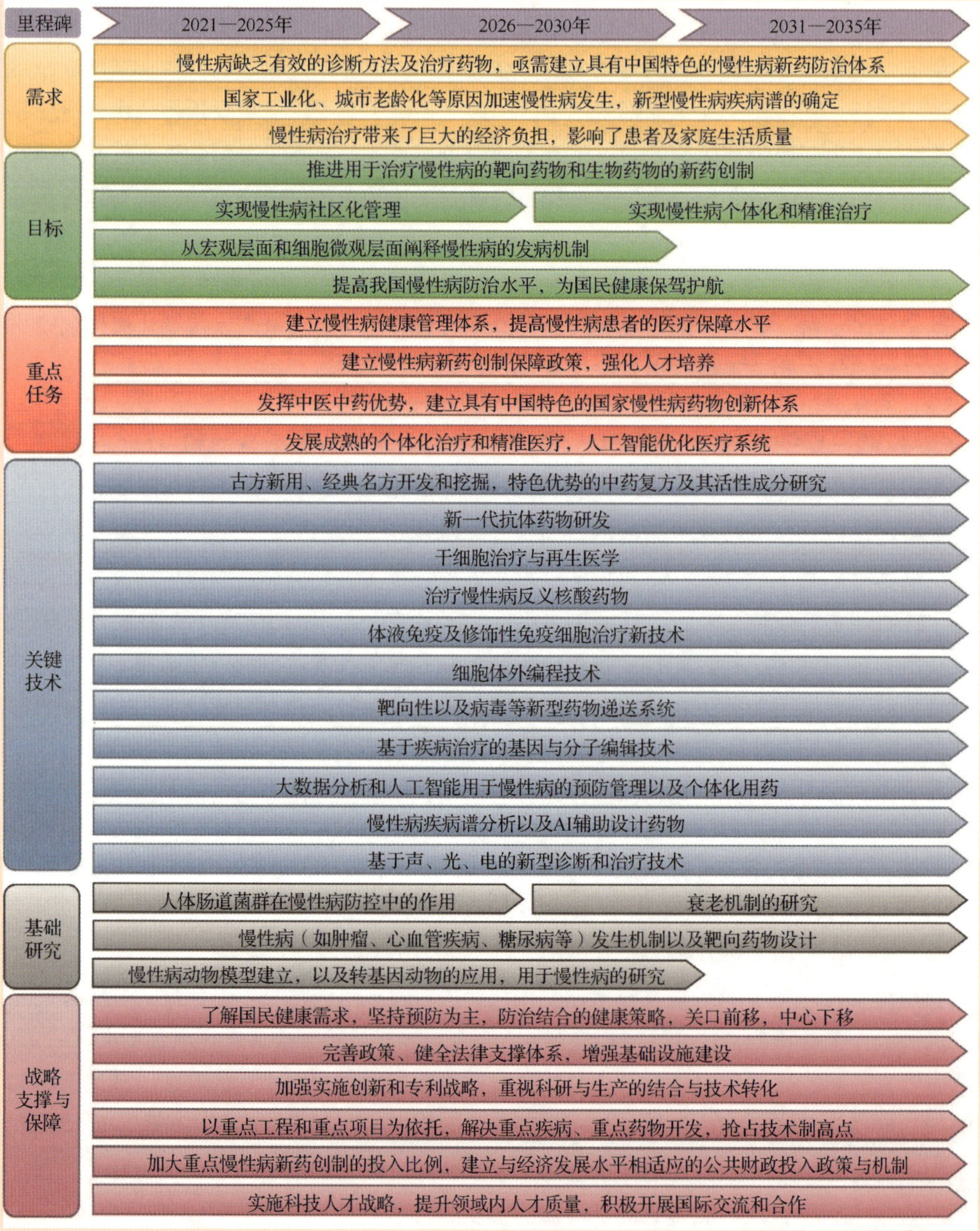

里程碑	2021—2025年	2026—2030年	2031—2035年
需求	慢性病缺乏有效的诊断方法及治疗药物，亟需建立具有中国特色的慢性病新药防治体系		
	国家工业化、城市老龄化等原因加速慢性病发生，新型慢性病疾病谱的确定		
	慢性病治疗带来了巨大的经济负担，影响了患者及家庭生活质量		
目标	推进用于治疗慢性病的靶向药物和生物药物的新药创制		
	实现慢性病社区化管理		实现慢性病个体化和精准治疗
	从宏观层面和细胞微观层面阐释慢性病的发病机制		
	提高我国慢性病防治水平，为国民健康保驾护航		
重点任务	建立慢性病健康管理体系，提高慢性病患者的医疗保障水平		
	建立慢性病新药创制保障政策，强化人才培养		
	发挥中医中药优势，建立具有中国特色的国家慢性病药物创新体系		
	发展成熟的个体化治疗和精准医疗，人工智能优化医疗系统		
关键技术	古方新用、经典名方开发和挖掘，特色优势的中药复方及其活性成分研究		
	新一代抗体药物研发		
	干细胞治疗与再生医学		
	治疗慢性病反义核酸药物		
	体液免疫及修饰性免疫细胞治疗新技术		
	细胞体外编程技术		
	靶向性以及病毒等新型药物递送系统		
	基于疾病治疗的基因与分子编辑技术		
	大数据分析和人工智能用于慢性病的预防管理以及个体化用药		
	慢性病疾病谱分析以及AI辅助设计药物		
	基于声、光、电的新型诊断和治疗技术		
基础研究	人体肠道菌群在慢性病防控中的作用	衰老机制的研究	
	慢性病（如肿瘤、心血管疾病、糖尿病等）发生机制以及靶向药物设计		
	慢性病动物模型建立，以及转基因动物的应用，用于慢性病的研究		
战略支撑与保障	了解国民健康需求，坚持预防为主，防治结合的健康策略，关口前移，中心下移		
	完善政策、健全法律支撑体系，增强基础设施建设		
	加强实施创新和专利战略，重视科研与生产的结合与技术转化		
	以重点工程和重点项目为依托，解决重点疾病、重点药物开发，抢占技术制高点		
	加大重点慢性病新药创制的投入比例，建立与经济发展水平相适应的公共财政投入政策与机制		
	实施科技人才战略，提升领域内人才质量，积极开展国际交流和合作		

图 13-6　面向 2035 年的重点慢性病新药创制发展技术路线图

13.5 战略支撑与保障

（1）了解国民健康需求，坚持以预防为主、防治结合的健康策略，"关口前移，重心下移"。由于慢性非传染性疾病具有长期持续的不能自愈和很少能完全治愈的特点，因此常常需要高昂的费用才能维持疾病不进一步恶化，大大降低国民生活质量。建立预防策略，可以大大减轻国家及民众自身的经济负担。在我国，慢性病在农村的发生率高于城市，欠发达地区的慢性病发生率高于发达地区，因此慢性病的防治工作要深入农村和欠发达地区，找到根源所在。

（2）完善政策，健全法律支撑体系，增强基础设施建设。随着经济的快速增长，生活节奏加快，国民慢性病发生率增大的问题也日益凸显。面对巨大的患者体量，如何快速地改变政策导向，适应现状就显得极为迫切。对此，我们应该以政府投入为主体，各级管理部门逐层配合，制定以慢性病防治为主体的法律基础。目前，我国已经具有265个国家慢性病综合防治示范社区，服务力度逐渐加大。但是我国幅员辽阔，人口众多，目前的基础设施服务需求还有很大的缺口，距离全民的健康看护还有很大的距离。

（3）加强实施创新和专利战略，重视科研与生产的结合与技术转化。创新是一个民族进步的灵魂，是一个国家兴旺发达的不竭动力。从专利申请的数量上来看，我国专利申请公开数量居世界领先地位，但是专利申请多集中于中药材，多数申请地在国内，还需要开发广阔的国外市场。

（4）以重点工程和重点项目为依托，解决重点疾病、重点药物开发，抢占技术制高点。科技创新是一个国家科技进步的重中之重，优先掌握核心技术才能真正掌握发展的主动权。为此，应推动实施一批医药卫生领域的重点工程和重大项目。我们应该在国家有核心竞争力的科研团体中以重点慢性病及重点新药创制为基点，优先开发应民之所急、为民之所用的药物。

（5）加大重点慢性病新药创制的投入比例，建立与经济发展水平相适应的公共财政投入政策与机制。虽然近几年我国新药研发的态势成正增长趋势，但是目前医药企业的研发销售投入比力度仍极小，在一定程度上阻碍了新药研发的进展，只有持续地投入才能获得持续的新药上市机会，形成良性循环，提高世界范围内的核心竞争力。

（6）实施科技人才战略，提升领域内人才质量，积极开展国际交流和合作。科学技术是第一生产力，人才是科技兴国的战略资源。要把我国从制药大国变成制药强国必须有领域内专业人才的支持，因此要加强复合型人才的培养力度。开展国际间交流与合作，扩大视野，追踪科技前沿，促进国内外优势互补，总结适合我国慢性病新药创制和现阶段国情的经验和政策。

小结

  基于文献和专利分析可以看出,世界各国都比较注重慢性病新药创制的发展,这关乎国民健康生活水平。我国在"重大新药创制"科技重大专项的支持下,重点慢性病新药创制基础研究逐年增多,并且近几年发展迅速,几乎追赶上在本领域位居世界第一的美国。世界各国在本领域的专利申请及公开数量也逐年上升,我国公开专利数量是世界第一,几乎囊括了大部分中药类的专利,但是也有地域局限性,因此我国慢性病新药创制走向国际还需时间。本项目制定了未来15年我国重点慢性病新药创制的技术路线图,以期为我国慢性病新药创制政策的制定提供参考。

  未来,以"健康中国"为目标,多学科协同发展,从阐明疾病与健康机制、预防与干预、精准医学、整合医学等方面提高我国医药卫生发展水平。重视科研创新和投入,加强"产、学、研"合作,解决目前慢性病的瓶颈问题,大力发展中药、生物药物、疫苗创新性产品,重点创制出具有我国自主知识产权的生物新药。大力推动干细胞和再生医学基础科学研究向临床应用转化,减轻或控制重大疾病给人民健康带来的危害。利用组学技术和生物医学大数据,寻找预警分子以及治疗靶点,发展成熟的个体化治疗和精准医疗,利用人工智能的深度学习算法,不断深化医工合作,加速和健全个性化健康管理,尽早实现慢性病可防可控的新局面,降低疾病负担,提高居民健康期望寿命,努力全方位、全周期保障人民健康,提升人民的生活质量。

第 13 章编写组成员名单

组　长：杨宝峰　陈志南

成　员：桑国卫　樊代明　刘德培　侯云德　巴德年　张伯礼　李兰娟
　　　　曹雪涛　郝希山　高润霖　张　运　陈香美　丁　健　沈倍奋
　　　　程　京　杨胜利　程书钧　侯惠民　陈君石　周宏灏　詹启敏
　　　　王　辰　甄永苏　洪　涛　姚新生　黄璐琦　李大鹏　李　松
　　　　刘昌孝　吴以岭　王陇德　徐建国　陈　薇　蒋华良　王军志
　　　　李校堃　王　锐

执笔人：孙殿军　孙长灏　张凤民　李　霞　田　野　张志仁　吴群红
　　　　李　康　赵亚双　蒋建东　黎　健　王小宁　田　玲　管又飞
　　　　张　勇　刘良明　王喜军　陈　力　张卫东　杜冠华　刘培庆
　　　　朱依谆　王　培　杨　凌　刘中秋　罗素兰　黄灿华　林厚文
　　　　朱　毅　曲章义　李冬梅　张文韬　赵西路　郝赋因　刘　宇
　　　　宣立娜

14

面向 2035 年的全人全程健康管理的创新医疗器械技术路线图

本章根据"面向 2035 年的全人全程健康管理的创新医疗器械战略研究"的目标,主要围绕以下三大主题展开:面向2035年的健康管理需求、面向2035年的医疗器械全面自给的国家战略、面向2035年的全人全程健康管理的医疗器械国家创新体系建设战略。通过对期刊和论文数据的共现网络分析、挖掘解析,调研医疗器械及分子诊断、体外诊断和医学影像等关键子领域的产业链发展数据,总结了医疗器械行业概况;经过对优生优育和疾病预防等重点领域、慢性病管理和健康养老等重点需求的技术现状和趋势数据的聚类研究,描绘了创新医疗器械的发展态势,并提取了候选的技术清单主题和关键词;归纳本领域内全球智库的技术预见和杰出专家的调研访谈,总结出初步技术清单和体系分解表,并通过组织智慧养老论坛、分子诊断大会等会议咨询,邀请行业专家讨论、开展德尔菲问卷调查,由专家对现有技术清单进行补充、合并、删除,绘制面向2035年的全人全程健康管理的创新医疗器械技术路线图。

14 ■ 面向2035年的全人全程健康管理的创新医疗器械技术路线图

本章在行业概况、态势扫描、技术清单、问卷调查和技术路线图绘制和研究成果基础上,结合各国近年在医疗器械行业的主要政策和规划,提出了一些适应我国国情的、面向全人全程健康管理多层次需要的创新体系构建战略。

14.1 概述

14.1.1 研究背景

未来几年中国的医疗服务支出总额预计会继续稳定增长,根据《"健康中国2020"战略规划》[1]《"健康中国2030"战略规划》[2],健康服务业的总规模到2020年将达到80000亿元,到2030年要达到160000万亿元。从科技部发布的医疗健康方向的课题指南《"主动健康和老龄化科技应对"重点专项2018年度项目申报指南(征求意见稿)》[3-4]来看,政府已判定医学模式将逐步从疾病治疗模式向健康管理模式转变。《国家中长期科学和技术发展规划纲要(2006—2020)》[5]将"研究预防和早期诊断关键技术,显著提高重大疾病诊断和防治能力"作为"人口与健康"重点领域的发展思路之一,"重点研究开发心脑血管病、肿瘤等重大疾病早期预警和诊断、疾病危险因素早期干预等关键技术"。

我国把创新驱动发展战略作为国家重大战略[7],伴随着城镇化过程以及人类生存环境、生活方式、人口老龄化等自然和社会环境的变化,疾病谱日趋复杂和多样化,重大疾病的发病率和死亡率不断攀升,人民对体外诊断新技术、新产品的需求十分迫切。目前,我国医疗卫生科技水平与发达国家相比差距较大,慢性病成为健康的主要威胁,重大传染病传播风险大,高端医疗器械依赖进口,城乡医疗保障差距大,"看病难""看病贵"问题十分突出,医疗器械技术水平与人民群众对生活质量和健康的要求相比存在较大差距。

目前,国内医疗仪器仪表研制发展很快,从图14-1可以看出,医药制造业具有较强竞争力,并且已有一些国产的高精尖产品,如核磁共振、CT、数字B超、中低能直线加速器、旋转式伽马刀、数字剪影成像系统、激光手术器、纤维光纤内窥镜[8]。但总体上,我国医疗仪器仪表的质量、数量、水平与发达国家相比差距很大,我国医疗器械工业销售额占世界医疗器械销售额的2%,国内市场自主率只有50%~60%,高档医疗器械市场基本被国外或跨国公司垄断。

基因组测序、功能基因组学、蛋白质组学、生物信息技术等方面的重大进展,将带来食品安全、医疗诊断等方面的新突破。动物体细胞克隆、体外辅助生殖等技术为人类繁衍提供了重要保障,分子诊断技术和基因工程疫苗成为重大疫病防治的重要手段;以微流控芯片、生物技术、识别码为基础的医疗"物联网"溯源技术将成为医药器械质量安全控制关键技术的重要发展方向。

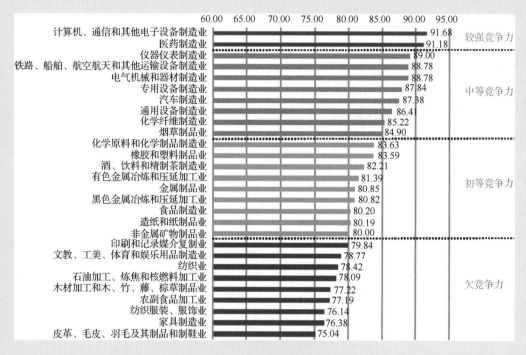

图 14-1　我国各行业质量指数对比（来自中国制造业质量与品牌发展战略研究）[6]

14.1.2　研究方法

本章的研究方法主要包括以下 3 个方面：

首先，通过中国工程院战略咨询智能支持系统，对自有的数据库（包括中期刊论文、学位论文、会议论文和中英文专利），按领域关键词表达式进行检索，并对检索结果进行分析。

其次，对中英文期刊，采用 15 个分析模型、分析工具进行分析，包括趋势分析、关联研究、关键词共现网络、相关作者、相关机构、期刊分析、学科分布、相关基金、文献类型、文献列表等，并汇总和挖掘相关信息。

最后，对中英文专利，采用了趋势分析（申请、公开、优先权、国际申请、国际公开）、区域分析（申请人区域、发明人区域、优先权区域、来源国区域）、排名分析（申请人数量、发明人数量和专利权人数量排名）、重点人分析、核心专利分析（权利要求数量、被引证数量）

等分析方法，对专利数据进行汇总。

同时，本章还对现有专利技术进行了以下 4 个维度的解析：

（1）技术活跃度识别，包括关键技术识别、共性技术识别、新兴技术识别、空白技术预测、颠覆性技术识别。

（2）技术生命周期分析，包括生命周期评估、技术成熟度预测。

（3）技术演化轨迹与趋势分析，包括技术创新扩散、技术转移、技术替代、技术地图。

（4）技术合作与竞争等。

14.1.3 研究结论

1. 提出面向 2035 年的健康管理需求

围绕建设健康中国的目标，根据专家意见提出《医疗器械技术分解表》，对医疗器械领域的关键技术进行三级分类，通过中国工程院战略咨询智能支持系统及其他搜索平台，对各项关键技术进行文献调研及态势扫描。分析了国内外的技术分布和发展趋势，重点研究了生殖健康、慢性病管理、精神疾病等领域的最新态势和存在问题，提炼出 2035 年健康管理的重点内容和目标。

2. 提出面向 2035 年的医疗器械全面自给的国家战略

在完成整体医疗器械的态势调研及分析后，针对调研得到的重点技术方向，包括组织工程、可穿戴医疗器械、体外诊断、医学影像等，进行了子领域的文献专利及行业发展分析。提出更好地利用医学大数据和人工智能技术来提高医疗器械产品研发和应用水平的战略建议，并就更好发挥"产、学、研、用、管"的体系提出战略建议。

3. 提出面向 2035 年的全人全程健康管理的医疗器械国家创新体系建设战略

根据专家意见制定《优生优育及健康养老相关疾病与健康表》，对健康管理领域的关键技术进行三级分类，重点研究"一头"（优生优育）和"一尾"（健康养老）的疾病预防和慢性病管理。分析了其产业发展情况及技术瓶颈等，提出适应我国国情的、面向全人全程健康管理多层次需要的创新体系建设战略。

14.2 全球技术发展态势

14.2.1 全球政策与行动计划概况

1. 主要国家发布的政策和规划

主要国家医疗器械上市审批主管部门和相关法律法规见表 14-1。

表 14-1 主要国家医疗器械上市审批主管部门和相关法律法规

国家和地区	上市审批主管部门	法律法规
中国	国家食品药品监督管理总局医疗器械注册管理司、省级食品药品监督管理局	法规：《医疗器械监督管理条例》； 部门规章：《医疗器械注册管理办法》《医疗器械临床试验管理规范》等； 规范性文件：分类界定、审查指导原则等
美国	美国食品药品监督管理局（FDA）器械与放射健康中心（CDRH）下设的器械评价办公室	《食品、药品和化妆品法》《医疗器械安全法案》《FDA 安全与创新法案》等
欧盟	各成员国全权委托第三方通告机构进行实质审查	《医疗器械指令》《体外诊断医疗器械指令》
澳大利亚	澳大利亚药品管理局（TGA）的器械、血液和人体组织办公室	《治疗品法案 1989》《治疗品（医疗器械）法规 2002》等
加拿大	加拿大卫生保健产品和食品管理局（HPFBI）的医疗器械司	《食品与药品法案》《医疗器械法规》《医疗器械法》等
日本	厚生劳动省药务局下设的医疗器械科	《药事法》等

2. 美国的相关政策和规划

美国食品药品管理局（Food and Drug Administration，FDA）于 2012 年出台了 *FDA Safety and Innovation Act*（FDASIA），即《FDA 安全与创新法案》。2013 年 9 月，FDA 正式出台了有关医疗器械产品唯一识别码（Unique Device Identifier, UDI）的监管规则，作为 FDASIA 的重要配套措施，要求在美销售的医疗器械必须标注唯一识别码。

UDI 监管规则的实施标志着美国的医疗器械进入可追溯的信息化管理新时代，数据库溯源管理系统将实现快速定位、快速跟踪、快速反应，将对企业带来深远影响，存在质量风险的产品将更容易被跟踪监控和召回。

2017 年 1 月 19 日，美国 FDA 正式成立了"肿瘤卓越中心"（Oncology Center of Excellence，OCE），首次针对一个疾病领域成立跨越药品、生物制品和医疗器械的中心，以增强原来各个中心之间的协作,加速抗肿瘤类医疗产品的临床审评。

美国还推进医疗器械产品上市前审查、上市后监管和体系检查等全生命周期管理。FDA 在继续根据临床数据依法开展上市前审评的同时,更强调产品上市后患者使用的真实数据,即"真实世界数据",力图平衡上市前后数据,强化器械全生命周期管理;在审评过程中,不断强化交流沟通,推行互动审评,业界也将 FDA 的交流沟通作为比其他优惠更重要的利好措施;在部分品种中引入第三方审评,由经过 FDA 认证的第三方机构开展审评,向 FDA 提出审评建议,从而大大缩短 FDA 的审评时间,这有利于 FDA 将资源用于更需要的工作,优化资源利用效率。

3. 欧盟各国相关政策和规划

欧盟在布鲁塞尔通过了一项决议,加强对人体植入医用材料的市场监管。欧盟议会和欧盟部长会议代表就欧盟医疗器械和体外诊断指南的修订达成了折中决议。该决议要求限制使用可致癌、易导致突变、有毒再生物或具有干扰荷尔蒙功能的物质。

欧盟正式发布了新的医疗器械(MDR)法规(EU2017/745)和体外诊断医疗器械(IVDR)法规(EU2017/746)。MDR 法规从 2020 年 5 月 4 日起强制实行。IVDR 法规将从 2022 年 5 月 4 日起强制实行。MDR 法规将有源医疗器械指令(90/385/EEC)纳入进来,与一般医疗器械指令(93/42/EEC)合二为一,IVDR 法规则直接取代了原来的体外诊断医疗器械指令(98/79/EEC)。

随着全球经济一体化程度的加强,国际贸易增长迅速;但不同国家、不同地区之间在医疗器械管理模式、法律法规和技术标准方面存在较大差异,影响了医疗器械产品国际贸易的发展,不利于医疗新技术、新产品的普及和全球医疗水平的提高。1992 年,国际成立了全球医疗器械协调工作组(The Global Harmonization Task Force,GHTF),之后于 2011 年 10 月成立了一个由各国医疗器械监管者自愿成立的国际组织——国际医疗器械监管者论坛(International Medical Device Regulators Forum,IMDRF)。IMDRF 管理委员会由监管官员组成,提供该论坛制定的关于医疗器械策略、政策、方向、会员资格及活动方面的指南。

14.2.2 基于文献分析的研发态势

1. 医疗器械产业全球文献态势分析

本课题组对来自中国工程院战略咨询智能支持系统(iSS)以及 Web of Science 系统的数据进行分析,利用关键词检索英文期刊。主要检索内容包括年度论文发表数量变化趋势(见图 14-2)、机构分析、期刊分析、作者分析、国家分布等。

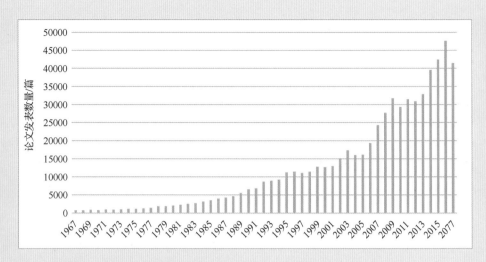

图 14-2　医疗器械领域年度论文发表数量变化趋势

从图 14-2 中可以看出，近 40 年来，医疗器械的发展呈现快速上升趋势。从 1985 年开始，每年期刊中发表的与医疗器械相关的论文就在 5000 篇以上，到 1995 年相关论文数量更是提高到每年 10000 篇以上。可见，医疗器械的发展和研究一直是科研的热点。在 2000 年以后，论文数量的增长速度更是大大加快，在 2015—2017 年论文数量达到每年 40000 篇以上。这些充分说明医疗器械行业作为朝气蓬勃的产业正在迅猛发展。

表 14-2 列出了发表医疗器械领域论文数量最多的 10 个期刊，其中，*PLoS ONE* 以 4406 的发文量位列榜首，*Biology of Blood and Marrow Transplantation* 和 *Bone marrow transplantation* 紧随其后。表中其余期刊的相关论文发表数量也在 2500 篇以上，是医疗器械行业中部分代表性的期刊，值得本领域研究人员参考。

表 14-2　发表医疗器械领域论文数量最多的 10 个期刊

序号	期刊名称	论文发表数量/篇
1	PLoS ONE	4406
2	Biology of Blood and Marrow Transplantation	3708
3	Bone marrow transplantation	3517
4	Analytica Chimica Acta	3006
5	Medical Physics	2971
6	Radiology	2844
7	Journal of computer assisted tomography	2772
8	Biosensors and Bioelectronics	2745
9	AJR. American journal of roentgenology	2633
10	STEM CELLS	2526

表14-3汇总了医疗器械领域文献中的高频关键词及其中文名称和频次。可以看出"干细胞"的频次比"核磁共振"高出两倍以上,说明该关键词在本领域是研究发明的重点。此外,"神经网络""脊髓损伤""生物传感器"等是医疗器械领域的重点研究方向,"PCR""药物递送""CT"等是医疗器械领域的重要研究手段。

表14-3 医疗器械领域文献中的高频关键词及其中文名称和频次

序号	关键词	中文名称	频次
1	Stem Cells	干细胞	25600
2	MRI	核磁共振	12749
3	Neural Network	神经网络	11211
4	PCR	聚合酶链式反应	9512
5	Spinal Cord Injuries	脊髓损伤	7053
6	Biosensor	生物传感器	6912
7	Drug Delivery	药物递送	5073
8	CT	计算机断层扫描	4957
9	ELISA	酶联免疫吸附	3725
10	Differentiation	分化	3518
11	Chemiluminescence	化学发光	3266
12	Diagnosis	诊断	2423
13	Cochlear Implant	人工耳蜗	2080
14	Transplantation	移植	1903
15	Rehabilitation	复原	1729
16	Tissue Engineering	组织工程	1657
17	Nanoparticles	纳米粒子	1589
18	General Medicine	一般用药	1473
19	LC-MS / MS	质谱	1439
20	Apoptosis	细胞凋亡	1338
21	DNA	脱氧核糖核酸	1244

2. 医疗器械产业全球专利发展态势分析

本章基于专利文献计量的角度,通过对医疗器械专利数据的分析,较为系统、客观地揭示医疗器械领域主要国家和主要机构的竞争与合作格局。

图14-3为1989—2017年国外申请人在华专利数量变化趋势。

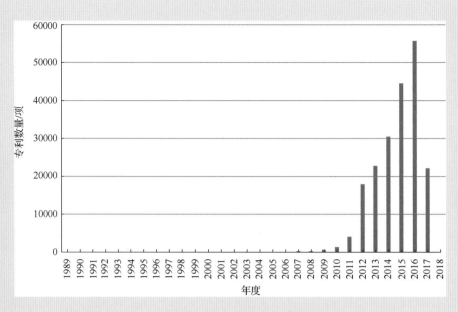

图 14-3　1989—2017 年国外申请人在华专利数量变化趋势

从图 14-3 可以看出，2014—2016 年，国外申请人在华专利数量较多，分别为 30528 项、45156 项、55536 项，占所分析专利的 15.26%、22.58%、27.77%。其中，2011 年、2012 年、2016 年增速较快，增长速度分别为 405.12%、309.48%、192.31%，2017 年、2007 年降速较快，负增长速度分别为 -60.41%、-31.58%。

根据前期的技术调研及专家座谈，制定了医疗器械的检索方式，在中国专利数据库及德温特专利数据库中进行了检索。获得初步检索信息 38000 条，对专利数据库进行清洗、去重和去噪，经过两次筛选后，最后确定医疗器械领域中国核心专利检索信息 7300 条，国外申请人在华核心专利检索信息 5600 条。国外申请人在华专利数量变化趋势见表 14-4。

表 14-4　国外申请人在华专利数量变化趋势

序号	国家/地区	专利数量/项	所占比例（%）
1	美国	4672	2.35
2	日本	1924	0.97
3	德国	928	0.47
4	韩国	768	0.39
5	丹麦	736	0.37
6	荷兰	732	0.37
7	澳大利亚	408	0.2
8	瑞士	400	0.2

续表

序号	国家/地区	专利数量/项	所占比例（%）
9	英国	372	0.19
10	新加坡	284	0.14
11	法国	272	0.14
12	新西兰	248	0.12
13	瑞典	192	0.1
14	加拿大	176	0.09
15	以色列	168	0.08
16	意大利	124	0.06
17	爱尔兰	100	0.05
18	西班牙	80	0.04
19	比利时	68	0.03

在数据库中对不同年度子领域还可以进行具体分析，例如，对近4年国内申请的"健康养老"器械进行分析，从图14-4中可以看出，本次分析中"打印""手环|智能""艾灸装置"这3个关键词出现的次数最多，分别为65次、64次、48次。"打印喷头"在2015年出现过11次；"手环|智能"在2015年出现过17次，2016年出现过17次，2017年出现过21次；"呼吸机"在2015年出现过12次，2016年出现过12次，2017年出现过9次。

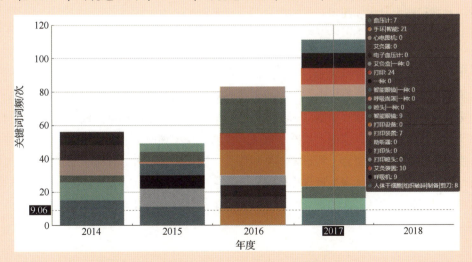

图14-4 不同年度子领域关键词词频对比举例

14.3 关键前沿技术预见

通过态势扫描的聚类分析、医疗器械领域全球技术清单汇总以及专家咨询与讨论会等方式，经过两轮筛选确定了包含 14 项的技术清单，并将其作为医疗器械领域技术路线图绘制的基础和主要内容，具体如下。

1. 健康大数据挖掘应用

该技术方向主要包括健康大数据、人工智能、数据挖掘、精准医疗等。根据这些技术方向，研发基于生物医学大数据的个性化健康管理技术，建立基于整合医学的防治体系；研究基于组学大数据的疾病预警及风险评估技术和基于城市大数据的流行病/传染病预警技术，以及基于大数据的重要疾病的发展模式；研发用于健康大数据的人工智能技术，包括面向社区的健康大数据及智能健康管理系统、面向个人的大数据精准健康管理平台、以及面向健康大数据采集的智能检测平台技术。

2. 人造器官前沿技术和应用

该技术方向包括人造器官、干细胞、3D 细胞打印、类器官、生物材料等。根据这些技术方向研发基于各类干细胞的体内外组织、器官再造技术；部分人造细胞和器官的临床验证；基于干细胞技术的药物筛选及靶向治疗，开发出再生医学或组织器官工程的配套关键技术、三维细胞打印技术及生物四维技术的研发与应用。

3. 移动可穿戴智能设备

该技术方向包括可穿戴设备、生理参数、柔性电子、动态全息人体信息采集、电子皮肤、动态采集、远程监测、质量控制、生物医学传感器等。根据这些技术方向研发基于无线传感网络可实现外部与自身状态的感知和高效率处理的新型移动医疗和可穿戴智能设备；利用柔性电子和高密度投影仪、摄像、传感、存储、传输、操控等设备，测量血压、血氧、血糖心率、步频、心电信号、位置、海拔等内外部信息，实现健康状态的全面检测和持续监测，以及与外部设备的交互；加强生理参数的数据库建设及智能设备的研发应用。研究动态采集生理信息的质量控制方法；研究智能纺织品，将电子产品完全整合到纺织品中。

4. 中医诊疗设备

该技术方向包括中医诊断智能化、中医诊疗技术工程化、泛中医四诊信息采集、中医症候客观化（表达）、中医诊断专家系统等。需要从这些技术方向着手发挥中医利用"望、闻、问、切"四诊信息评估人体健康状态的特色和优势，研究支持针刺、艾灸、拔罐、刮痧等中医特色治疗的自动化设备；通过图像识别、专家系统和传感器技术，实现中医诊断数据的客观化和人工智能化；推进中医诊疗标准体系的建设，实现中医理论框架的重构；建立中医图像基础数据库和诊断知识图谱，推动基于多传感器信息融合的中医症候客观化。研发和推广更多的中医诊断和理疗设备及技术。

5. 新型诊疗技术及新标记物发现

该技术方向包括诊断标志物、新原理、非介入检测、体外诊断技术、分子诊断技术、生物标志物等。需要从这些技术方向研发基于声、光、电等原理的新型诊断治疗技术，基于分子检测及分子影像的精准诊断及疗效评价技术；发展包括各类 RNA 和蛋白等在内的新型分子信标与体内外诊断技术；建立基于生物医学标记物的糖尿病、冠心病、中风和癌症等的预测模型；基于微流控的集成全自动检测技术，建立基于生物标记物的自身免疫病预测模型。

6. 生殖医学及优生优育技术

该技术方向包括胚胎工程、产前筛查、发育生物学、基因编辑、健康胎儿、有限基因编辑等。需要从这些技术方向开展符合伦理学要求的胚胎工程研究，通过产前筛查和植入前基因诊断，降低遗传病发生概率。研发多因素、多基因遗传疾病的预警和早期诊断技术，并把它应用于临床；研究生殖医学及健康生育技术、出生健康与优生优育技术；以及进行儿童、青少年发育行为学测量与干预技术；推进发育生物学相关研究；研发可提高生殖健康水平的新药和设备技术。

7. 慢性病及老年病预防及治疗技术

该技术方向包括慢性病预防、老年病学、慢性病管理、生理参数自我监测、房颤、老年病早期诊断、神经退行性疾病、阿尔兹海默症早诊及预防、康复干预等。需要从这些技术方向研究包括心脑血管疾病、糖尿病、高血压、慢性阻塞性肺病及肾脏疾病等中年人多发病和慢性病的防控工程与治疗关键技术，利用中医药防治慢性病。研发老年失智、失能的预防和管理技术、老年认知障碍早期评测新技术、用于预防和治疗老年性疾病的技术及设备；开发出延缓老年人认知功能衰退的技术和治疗中风的个性化技术和治疗老年退行性疾病的微创技术；开发用于老年性疾病早期诊断的技术、适用于老年人群的外骨骼设备。进行心理情感陪护，提高失智老人生活质量的辅助设备。

8. 肿瘤早期诊断和治疗技术

该技术方向包括肿瘤筛查、免疫治疗、细胞治疗、药物递送、循环肿瘤细胞、肿瘤分子影像、新型疫苗、融瘤病毒、基于血细胞病理图片的肿瘤早期诊断、肿瘤的精准治疗、肿瘤药物疗效评估等。需要从这些技术方向开发多种新型肿瘤防治药物。研究肿瘤的早期诊断、伴随诊断、病程监测的技术与方法，包括循环肿瘤细胞、循环肿瘤 DNA 和外泌体在内的诊断技术、肿瘤光谱、能量谱等多模态识别技术、精准影像引导的肿瘤放疗、肿瘤药物疗效评估技术开发、活体病理影像检查技术、肿瘤 c-DNA 液体活检技术，用于肿瘤治疗的新型药物递送技术、肿瘤放疗用直线加速器和质子治疗仪等技术，不可逆电穿孔消融肿瘤技术。进行免疫治疗联合技术方案评价，实现个性化用药、精准治疗技术。

9. 神经网络及神经医学技术

该技术方向包括人机接口、神经网络、脑机接口、脑机交互、类脑计算、神经影像、模式识别等技术方向。研发基于光学的神经退行性疾病治疗和预防技术、影像引导的磁波刀治疗技术、外骨骼机器人、神经影像技术、神经微观信息影像技术；建立网络图谱，研究基于多模态影像技术的脑复杂网络。发展基于神经网络和神经电信号的诊断和治疗技术，基于选定脑功能区域磁刺激治疗神经抑郁和大脑损伤的技术、神经元移植技术、新型脑起搏器技术，实现可与大脑皮层等结合的神经义肢、脑机接口；实现人工内耳、视网膜和个别肌肉群的人机接口，实现眼动信号提取、视觉信息提取与分析。

10. 新型医学成像技术

该技术方向包括磁共振成像、人工智能、梯度磁场线圈、图像分析、计算机视觉、分子影像、多模态成像、内镜及腔内成像、多模态无创医学成像、磁共振引导的放疗、分子影像、活体病理检查影像、定量影像等技术方向。新型医学成像及诊断系统，包括更高效的磁共振成像等技术、更智能和普及的 PET/CT 医疗影像设备、术中导航成像系统、诊疗一体化成像技术、新型产生梯度磁场的常温超导技术、基于人工智能的医学影像分析辅助系统、以及 PET/CT、PET/MRI 等多模式混合成像技术；普及乳房钼靶成像筛查和超声弹性成像技术。发展小型化专门磁共振检查技术、磁共振引导放疗技术、基于磁共振的分子影像技术、超高产磁共振影像技术、超高分辨率磁共振影像技术、白质纤维病理检查影像技术、细胞级高分辨率成像技术、大视场高分辨率光学脑成像技术等。

11. 康复器械和人体机能增强技术

该技术方向包括行动机能增强（助行、助浴、辅助起身、辅助翻身）、感知机能增强（助听器、人工耳蜗、智能导盲、视力增强、人机接口）、神经康复、语言能力康复、行动能力康复、脑卒中、柔性传动、人机协调、外骨骼机器人、康复监测及评估等技术方向。研发面向大众的智能康复护理机器人、用于截瘫和脊髓损伤的治理和康复设备、生命支持机器人技术、脑卒中患者辅助机器人、智能养老监护设备。普及家用呼吸机和睡眠呼吸暂停综合征治疗设备；研发面向大众的新型高性价比的助听器和人工耳蜗。结合重要生理参数的智能监测和预测技术以及可穿戴外骨骼技术，进行体表感知系统的研究。

12. 基因检测技术及应用

该技术方向包括基因测序、三代测序、核酸扩增、数字 PCR、单细胞测序、新一代测序方法等技术方向。研发用于中小片段基因高通量二代测序的仪器、全集成基因检测系统与技术、广泛应用于疾病诊断和药物应答预测的基因诊断技术。研发其他核酸扩增或非扩增检测新技术，研究单细胞多组学、基因芯片、单细胞测序技术，纳米孔测序和单分子实时测序技术、测序文库全自动制备技术等。

13. 新型物质检测与分析技术

该技术方向包括基质辅助激光解吸电离飞行时间质谱、液相色谱/质谱、基于纳米技术的生物分子分析技术、原子光谱检测、气相色谱/质谱、电化学检测、微型光谱仪、新传感器、增强拉曼光谱分子检测等技术方向。研发液相色谱/质谱联用仪、二次离子质谱（SIMS）、超快速气相色谱、桌面式扫描电子显微镜、基于电喷技术的小型质谱仪、电感耦合等离子体质谱（ICP-MS）。研究可用于质谱阵列基因分析的基质辅助激光解吸电离飞行时间质谱质谱，开发基于质谱技术的流式细胞仪、多模式库尔特流式细胞仪、便携式增强拉曼光谱仪等新型物质检测仪器。

14. 集成式微流控技术

该技术方向包括微流控芯片、数字 PCR、床旁诊断、离心式微流控、便携式 PCR、便携式测序仪、便携式质谱仪、液滴微流控技术、微电极芯片、生物医学微芯片等技术方向。基于集成微流控芯片的痕量生物分子精准定量技术及智能检测仪器，发展现场多靶标快速检测及床旁诊断技术，包括片上生化、免疫和核酸快速检测技术、数字核酸扩增技术、痕量蛋白质大分子精准定量检测技术、人类白细胞抗原（HLA）抗体快速检测技术等，实现小型化便携式微流控系统。

14.4 技术路线图

14.4.1 发展需求与目标

1. 疾病预防的需求和目标

工业快速发展和环境急速变化为病原菌变异提供了温床，交通便捷化和人群快速往来加快了传染性疾病的传播。目前全球仍有 3700 万 HIV 病毒感染者[9]，病毒性肝炎、肺结核、传染性非典型肺炎、禽流感等病毒依然危害着公众健康[10]，国内尚缺乏应对大规模传染疾病的快速检测设备，同时在传染性疾病治疗用药剂量、耐药上缺乏个体针对性指导。为此，需建立新技术新设备体系，包括医学研究新技术群、快速诊断所需的方法创新、传染病诊断器械的创新，开展基于荧光检测技术的自动化临床病菌、微生物检测分析仪器研制，建立高灵敏度的全自动血培养检测系统，研制全自动现场细菌鉴定药敏分析仪，研制生物学专家系统和微生物实验室专业数据管理系统。发展健康教育技术、数据采集报告技术、相关风险因素检测和监测技术、风险预警技术、风险干预技术，进行健康技术示范园建设等，完善新技术新设备体系的开发、评定等相关政策的批准办法。

2. 慢性病管理的需求和目标

我国每年有近 7500 万人罹患心脑血管、癌症、糖尿病和呼吸系统四大类慢性病，慢性病约占城乡居民死亡原因的 80%，在年总劳动力丧失中慢性病病人约占 70%[11-12]，我国在复杂性疾病机理研究、诊断方法和治疗技术等方面尚无根本性突破。同时我国出生缺陷率为 5.6% 左右，每年有 80 万 ~ 120 万名缺陷儿出生[13]；当前诊断技术仅能筛查诊断 100 余种出生缺陷，远小于发达国家的 1000 余种，而且相应的社会保障体系建设较为落后。为此，应整合各种资源，尽快建立慢性病和出生缺陷疾病的大数据库，研发基于分子诊断的遗传病基因和慢性病易感基因筛查配套仪器；建立基因组分析检测平台，打造优生优育和慢性病防控的基础，进而推动当前医学诊断模式的转换。抓住出生缺陷和慢性病重大问题，提高民众生活质量，减轻社会和家庭负担。在制定我国慢性病防控和全民健康战略规划的基础上，还可推进慢性病防治相关法律法规建设；建立慢性病防控体系，包括强制开展健康教育和慢性病控制，实行慢性病与出生缺陷筛查和三级防控（危险因素干预、早期诊断和治疗、防复发）。实现适合国情的诊疗器械的研发、生产及数据监控一体化，将人群慢性病知晓率和控制率分别提高到 85% 和 50%，心脑血管事件发生率下降 30%，慢性病负担降低 30%，慢性病患者平均寿命延长 5 年，慢性病防控水平接近发达国家，全面提升我国慢性病防治水平和国民健康素质。

3. 健康养老的需求和目标

以健康养老为目标的康复医学是一个新分支学科，与预防医学、临床医学、保健学并称四大医学，其主要涉及物理因子方法（光、电、热、声等）的利用以诊断、治疗和预防残疾和疾病，使病人在体格、精神得到康复，消除或减轻身体功能障碍，恢复其生活、工作能力得以重回社会或职业岗位。

健康养老产业可分为上游各类材料配件、信息技术供应商、机电供应商等，中游包括各类主营业务为康复医疗器械、康复教育、康复辅具及信息化等相关公司，下游包括医院、残疾人康复机构、养老机构、教育机构等服务机构与个体患者、家庭终端消费者等。

根据相关预测报告，每年约有超过 700 万残疾人得到不同程度的康复治疗，相较于全国接近 8500 万残疾人口，接受康复治疗的残疾人的占比低于 10%[14]。受制于康复意识不足和康复教育的缺失，我国潜在存量康复需求未能得到充分释放。未来随着相关配套医疗器械、服务机构与政策的到位，以康复医学为主的健康养老需求有望得到进一步释放。

14.4.2 重点任务

1. 智能医疗及可穿戴设备技术

根据健康大数据挖掘应用、移动式可穿戴智能设备、新型医学成像技术、人造器官技术前沿和应用、神经网络及神经医学技术等相关技术及发展方向，将重点产品和关键技术整理为"可穿戴式设备""智能化影像""植入式设备"三个方面，到 2025 年，实现大数据与人工智能相结合的医疗系统建设目标，建成基于 5G 及无线传感网络的新型健康监测系统、基于多模态大数据的辅助诊疗系统，研发出单类细胞构成的人工组织，如体外人工肝组织等重点产品。到 2030 年，实现智能化创新医疗技术与设备的发明目标，研发出面向健康体检的居家智能检测设备、术中导航成像系统、基于各类干细胞的人造组织及器官等重点产品。到 2035 年，实现多模态复杂形态下的智能医疗技术，建成远程人工智能健康分析及治疗专家系统、表观遗传学智能化分析平台、神经网络图谱等重点产品。

2. 新型诊断及治疗技术

根据中医诊疗设备、生殖医学及优生优育技术、慢性病及老年病预防及治疗技术、肿瘤早期诊断和治疗技术、康复器械和人体机能增强技术等项目的相关技术及发展方向，将重点产品和关键技术整理为"中医诊疗""肿瘤诊疗""优生优育""慢性病及康复" 4 个方面，到 2025 年，实现医学诊疗技术的发展及体系建设的目标，研发出肿瘤早期筛查设备、腹电式动态胎儿监护仪、适用于老年人群的外骨骼辅助设备等重点产品。到 2030 年，开发出基于遗传及表观信息的新型诊疗工具及诊疗技术，建成中医诊疗专家系统及智能设备、肿瘤个性化用药与精准治疗体系、智能和普及的康复护理机器人等重点产品。到 2035 年，建立基于个性化医疗数据的精准诊疗与健康智能管理平台，研发出中医针灸治疗智能产品、产前筛查及基因诊断平台、针对肿瘤的个性化细胞治疗体系、老年人群健康调理与潜能增强系统等重点产品。

3. 微生物及新物质检测技术

根据基因检测技术及应用、新型物质检测与分析技术、集成式微流控技术、新型诊疗技术及新标记物发现等相关技术及发展方向，将重点产品和关键技术整理为"基因检测""微流控技术""新物质发现" 3 个方面，到 2025 年，开发及推广基于现有检测技术的设备及平台，完成单细胞测序的临床应用，研发出痕量生物分子精准定量技术及智能检测仪器、病原微生物全集成式分析芯片等重点产品。到 2030 年，发展以短回文重复序列（CRISPR）技术为代表的新物质检测方法，建立新的物质检测标准体系，建成全集成式基因组自动化检测系统、便携式病原体微流控检测系统，建立基于生物医学新标记物的特定病症预测模型，研发出基于质谱技术的流式细胞仪等重点产品。到 2035 年，应用集成式、自动式物质检测平台实现物质的现场、快速准确检测，完成干细胞在体检测，研发出集成式微流控芯片微生物分析系统、新物质危害预警及干预应用系统等重点产品。

14.4.3 技术路线图

面向 2035 年的全人全程健康管理的创新医疗器械技术路线图如图 14-5 所示。

项目		2020年 ——————————————————————————→ >2035年		
需求	发展战略	根据《"健康中国2020"战略规划》和《"健康中国2030"战略规划》，健康服务业的总规模到2020年达到8万亿元，到2030年要达到16万亿元		
	疾病预防	国内尚缺乏应对大规模传染疾病的快速检测设备，同时在传染性疾病治疗用药剂量、耐药上缺乏个体针对性指导		
	慢病管理	我国在复杂性疾病机理研究、诊断方法和治疗技术等方面尚无根本性突破，且相应的社会保障体系建设落后		
	健康养老	根据前瞻产业研究院的预测报告，每年约有超过700万残疾人得到不同程度的康复治疗，相较于全国接近8500万残疾总人口，占比不到10%		
目标	智能医疗及可穿戴技术	发展大数据与人工智能的医疗系统	智能化创新医疗技术与设备的发明	多模态复杂形态下的智能医疗技术
	新型诊断及治疗技术	开发及推广基于已有检测技术的设备及平台	发展新的物质检测方法，建立新的物质检测标准体系	应用集成式物质检测平台实现物质快速准确检测
	微生物及新物质检测技术	推进当前诊疗技术的发展及体系建设	开发新型诊疗工具及诊疗技术	建立个性化精准诊疗与健康管理平台
重点产品	可穿戴设备	可穿戴服装	健康大数据采集个性化平台	远程AI健康分析专家系统
		无线传感网络健康监测系统		
	智能化影像	手术机器人	术中导航	表观遗传学智能分析平台
		影像引导治疗	多模态无创影像分析系统	床旁MRI
	植入式设备	部分较单一细胞构成的人工组织，如体外人工肝组织	基于各类干细胞的人造组织及器官、人机接口等设备	人造组织疾病模拟系统
				神经网络图谱
	基因检测	单细胞测序的临床应用	全集成基因自动检测系统	干细胞在体检测
		表观遗传和代谢组检测	全自动制备基因测序文库	人体基因实时监控系统
	微流控技术	痕量生物分子精准定量	小型便携微流控系统	全集成微流控芯片微生物分析系统
		穿戴式微流控检测系统	多靶标快速检测平台	
	新物质发现	微生物全集成分析芯片	基于质谱的流式细胞仪	新物质危害预警干预应用系统
		检测及分类预测平台	特定病症预测模型	
	中医诊疗	推进中医诊疗标准体系的建设	中医诊疗专家系统及智能设备	中医针灸治疗智能产品
	肿瘤诊疗	肿瘤早期筛查	新型肿瘤防治药物	个性化肿瘤治疗体系
	优生优育	腹电式动态胎儿监护仪	产前筛查及基因诊断平台	
	慢病及康复	外骨骼辅助设备	老年认知衰退预防管理平台	慢性病系统化、个体化诊疗
		老人辅助机器人	康复护理机器人	健康调理及潜能增强系统

图 14-5　面向 2035 年的全人全程健康管理的创新医疗器械技术路线图

14 面向2035年的全人全程健康管理的创新医疗器械技术路线图

项目		2020年 —————————————→ >2035年		
关键技术	可穿戴设备	柔性传感器技术	柔性电路一体化制备	可穿戴式精准穴位传感技术
		动态全息人体信息采集	健康大数据智能采集与挖掘应用	智能信息管理与自动预警技术
	智能化影像	光谱分析肿瘤细胞技术	多模式混合成像技术	在体多模成像AI分析技术
		智能化PET/CT与磁共振成像技术	影像引导的磁波刀治疗技术	激光智能切除肿瘤细胞技术
	植入式设备	肢体运动智能辅助装置	三维细胞打印技术生物四维技术	3D打印人体器官,脑机接口
			基于神经网络的诊疗技术	多模态影像技术脑复杂网络研究
	基因检测	单细胞多组学研究及基因芯片技术开发	新一代测序技术	细胞活体原位基因分析
			多种测序技术融合集成技术	单细胞原位培养检测技术
	微流控技术	微流控芯片及数字PCR技术	现场多靶标快速检测技术	一次进样多指标检测技术
		痕量样品多指标并行检测技术	微流控系统集成技术	病源和新标监定与治疗技术
	新物质发现	微生物耐药即时检测技术	新型分子信标与体内外诊断技术	基于声光电的新型诊断治疗技术
		新物质快速预判及核检技术	基于纳米技术的生物分子分析	光谱及传感器分析技术
	中医诊疗	智能化的脉诊传感技术	图像识别和传感器技术	中医针灸疗效评价参数检测
		中医疾病诊疗整合技术		
	肿瘤诊疗	早期及伴随诊断、病程监测技术	肿瘤微米级分子成像技术	用于肿瘤治疗的新型药物递送技术
		高通量肿瘤标志物检测技术	肿瘤光谱、能量谱等识别技术	
	优生优育	符合伦理学要求的胚胎工程研究	长时间动态监测胎儿宫内状态	基因编辑技术
		子宫肌电和胎儿心电分离技术	遗传疾病的预警和早期诊断技术	基因诊断技术
	慢性病及康复	可穿戴外骨骼技术	老年失智、失能预防技术	生命支持机器人与智能养老监护技术
战略支撑与保障		构建新型医疗器械创新研发体系,建立国家医疗器械研发示范中心		
		创立并管理创新型医疗器械临床应用评价中心,开拓国产医疗器械产品的全新研发及应用局面		
		制定完整的符合国际要求的国家医疗器械产品技术/质量标准体系		
		加快建立严格有效的标准检测手段与严格的审查管理制度		
		实施激励医疗企业技术创新的财税政策,加大政策支持与资金投入		
		做好人才队伍建设,加快具备前沿水平的医疗器械人才培养		
		推动分级诊疗制度和第三方检验实验室建设		
		增强医疗器械的科研实力,扩大国际和地区科技合作与交流		

图 14-5 面向2035年的全人全程健康管理的创新医疗器械技术路线图(续)

14.5　战略支撑与保障

目前，我国医疗器械领域仍存在一定的问题，本项目组希望借整理汇总专家组提出的问题及意见机会，提出相关战略建议，为本项目的未来应用方向提供参考。

（1）构建新型医疗器械创新研发体系，建立国家医疗器械研发示范中心。整合"产、学、研、医"等资源，开拓国产医疗器械市场新局面，凝聚"产、学、研"各方面的医疗器械科技创新力量，攻关核心部件关键技术，带动医疗器械产业的转型升级。

（2）创立并管理创新型医疗器械临床应用评价中心，开拓国产医疗器械产品的全新研发及应用局面。建立和完善我国医疗器械质量标准、性能测试和安全评价体系，加速国产新型医疗设备的审批进程，加快我国医疗器械评价与国际评价标准的接轨。

（3）制定完整的符合国际要求的医疗器械产品技术/质量标准体系。加大标准贯彻执行的监督力度，加快建立国际化的医疗器械产品技术和质量标准体系，完善国内医疗器械技术行业产品质量标准和认证体系。

（4）加快建立严格有效的标准检测手段与严格的审查管理制度。建议从国家层面组建具有国际权威性的、针对医疗器械产品的安全性和技术性能标准的测评及认证实验室或机构，建立起严格的审查管理制度，加快医疗器械注册人制度试点的推进，加强细化力度。

（5）实施激励医疗企业技术创新的财税政策，加大政策支持与资金投入力度。支持鼓励企业成为技术创新主体，加速国内高新技术产业化和先进适用技术的推广，促进政府采购有应用价值的自主创新产品。

（6）做好人才队伍建设，加快具备前沿技术的医疗器械人才培养。充分发挥教育在创新人才培养中的重要作用，支持企业培养和吸引科技人才，加大吸引海外留学人才和海外知名企业高层次人才的工作力度。

（7）推动分级诊疗制度和第三方检验实验室建设。通过互联网、人工智能技术提升基层医疗机构的综合水平，通过建设独立的第三方医学实验室，避免医疗资源的错配和浪费，为区域内的各级医疗卫生机构提供精准、及时的医学诊断外包服务，推广可穿戴式设备和床旁及时诊断设备，以提升家庭自测及护理水平。

（8）增强医疗器械的科研实力，扩大国际和地区科技合作与交流。优化科技资源配置，确保医疗器械相关科技投入稳步增长和获得持续保障，重点解决技术创新与产业发展脱节问题，加强在远程医疗、远程病人监测、家用智能医疗器械及康复机器人等欠缺领域的国际交流。

小结

本章是面向 2035 年的全人全程健康管理的创新医疗器械战略研究,本课题组通过对相关文献及专利的态势扫描与聚类分析、医疗器械领域全球技术清单的汇总,进行专家咨询与讨论,确定了 14 项前沿技术把它们作为技术路线图绘制的基础和主要内容,并针对该内容进行更为深入的完成节点与重要程度分析,形成未来 15 年我国医疗器械产业发展的技术路线图。同时,本章也提出符合我国医疗器械产业发展的战略意见,建议构建新型医疗器械创新研发体系,建立国家医疗器械研发示范中心,创立并管理创新型医疗器械临床应用评价中心,开拓国产医疗器械产品全新研发应用局面。制定完整的符合国际要求的国家医疗器械产品技术和质量标准体系,加快建立严格有效的标准检测手段与严格的审查管理制度。推动分级诊疗制度和第三方检验实验室建设,做好人才队伍建设,加快具备前沿技术的医疗器械人才培养。增强医疗器械的科研研发实力,扩大国际和地区科技合作与交流。

总体上,我国医疗器械行业处于快速发展时期,近年来市场规模扩展速度很快。随着人口老龄化进一步加剧、居民人均可支配收入的增加以及健康意识的提升,目前以大型医院为中心的医疗服务模式必将逐步发生转变。在未来,全人全程健康管理和分级诊疗卫生服务模式将逐渐占据市场,以治未病为核心理念的基础健康管理作为其中的重要一环,将发挥更重要的作用。而在各个环节中,医疗器械都将扮演极其重要的基础性角色。

第 14 章编写组成员名单

组　长：程　京

成　员：周婉婷　程　振

执笔人：刘　冉　王　东

15

面向 2035 年的工业烟气污染防治技术路线图

当前，我国大气污染治理已取得阶段性成果，但环境保护形势依然严峻，雾霾天气频繁出现。工业烟气污染物排放是导致大气污染的主要原因，对工业烟气污染防治发展态势进行分析与研判，有利于深化和开拓研究领域，从而促使大气污染控制技术与策略研究的层次不断提升。

本章结合文献与专利统计、专家问卷调查，全面分析和评价本领域内全球技术的研究现状和发展态势；通过对我国不同行业工业烟气污染物排放特征和控制技术的调研，总结本领域的发展目标和重点任务，提炼出前沿科学问题和关键治理技术与装备，形成技术路线图。探索不同生产工艺、不同控制措施下，工业烟气主要污染物的排放规律，提出工业烟气污染防治途径，进行实施效果分析。结合经济、环境、资源和能源等多尺度因素，构建工业烟气污染物排放控制的环境监管技术方法体系，引导流程型制造业绿色技术创新和跨越式发展，大幅度降低行业经济与技术风险，提高资源循环效率，为工业烟气污染控制的可持续发展提供战略决策支持。

15.1 概述

我国环境保护已经取得阶段性进展，但形势依然严峻，长三角、珠三角和京津冀等地区的大气污染问题呈现明显的区域性特征。当前，工业烟气排放是大气污染物的主要原因。我国钢铁、有色金属、水泥、玻璃、陶瓷产量均为全球第一，这些重点行业的烟气污染物控制技术与装备水平参差不齐，导致生产过程中产生的主要大气污染物（颗粒物、二氧化硫和氮氧化物）以及非常规污染物（二噁英、汞和挥发性有机物等）总量多、浓度高。因此，工业烟气污染物排放控制成为我国改善空气质量的关键。

15.1.1 研究背景

我国工业种类齐全，工业烟气污染物排放量居高难下。发达国家工业化进程较早，已拥有部分工业烟气污染防治技术，但其大气污染的改善仍主要通过产业转移来实现，将环境危机转嫁他国。为了打赢蓝天保卫战，我国需要制定烟气污染防治新阶段发展战略，实现多行业工业烟气污染物超低排放。

针对工业烟气污染物控制技术，欧美、日本等发达国家和地区针对钢铁烧结机排放的烟气 SO_2、NO_x、二噁英等污染物已开发出活性炭吸附技术，协同控制烧结烟气常规及非常规污染物；针对水泥炉窑烟气污染物，采用低氮燃烧、选择性非催化还原（SNCR）及生料吸收、石灰吸收等方法控制 NO_x 和 SO_2，高温 SCR 脱硝技术也有少量应用；针对工业烟气细粒子控制，多孔陶瓷膜过滤除尘技术已在煤炭气化、废物焚烧、废物热解、化工制造和玻璃熔化等领域得到初步应用。

国内对钢铁、水泥烟气污染物的控制仍处于粉尘、SO_2 等单一污染物控制阶段，实现细粒子去除、多污染物协同控制超低排放、碳减排等将是下一阶段的重点研发目标。

为最大限度从生产源头节约资源能源，减少环境污染物的产生，迫切需要设计包括源头减排与清洁生产在内的先进技术路线图，从原料、生产加工工艺、消费、循环全过程进行控制，全面推进环境保护方式从末端治理向以源头控制为主的工业烟气污染控制的战略转变。源头治理需要调整产业结构，针对不同行业，突破污染物排放过程控制的关键技术，支撑行业新标准的制定。

本章通过对重点行业（钢铁、焦化、建材、垃圾焚烧和石化等行业）的工业烟气污染物减排技术现状的调研，提炼出前沿科学问题和关键治理技术，总结国内外技术发展阶段，进行差距评估，并结合各类技术的优势与缺陷，对各类技术的未来发展趋势进行了简单预测，为工业烟气污染控制的可持续发展提供战略决策支持。

15.1.2 研究方法

1. 文献和专利检索

为确保文献和专利检索全面、准确,本题课组拟定从领域关键词、领域内代表性机构和核心期刊等多方面综合开展检索工作。根据面向 2035 年的工业烟气污染防治战略的研究范围和主要内容,课题组邀请相关专家对工业烟气污染防治技术领域进行分解,按污染物类别划分出 5 个子领域,用于界定此次文献专利分析的主要研究范畴。5 个子领域为脱硫技术、脱硝技术、挥发性有机物控制技术、除尘技术、多污染物协同控制技术。

科学引文索引(SCI)、中国国家知识基础设施(CNKI)学术论文作为重要科研成果的载体,为分析相关学术领域的研究动态提供了一条有效途径。通过 SCI 论文计量分析,可以反映该领域的研发态势。本章以 Web of Science(WOS)数据库和 CNKI 作为分析数据源,确定检索策略,并利用中国工程院战略咨询智能支持系统(iSS)进行初步分析。

本章用到的论文检索方式包含主要关键词及同义词、核心期刊等部分。为全面了解世界各国在工业烟气污染防治技术领域专利技术发展的全貌,本章以 iSS 数据为数据来源,利用"关键词"+"代表性机构"的方式确定了检索策略,构建了专利检索式。

2. 德尔菲问卷调查

基于中国工程院的 iSS 设计德尔菲问卷,采集本领域专家对工业烟气污染防治新阶段发展战略的技术预见。问卷设置开放性问题 3 道,回收后用于分析修改技术清单及给出政策性建议。根据 5 个子领域的技术清单所列的技术,对每项技术设置客观题 6 道,客观题的问卷结果通过 iSS 系统分析,生成与每项技术的重要性、颠覆性、我国在该领域的技术发展水平及制约因素等相关的参数。

15.1.3 研究结论

1. 工业烟气污染控制技术整体发展态势总结

自国家"十二五"规划提出"绿色发展,建设资源节约型、环境友好型社会"的发展纲要以来,我国颁布/修订了多项大气污染相关工作方案和环境标准,如《"十二五"控制温室气体排放工作方案》《环境空气质量标准》(GB 3095—2012)、《重点区域大气污染防治"十二五"规划》和《大气污染防治行动计划》(国十条)等,这些工作方案和环境标准有力地推动了我国大气污染治理工作有序进行。从收集到的 3 种主要大气污染物 SO_x、NO_x 和 PM、3 种非主要大气污染物 CO_2、VOCs(挥发性有机物)和 Hg 控制技术相关的论文发表数量和专利申请数量来看，我国在本领域发表的论文数量和专利申请数量从 2011 年左右开始呈现出爆发式增长。

但从污染物相关论文发表数量和专利申请数量来看，3 种主要大气污染物 SO_x、NO_x 和 PM 的 SCI 论文发表数量近年来的增长趋势相对较为缓慢，且整体的论文发表数量远少于 VOCs 和 CO_2 污染控制技术研究的论文发表数量。与这一趋势相反的是，3 种主要大气污染物 SO_x、NO_x 和 PM 的专利申请数量远高于 3 种非常规污染物 CO_2、VOCs 和 Hg 的专利申请数量，且增长较快。这说明我国针对 3 种主要大气污染物 SO_x、NO_x 和 PM 的控制技术研究已经相对成熟，已经开始逐步应用在实际的工业烟气处理流程中。而非常规污染物 VOCs 和 CO_2 的相关控制技术仍处于技术储备期，近年来关于非主要大气污染物的论文发表数量比 3 种主要大气污染物的论文发表数量高出一个数量级，但其专利申请数量较少，说明关于 VOCs 和 CO_2 的污染控制技术目前仍没有大规模实际应用。重金属 Hg 污染控制的相关论文发表数量和专利申请数量都较少，表明在重金属 Hg 污染控制方面无论是技术储备还是实际应用的经验都较少，距离大规模实际应用还有相当长时间。

2. 未来工业烟气污染物控制技术预测

根据收集的各项主要大气污染物控制技术的首篇 SCI 论文发表时间、首篇中国机构的 SCI 论文发表时间、中国知网首篇论文发表时间和首次工业应用时间，分析评估各项污染物排放控制技术的发展趋势，结合这些技术的优势与缺陷，对它们的未来发展趋势进行了简单预测，如图 15-1 所示。

3 种主要大气污染物 SO_x、NO_x 和 PM 早在 20 世纪八九十年代就已有成熟的技术商业化应用，但近年来仍有更新乃至颠覆性技术提出，如脱硫方向的催化还原法、生物脱硫法和海水脱硫法，能够有效降低目前主流脱硫剂的应用，降低运行费用和固体废物（简称固废）污染。脱硝方向的等离子体、光催化和常温脱硝工艺能够摆脱常规脱硝工艺对烟气温度的需求，有望成为未来的主流脱硝工艺。

在 3 种非常规污染物 CO_2、VOCs 和 Hg 的控制技术中，膜吸收法和金属有机骨架化合物（MOFs）吸附法在控制 CO_2 排放时具有吸附容量高、分离效果好、纯度高的优点，是未来的研究重点。VOCs 控制技术中吸附法和催化氧化法都具有较广阔的应用前景，目前已有部分商业化应用，脱硝协同控制 VOCs 目前虽然未见有商业化应用，但其具有运行简便、运行费用低等优点，未来有望成为主流 VOCs 的排放控制技术。Hg 排放控制技术中目前最为成熟的是活性炭吸附法，但其运行费用较高，可能被其他控制技术淘汰，飞灰吸附法、（磁性金属）氧化物吸附法和催化氧化法的运行成本都显著低于活性炭吸附法，都有可能成为未来主流的 Hg 脱除技术。

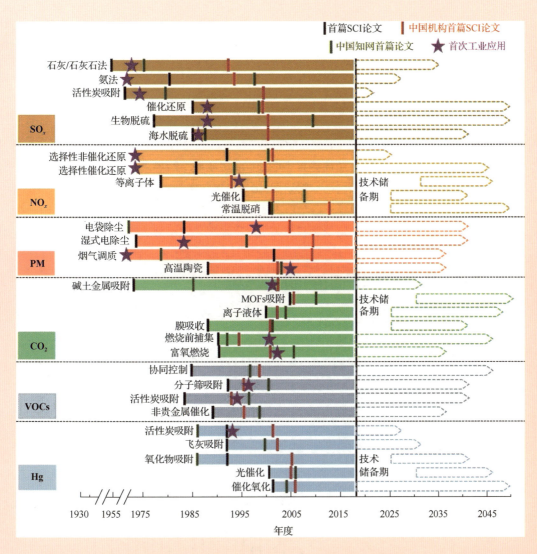

图 15-1　工业烟气主要污染控制技术发展趋势预测

15.2　全球技术发展态势

15.2.1　全球政策与行动计划概况

发达国家在近百年不同发展阶段出现了大气环境问题,我国却在近20年间集中爆发大气环境问题,该问题的严重性和复杂性不仅在于排污总量的增加和生态破坏范围的扩大,还表现为生态与环境问题的交互影响,其威胁和风险也更加巨大。

我国的大气污染控制技术与对策研究始于 20 世纪 80 年代，相对于发达国家来说，起步较晚，技术发展经历了由跟踪追赶到部分领域齐头并进或领先的过程。但由于我国经济经历多年高速粗放式发展，因此大气污染源数量多，污染物排放基数大。同时我国污染物排放标准基本上达到世界最严水平，对大气污染治理提出了更高的要求，但很多技术还远不能满足需求。2000 年以后科技部首先启动"北京市大气污染控制对策研究"，之后在"863"计划和科技支撑计划中加大了投入力度，研究范围也从"两控区"（酸雨区和二氧化硫控制区）扩展至京津冀、珠江三角洲、长江三角洲等重点地区；各级政府不断加大大气污染控制的力度，从达标战略研究扩大到区域污染联防联治研究；国家自然科学基金委员会近年来从面上项目、重点项目到重大项目、重大研究计划各个层次上给予立项支持。2016 年 1 月，我国修订实施的《中华人民共和国大气污染防治法》被称为"史上最严"的污染防治法。

15.2.2 基于文献分析的研发态势

通过检索 Web of Science 数据库（截至 2017 年），得到 1951—2017 我国工业烟气污染防治领域年度论文发表数量变化趋势如图 15-2 所示。

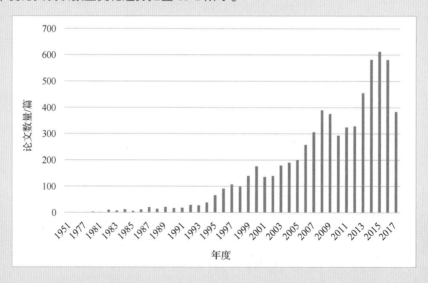

图 15-2 1951—2017 年我国工业烟气污染防治领域年度论文发表数量变化趋势

从图 15-2 可以看出，1951—1999 年，本领域的研究处于起步阶段，论文发表数量相对较少，论文数量每年不足 100 篇；2000—2010 年，本领域的研究处于发展阶段，关于工业烟气污染防治技术的 SCI 论文数量上升趋势很明显，这说明对工业烟气污染防治的重视程度越来越高；2010—2017 年，各行业烟气排放标准不断提高。此时，工业烟气污染防治方面的论文数量不断上升，2014 年、2015 年和 2016 年平均论文发表数量为 600 篇，约为 2010 年论文数量的 2 倍。

1951—2017 年我国工业烟气污染防治领域年度专利数量变化趋势如图 15-3 所示，可以看出，1951—1970 年，本领域的研究处于起步阶段，专利数量相对较少；1970—2000 年本领域研究处于发展阶段，工业烟气污染防治技术方面的专利数量明显上升，这主要与发展中国家大气污染治理受到重视有关，同时也因为 20 世纪 70 年代日本将 SCR 法治理烟气成果商业化；2000—2017 年，工业烟气污染治理技术方面的专利数量在 2011 年之前平稳上升，在 2011 年这一专利数量出现了一个高峰，结合相关论文发表情况，可以推测在 2011 年，大部分之前的理论研究已能够应用于工程。

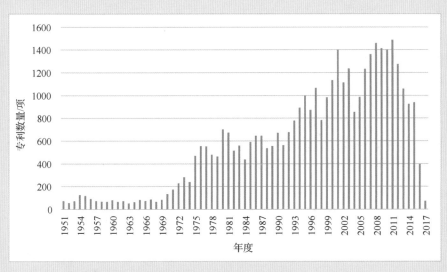

图 15-3　1951—2017 年我国工业烟气污染防治领域年度专利数量变化趋势

15.3　关键前沿技术及其发展趋势

15.3.1　硫氧化物排放控制技术

根据 2015 年的《全国环境统计公报》统计，全国废气中 SO_2 排放量高达 1859.1 万吨。燃煤电厂、钢铁冶金等重工业是主要的 SO_2 排放污染源，控制 SO_2 的排放已成为社会和经济可持续发展的迫切要求。烟气脱硫（Flue Gas Desulfurization, FGD）作为目前世界上唯一大规模商业化应用的脱硫方式，发展至今已有 200 多种脱硫技术。这些脱硫技术基本可以分成 3 类：湿法/半干法脱硫、新型干法催化脱硫技术、低温吸附/资源化技术，如图 15-4 所示。

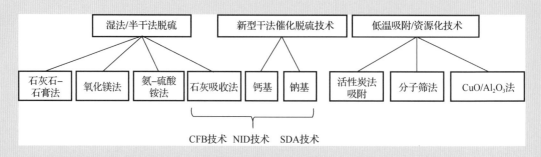

图 15-4 烟气脱硫技术分类

现有工业烟气脱硫方面的主流技术主要包括石灰石-石膏湿法脱硫、氧化镁法、石灰法（循环流化床技术、旋转喷雾干燥技术、NID 干法脱硫技术）、活性炭法吸附等。

2005—2017 我国烟气脱硫技术领域论文发表数量变化趋势如图 15-5 所示。从图 15-5 中可以看出，脱硫技术领域的 SCI 论文数量在 2009 年以前较为平稳，自 2010 年起该数量有明显增长；CNKI 论文数量在 2012 年前有一定波动，但整体变化不大，但从 2013 年起开始下降。而该领域的专利数量保持逐年增长，在 2013 年后增长尤为明显。结合上述数据可以得出结论：脱硫技术领域的大部分理论研究成果已经转化为专利并投入工程应用，国内该方向的研究热度已经开始下降，这与我国对 SO_x 的严格控制所取得的阶段性成果有密不可分的联系。可以预测，未来国内外对脱硫方向的研究都将趋于饱和，专利数量未来也有可能平缓增长。

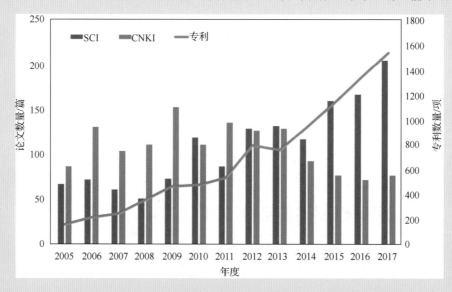

图 15-5 2005—2017 我国烟气脱硫技术领域论文发表数量变化趋势

图 15-6 是全球在脱硫技术领域论文和专利所涉主流技术的比例。从图 15-6 中可以看出，在烟气脱硫技术方面的论文中，石灰石-石膏法和石灰吸收法两项技术方面发表的论文最多，

约占总量的 1/3，这与其得到广泛应用有着密切关联。除此以外，活性炭吸附法和催化还原脱硫法也占较大比重，可能是目前研究较多并有可能在未来得到广泛应用的新技术。从专利所涉技术的比例可以发现，石灰石-石膏法和石灰吸收法这两大已成熟应用的主流技术约占总体的 1/4，但氨法脱硫、催化还原脱硫和生物脱硫所占比重明显变高，说明这些新技术已经在逐渐走向成熟应用。可以预测，未来关于石灰石-石膏法和石灰吸收法的论文和专利会逐渐减少，而氨法脱硫、活性炭吸附法和催化脱硫的研究和应用将有所增加。

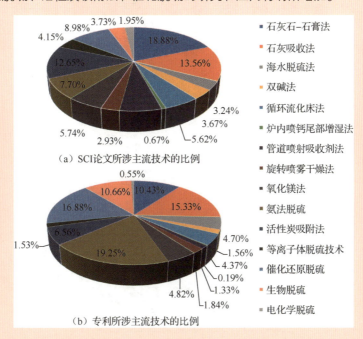

图 15-6 全球在脱硫技术领域论文和专利所涉主流技术的比例

从论文数量和专利数量来看，烟气脱硫领域虽然技术种类繁多，但主要的研究和应用热点还是集中在成熟的石灰石-石膏法和石灰吸收法上，同时，以氨法脱硫、活性炭吸附法、催化还原脱硫法等为代表的新技术也得到较多的关注，可能成为未来发展的主要技术。

图 15-7 是 2005—2017 年全球烟气脱硫技术领域主要国家和专利组织的论文数量和专利数量比较。从图 15-7 中可以看出，中国、美国在烟气脱硫技术领域的论文数量上处于世界领先地位。其中，美国在该领域的 SCI 论文数量稳中有升，但增长较慢；中国在该领域的 SCI 论文数量从 2008 年开始出现了明显的增长，在 2013 年后逐渐稳定。这说明目前世界上对烟气脱硫技术关注和研究最多的是中国学者，而且也已经趋于饱和。

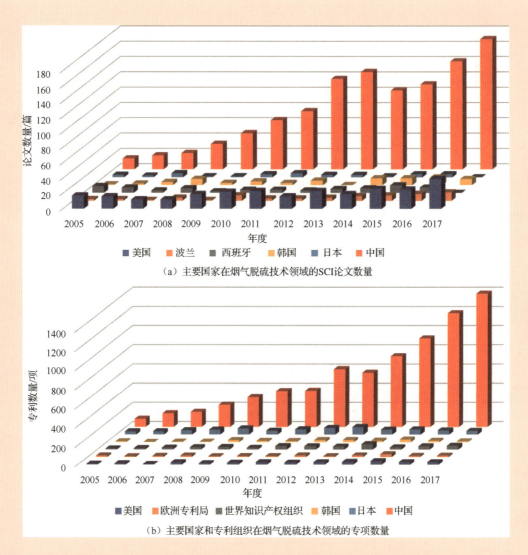

图 15-7　2005—2017 年全球烟气脱硫技术领域主要国家和专利组织的
SCI 论文数量与专利数量比较

从专利数量来看,中国向世界贡献了绝大部分烟气脱硫技术方面的专利,而美国、欧洲、日本等发达国家和地区的烟气脱硫技术专利数量较为稳定,说明这些国家和地区的工业发展和烟气脱硫技术已经较为成熟。我国烟气脱硫技术领域申请的专利数量保持逐年增长的趋势,表明我国仍处于工业发展期,且已有的工业源对烟气脱硫的升级改造需求也很旺盛,因而烟气脱硫技术相关专利的申请数量始终保持较高增速。

进一步分析各国主流烟气脱硫技术所占比例,从 SCI 论文数量来看,世界各国基本都以石灰石-石膏法为主,而中国的活性炭吸附法、波兰的循环流化床法,韩国的电化学法等都占有较大比例，体现了烟气脱硫技术研究的地域性分布。而不同技术的专利申请数量所占比例与 SCI 论文比例有所不同，例如，中国的催化还原脱硫法和氨法脱硫的专利比例明显高于 SCI 论文比例，说明研究和应用的热点方向可能还存在一定的滞后关系。

15.3.2 烟气脱硝技术

2005—2017 年我国烟气脱硝技术领域年度论文发表数量和专利数量变化趋势如图 15-8 所示。

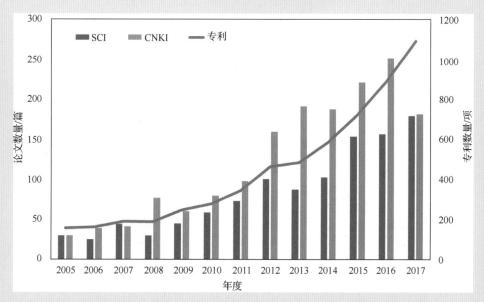

图 15-8　2005—2017 年我国烟气脱硝技术领域年度论文发表数量和专利数量变化趋势

从图 15-8 中可以看出，烟气脱硝技术领域的 SCI 论文数量保持稳定增长趋势，但增长速率不大；CNKI 论文数量从 2012 年开始显著增长。专利数量在 2013 年之前缓慢增长，从 2013 年起开始显著增长。烟气脱硝技术领域的论文数量的增长，尤其是 CNKI 论文数量的显著上升说明烟气脱硝技术在国内的重视程度越来越高。按照这个趋势，我国在烟气脱硝技术各子领域的论文数量还将继续增长。

全球烟气脱硝技术领域论文发表数量和主流技术专利的比例如图 15-9 所示。

烟气脱硝方面的主流技术包括低氮燃烧器、SCR（选择性催化还原）、SNCR（选择性非催化还原）、等离子体法等。从图 15-9 中可以看出，低氮燃烧、SCR 和等离子体法的相关研究论文占 SCI 论文数量的 80% 以上。从专利所涉主流技术的比例来看，SCR 占的比例最大，约为 72.9%，说明 SCR 仍是当前主流应用的烟气脱硝技术。SNCR 在专利中出现较多次，而在 SCI 论文中的占比很小，表明 SNCR 相关研究已经成熟，在应用上还有待改进。而等离子体法的相关专利所占比例远低于这一技术领域的 SCI 论文比例，说明该技术目前尚未得到广泛应用，但相关研究较多，未来可能走向实用。

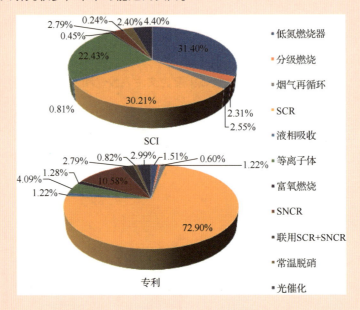

图 15-9 全球烟气脱硝技术领域论文发表数量和主流技术专利的比例

2005—2017 年全球烟气脱硝技术领域年度论文数量和主流技术专利数量变化趋势如图 15-10 所示。从图 15-10 中可以看出，全球烟气脱硝相关技术的 SCI 论文数量逐年升高，主要的技术为低氮燃烧和 SCR。值得一提的是，等离子体法也是 SCI 论文的研究热点。但从 CNKI 论文数量来看，SCR 和 SNCR 是国内论文的研究热点。目前我国的烟气脱硝技术仍以 SNCR 为主，并逐步兼容 SCR，这一情况也与目前 CNKI 论文数量变化趋势相符。从全球在该领域的专利数量变化趋势来看，SCR 仍是烟气脱硝技术中的主流技术，此外，在 SNCR 和等离子体法方面也有一定的专利申请数量，且逐年上升。

从论文数量和专利数量的变化趋势可以看出，目前 SNCR 已比较成熟并成功应用于固定源烟气中，SCR 是目前的研究重点，也已逐步应用到固定源脱硝反应中。除这两种较为成熟的技术外，等离子体法也是目前的研究热点之一，在未来很有可能进行成熟的商业化应用。

2005—2017 年烟气脱硝技术领域主要国家和专利组织论文数量与专利数量变化趋势从图 15-11 中可以看出，全球在烟气脱硝领域的 SCI 论文数量近几年显著上升，尤其是中国在该领域的 SCI 论文数量的上升趋势极为显著。在 2013 年之前，美国在烟气脱硝技术领域的 SCI 论文数量处于世界领先地位；在 2013 年之后中国在烟气脱硝技术领域的 SCI 论文数量超过美国，稳居世界首位。除中、美两国之外，德国、英国、日本和韩国在该领域也有一定的论文数量，这些国家的论文数量近几年也稳步上升。整体而言，烟气脱硝技术研究仍处于稳步上升的态势。

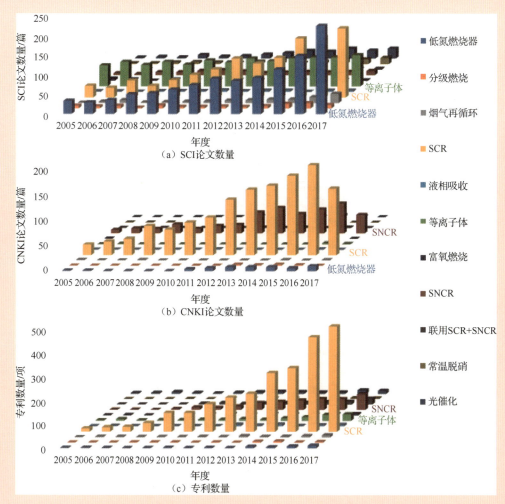

图 15-10　2005—2017 年全球烟气脱硝技术领域年度论文数量和
主流技术专利数量变化趋势

从各国在本领域专利数量的变化趋势来看，我国自 2011 年开始与烟气脱硝技术相关的专利数量呈指数级增长，这与我国近年来实行节能减排的相关政策和法规有关。由于我国的能源结构以燃煤为主，因此燃煤电厂也是我国主要的氮氧化物排放源，我国于 2011 年颁布的、第三次修订的《火电厂大气污染物排放标准》（GB 13223.4—2011），是世界范围内最为严格的火电厂大气污染物排放标准。至此，我国烟气脱硝技术的研究日益完善，因而自 2011 年来我国烟气脱硝技术领域的论文数量和专利数量呈爆发式增长。与我国情况截然不同的是美国、日本、韩国和欧盟等发达国家和地区，这些发达国家和地区的环保技术和工业已相对成熟，近年来它们在该领域的相关专利和论文数量也仅处于缓慢增长或保持不变的趋势。

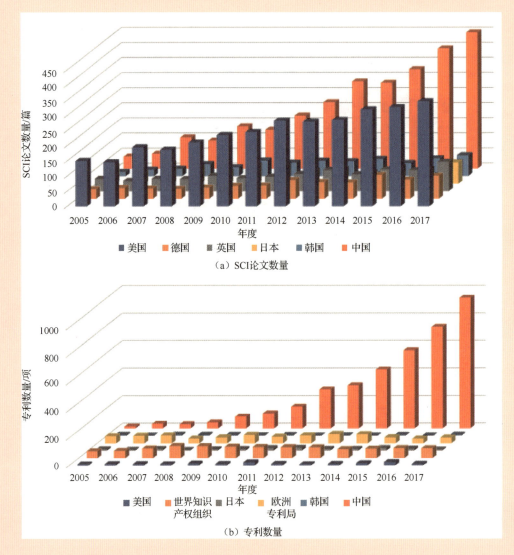

图 15-11　2005—2017 年烟气脱硝技术领域主要国家和专利组织
论文数量与专利数量变化趋势

下面对中国、美国、日本、韩国和欧洲发达地区的各种烟气脱硝技术占比进行分析。从 SCI 论文数量占比来看，低氮燃烧器和 SCR 是最重要的烟气脱硝技术研究热点。但日本目前在烟气脱硝领域的研究热点为等离子体法，其他国在等离子体法方面也发表了相当数量的 SCI 论文。分析结果表明，等离子体法很可能是未来烟气脱硝的主要研究方向和应用技术。

从相关国家和地区专利所涉的烟气脱硝技术比例来看，SCR 仍是目前主流的烟气脱硝技术，也是目前实施超低排放的主要应用技术之一。除了 SCR，在 SNCR 和光催化法方法方面也有一定比例的专利数量。其中，SNCR 是较为成熟的烟气脱硝技术，因此近年来新的专利申请数量较少。但光催化法是新兴的烟气脱硝手段，美国申请了较多的与光催化法相关的专利，这表明光催化法也有可能成为未来主流的烟气脱硝技术。

15.3.3 烟气颗粒污染物控制技术

2005—2017 年全球在烟气颗粒污染物控制技术领域的论文数量与专利数量变化趋势如图 15-12 所示。从图 15-12 中可以看出，烟气颗粒污染物控制技术领域的 CNKI 论文数量变化在 2011 年之前较为平稳，维持一定的数量，而自 2011 年以来 CNKI 论文数量呈现明显增长趋势；除尘技术领域的 SCI 论文数量变化稳中有升；2005—2017 年，全球烟气颗粒污染物控制技术领域的专利数量显著增加。从相关论文和专利数量来看，大部分的理论研究已能够应用于工程，并且中国的烟气颗粒污染物控制技术研究成果转化为专利，对于世界该领域专利数量的上升起到了一定的作用。这与 PM2.5 等小颗粒污染物的控制近年来在中国受到极大关注有着密不可分的联系。

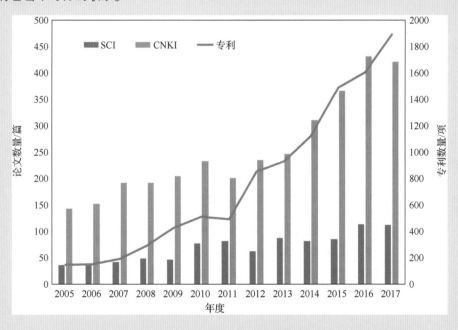

图 15-12　2005—2017 年全球在烟气颗粒污染物控制技术领域的
论文数量与专利数量变化趋势

全球烟气颗粒污染物控制技术领域论文与主流技术专利的比例如图 15-13 所示。从图 15-13 中可以看出，在烟气颗粒污染物控制技术中，布袋除尘、干式静电除尘、旋风除尘、湿式静电除尘、电袋除尘等技术是当前实际除尘工程中应用最广泛的技术，它们的专利申请数约占除尘专利总数的 85%，该领域的 SCI 论文占 SCI 论文总数的 67%，其中，高温陶瓷过滤除尘技术的专利数量占比较小，但该领域的 SCI 论文数量占 SCI 论文总量的 27%。这说明高温陶瓷过滤除尘技术是当前的科学研究热点，可以预测，未来几年内这方面的研究成果转化为专利的数量将增加。

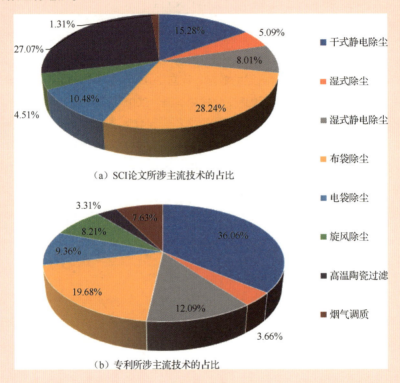

图 15-13　全球烟气颗粒污染物控制技术领域论文与专利所涉主流技术的比例

全球烟气除尘技术领域论文数量与主流技术专利数量变化趋势如图 15-14 所示，其中，关于布袋除尘和高温陶瓷过滤烟气除尘技术的 SCI 论文数量增幅较大；在 CNKI 论文方面，湿式静电除尘和静电除尘技术方面的论文数量自 2011 年以来逐年增加；在专利数量方面，静电除尘和布袋除尘技术方面的专利数量大幅度升高，尤其是静电除尘技术的专利数量远大于其他技术。综合论文数量和专利数量，可以看出，除了布袋除尘、干式静电除尘、旋风除尘、湿式静电除尘、电袋除尘等技术，高温陶瓷过滤烟气除尘技术的专利数量在逐渐上升，是未来发展的技术之一。

图 15-14 全球烟气除尘技术领域论文数量与主流技术专利数量变化趋势

2005—2017 年烟气颗粒污染物控制技术领域主要国家和专利组织的论文数量与专利数量变化趋势如图 15-15 所示。从图 15-15 中可以看出,中、美两国在烟气颗粒污染物控制技术领域的 SCI 论文数量方面处于世界领先地位,但美国在该领域的 SCI 论文数量在 2010 年之后并未出现明显的上升趋势,而是在一定数值上波动。而中国在该领域的 SCI 论文数量一直呈逐年上升趋势,到 2015 年,中国在该领域的 SCI 论文数量已经超越了美国,居世界首位。

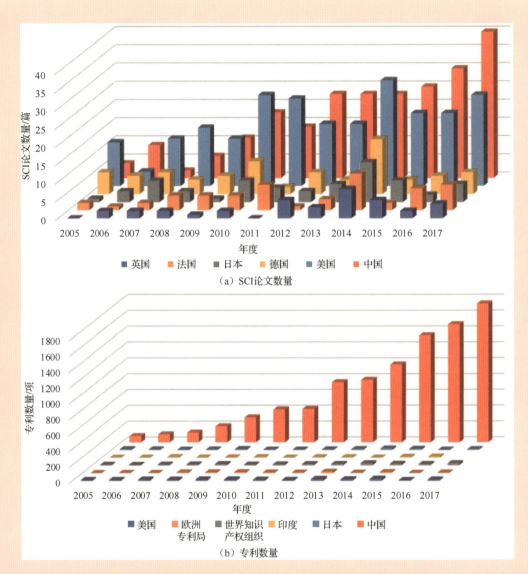

图 15-15　2005—2017 年烟气颗粒污染物技术领域主要国家和
专利组织的论文数量与专利数量变化趋势

自 2005 年以来，美国、欧洲、日本等发达国家和地区的烟气颗粒污染物控制技术专利数量变化较为稳定，说明发达国家和地区的烟气颗粒污染物控制技术已经较为成熟。我国在烟气颗粒污染物控制技术领域的专利申请数量一直都在增长，而且与本国的节能减排相关政策、法规、标准的实施有关。2006 年以来，国家"十一五"规划开始实施节能减排目标，2007 年又颁布了《国家节能减排综合性工作方案》，推动了我国烟气颗粒污染物控制技术研究成果的专利化，并且发展很快；2011 年我国颁布了第三次修订的《火电厂大气污染物排放标准》

(GB 13223.4—2011），这些都助推了我国烟气颗粒污染物控制技术专利申请数量在 2012 年快速上升。

图 15-16（a）所示是烟气颗粒污染物控制技术领域主要国家和地区的（中国、美国、日本、德国、韩国、印度及澳大利亚）的 SCI 论文所涉主流技术的比例，其中高温陶瓷过滤和布袋除尘技术在各国 SCI 论文中的占比较多。从专利数量来看，中国和世界专利组织的静电除尘技术专利数量较大，而美国、欧洲、日本、韩国的湿式除尘技术专利数量较大。与 SCI 论文数量相比，高温陶瓷过滤技术的专利数量整体上偏少，说明该技术处于研究开发阶段，也说明该方法得到了一定的关注和研究，未来重点将从研究阶段进入工程阶段，专利数量也将随之增加。就我国而言，干式静电除尘技术和布袋除尘技术占比较大，位列前二。

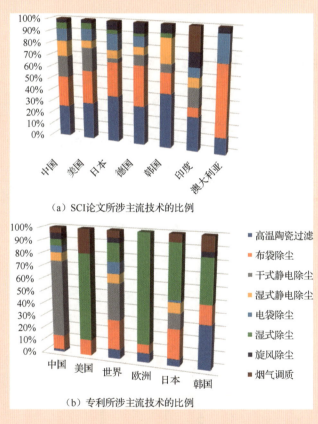

（a）SCI论文所涉主流技术的比例

（b）专利所涉主流技术的比例

图 15-16　烟气颗粒污染物控制技术领域主要国家和地区的论文与专利所涉主流技术的比例

近年来，在污染控制方面，我国新修订了《环境空气质量标准》（GB 3095—2012），发布了《重点区域大气污染防治"十二五"规划》和《大气污染防治行动计划》（国十条），驱动我国大气环境保护工作逐步从总量控制转向质量改善，从单污染源治理转向多污染源协同减排，从局地管理转向区域联防联控，并对支撑这些战略性转变的科学认识、工程技术和管理方法提出了全新要求。重点源硫氮尘汞治理技术是大气防治技术领域中的关键组成部分，也是保障我国"节能减排"约束性指标实现的关键。针对日益突出的灰霾等区域性大气复合污染问题，国家在密集出台节能减排政策和重点行业大气污染物排放控制新标准的同时，通过"863"计划等全面部署了重点源主要大气污染物排放控制技术的研究，使我国在重点源硫氮尘汞治理技术方向取得了系列创新性科技成果，并在产业化和业务化等方面都得到了长足的进展。

15.3.4 挥发性有机物（VOCs）控制技术

图 15-17 是 2005—2017 年全球 VOCs 控制技术领域年度论文和专利数量的变化趋势。可以看出，VOCs 控制技术领域的 CNKI 论文数量变化在 2011 年之前较为平稳，稍有上升，但自 2011 年以来 CNKI 论文数量呈明显增长趋势；而 VOCs 控制技术领域的 SCI 论文数量变化

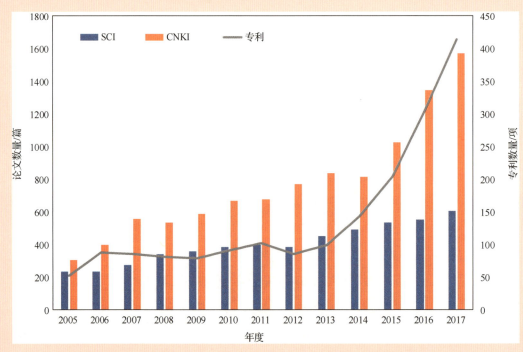

图 15-17 2005—2017 年全球 VOCs 控制技术领域年度论文和专利数量的变化趋势

较为平稳，略有上升。2005—2017 年，VOCs 控制技术领域的专利数量变化在 2013 年之前较为平稳，但自 2013 年以来该领域的专利数量呈爆发式增长趋势。结合论文和专利数量可知，全球 VOCs 控制技术领域的 SCI 论文数量增加不多，但我国的 CNKI 论文数量在 2011 年之后快速上升，这与专利数量的变化趋势一致。这意味着我国的烟气除尘技术研究成果转化为专利，对于世界本领域专利数量的上升起到了重要推动作用，说明我国近年来持续关注雾霾等大气污染事件，推动了烟气颗粒污染物控制技术的发展。

图 15-18 为全球 VOCs 控制技术领域 SCI 论文与专利所涉主流技术的比例，从图中可以看出，非贵金属催化、贵金属催化、协同控制等技术是当今该领域内的研究前沿和热点。其中，活性炭吸附和分子筛吸附技术的专利数量多于这两项技术领域的 SCI 论文数量，说明这两项技术已经比较成熟。此外，等离子体、贵金属/非贵金属催化氧化和生物法降解技术在专利的应用也较多，协同控制技术方面的 SCI 论文数量占 12%，但专利数量只有 0.66%，这说明协同控制技术是当前的科学研究热点。可以预测，未来几年该领域的研究成果转化为专利的数量将增加。

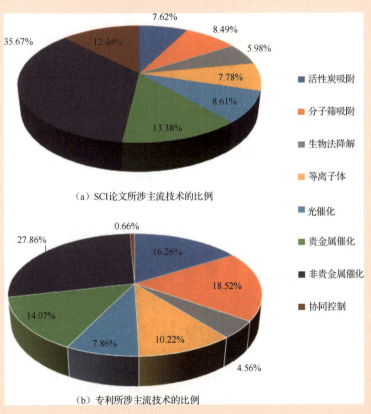

图 15-18　全球 VOCs 控制技术领域 SCI 论文与专利所涉主流技术的比例

图 15-19 给出了 2005—2017 年全球 VOCs 控制技术领域论文与专利所涉主流技术的变化趋势。从图中可以看出，非贵金属催化、协同控制和贵金属催化技术方面的 SCI 论文数量逐年上升，特别是非贵金属催化技术方面的 SCI 论文数量远高于其他技术。在 CNKI 论文数量方面，我国的 VOCs 控制主流技术发展趋势与世界发展趋势一致，我国尤其重视协同控制技术的研究与开发。在专利数量方面，活性炭吸附、分子筛吸附、非贵金属催化和贵金属催化技术的专利数量变化在 2014 年之前较为稳定，在 2014 年之后显著增加。

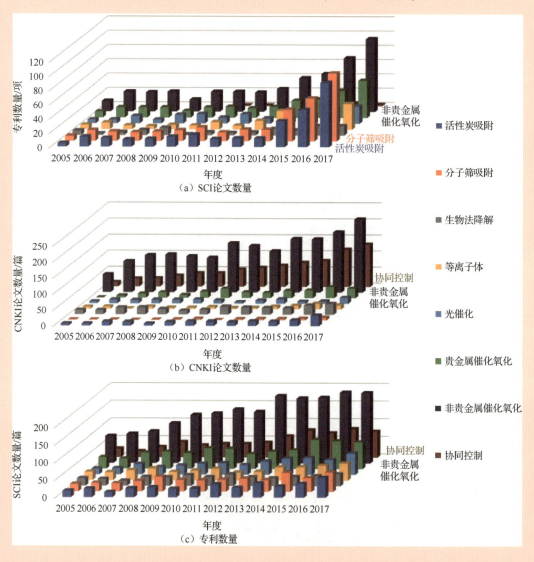

图 15-19　2005—2017 年全球 VOCs 控制技术领域论文与专利所涉主流技术的变化趋势

综合论文数量和专利数量，可以看出，非贵金属催化技术的论文数量和专利数量逐渐上升，且数量均为最大。此外，协同控制技术是当前世界 VOCs 控制技术领域的研究热点。

图 15-20 是 2005—2017 年全球 VOCs 控制技术领域主要国家和专利组织的 SCI 论文与专利数量变化趋势。从图 15-20 可以看出，中国、美国、法国以及韩国的 SCI 论文数量较高，中国在 VOCs 控制技术方向专利数量方面处于世界领先地位。2014 年之前中国在这方面的专利数量有波动但总体上呈上升趋势；到 2015 年，中国在这方面的专利数量急剧上升。自 2005 年以来，美国、欧洲、日本等发达国家和地区 VOCs 控制技术领域的专利数量变化较为稳定，说明发达国家和地区的 VOCs 控制技术已经较为成熟。

图 15-20 2005—2017 年全球 VOCs 控制技术领域主要国家和专利组织的 SCI 论文与专利数量变化趋势

通过对中国、美国、日本、韩国、法国等的各主流 VOCs 控制技术 SCI 文章数量占比进行分析，其中非贵金属催化氧化、贵金属催化氧化和协同控制技术在各国中的占比都较多。从专利数量来看，非贵金属催化氧化和贵金属催化氧化技术的专利数量较大，而欧洲的光催化专利数量较大。与 SCI 文章数量相比，协同控制技术的专利数量整体偏少，说明该技术处于研究开发阶段，该方法得到了一定的关注和研究，未来重点将从研究阶段进入工程阶段，专利数量也将随之增加。就我国而言，非贵金属催化氧化、分子筛吸附和活性炭吸附技术占比较大，位列前三。

从整体水平看，国际上关于 VOCs 控制方面的研究呈现较为平稳的发展态势，而我国学者对该领域的关注热度则快速升温。

从近年来 VOCs 控制技术领域论文和专利申请数量看，我国在该领域的论文和专利申请数量在 2015 年之后大幅度上升，我国在该领域非贵金属催化氧化、分子筛氧化吸附和活性炭吸附技术占主导地位，说明我国在非贵金属催化氧化、分子筛吸附和活性炭吸附技术方面形成了从实验室研究到技术应用的成果转化链。

15.3.5 烟气多污染物协同控制技术

各类燃烧源排放的烟气成分复杂，常常同时包含 PM、SO_2、NO_x、VOCs 和重金属等多种污染物。从国内外技术发展来看，烟气治理已经从针对单一污染物的控制策略转向开发高效、经济的多污染物协同控制技术。目前，学术界和工业界一直努力研发相关新技术或装备，研究 PM、SO_2、NO_x 及非常规污染物的协同控制，并在烧结炉、水泥窑、垃圾焚烧炉、燃煤锅炉等多个领域开展多污染物协同控制示范工程的建设，为烟气多污染物深度减排提供了关键技术支撑。

如图 15-21 所示，臭氧氧化吸收法、电子束法、催化吸收法和现有污染控制装置协同/联合脱汞等方法均在 20 世纪 90 年代初就有首篇 SCI 论文报道，出现的时间相对一致。而中国的首篇 SCI 论文报道显著晚于世界，均在 2000 年后，说明我国近年才开始关注多污染物协同/联合技术。

目前，协同深度治理领域内的关键技术有循环流化床技术、湿法多污染物脱除组合技术、活性炭/焦吸附多污染物去除技术、改性催化剂协同脱硝脱硫技术、除尘协同控制多污染物技术、碳排放控制技术等。协同治理领域文献检索关键词难以界定，除科技创新成果外，也需要考虑与现有设备的耦合应用等工程问题。

15 ▪ 面向 2035 年的工业烟气污染防治技术路线图

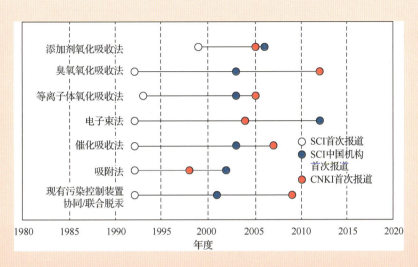

图 15-21 多污染协同/联合控制技术国内外首次报道时间分析

15.4 技术路线图

15.4.1 重点任务

在工业烟气污染控制方面,利用除尘脱硫技术基本可以满足要求,NO_x和其他污染物控制技术不完善或缺乏,仍不能满足我国日渐严格的排放标准要求。非电固定源烟气除尘普遍采用布袋或静电除尘器,脱硫普遍采用湿法或半干法技术,脱硝技术的应用则存在较大差异。在工业烟气污染控制方面,电力行业自"十二五"规划以来,在相关政策的推动下,已经全面完成了脱硫脱硝除尘改造,治理技术总体达到世界先进水平,目前正在朝着超低排放的目标进行升级改造。而非电行业烟气治理技术仍不完备,尤其是对于NO_x和其他非常规污染物的控制技术不够完善,无法满足我国日渐严格的排放标准要求。因此,以钢铁、水泥、玻璃炉窑等为主的非电行业已经成为我国目前大气污染治理的重点,也是助力打赢"蓝天保卫战"的关键。目前,非电行业烟气治理主要通过布袋或静电除尘器进行除尘,采用湿法或半干法技术脱硫,在除尘脱硫上取得了不错的成果。然而,脱硝工艺的选择仍存在较大差异,尚未出现行业普遍认可并大规模推广的技术。近年来,SCR 脱硝技术因为效率较高,在玻璃、钢铁、焦化、水泥等行业的应用不断提速,但是在非电行业的应用时间不够,技术成熟度仍有待提升。此外,重金属等非常规污染物减排尚未得到应有的重视,仅通过常规除尘脱硫脱硝工艺和设备的耦合控制。为了满足我国不断加严的标准要求,高效脱硝、多污染物深度减排技术将是未来非电行业烟气治理技术的重要攻关方向。

15.4.2 技术路线图的绘制

图 15-22 面向 2035 年的工业烟气污染防治技术路线图

从整体水平来看，脱硫技术的发展在世界范围内已经趋于饱和并稳定，这主要是因为发达国家很早就完成了 SO_x 的减排和控制。我国虽然起步较晚，但发展很快，目前基本已经完成了主要行业脱硫的升级改造，我国二氧化硫的排放量相比 2007 年的顶峰值下降了超过 75%。未来如何针对超低排放标准，结合新技术的发展，实现 SO_x 的深度治理已经成为现阶段的主要需求。

以石灰石-石膏法和石灰吸收法为代表的湿法脱硫技术仍是目前研究和应用的热点，但已经出现下降趋势，很有可能在未来进一步下降。而以氨法脱硫、活性炭吸附法脱硫、催化还原法脱硫等为代表的脱硫技术也得到了较为广泛的关注，相关研究和应用逐年上升，很有可能成为未来实际应用的主流技术。

目前脱硝方向仍受到世界范围内的广泛关注，尤其是我国自 2012 年以来，受到"十二五"规划对 NO_x 减排的要求影响，相关研究论文数量和专利数量显著提升。结合我国目前严重的区域大气环境问题，针对 NO_x 减排控制技术的研究在未来很长一段时间内仍将继续升温。

目前，除电力行业 SCR 技术推广应用较多以外，非电行业大都只有低氮燃烧改造和 SNCR 技术进行脱硝。可以预测，在未来 20 年，低氮燃烧和 SNCR 作为发展时间长，应用成熟的技术热度将逐渐下降；SCR 技术仍将继续提升研究热度，并推广到更大范围的工程应用；等离子体、光催化等新技术还需要进一步的研究，有可能在未来展露出应用前景。

深化治理 PM 2.5 的迫切需求推动了现有除尘装备的升级改造、新除尘技术的研发和应用。目前，我国烟气颗粒污染物控制技术在整体上基本能满足重点工业源颗粒物的控制需求，但在高温煤炭裂解气、焦炉煤气、冶金尾气、黄磷尾气等高温气氛下的颗粒物高效减排关键技术，及 PM 2.5 与多种污染物的高效低成本协同减排关键技术仍有待进一步开发。

在挥发性有机物 VOCs 控制技术领域，从整体水平看，国际上关于 VOCs 治理方面的研究呈现较为平稳的发展态势，而我国学者在该领域的关注热度则快速升温。从近年来 VOCs 控制技术方向的论文数量和专利数量来看，我国在该领域的论文数量和专利数量在 2015 年后大幅度上升，我国非贵金属催化氧化、分子筛吸附和活性炭吸附技术占主导地位，说明我国在非贵金属催化氧化、分子筛吸附和活性炭吸附技术方面形成了相对较好的从实验室研究到技术应用的成果转化链。

15.5 战略支撑与保障

未来 20 年内，工业化仍将是我国经济发展的主要动力，但是工业生产排放的大气污染物具有排放量大、排放面广、成分复杂等特点，给工业烟气的末端治理造成巨大压力。我国"十二五"规划提出"绿色发展，建设资源节约型、环境友好型社会"的发展纲要，"十三五"规划再次强调"绿色发展"理念，2019 年两会开幕式报告中也特别指出我国要全面开展"蓝天、绿水、净土保卫战"，这充分表明我国对环境污染防治工作的高度重视。

自"十二五"规划实施以来，我国针对工业烟气中主要大气污染物的控制技术相关的 SCI 论文数量和专利数量都呈爆发式增长趋势，近年来已达到世界领先水平。但是，整体而言国内仍旧缺乏大气污染控制方向的核心关键技术。虽然通过"引进—消化吸收—再创新"的方式形成了一批具有自主知识产权的技术和装备，逐渐进入我国环保装备市场，但国产化装备的性能、效率及技术水平与世界领先水平仍有差距，需进一步改进与优化。

要充分发挥出我国在烟气颗粒污染物治理领域优势的科研水平，激发创新活力，就需要完善科技创新能力体系建设，持续支持立项、加大投入力度，推进技术和专利落地，健全合理的人才评价体系。

完善科技创新能力体系建设，一是聚集各方科研能力及资源，研究开发新一代的污染物治理技术，为面向 2035 年的工业烟气污染物治理提供理论基础；二是聚焦以上所提到的关键前沿技术，凝练创新方向及创新目标，进一步发展大气领域核心关键技术及装备。

围绕大气领域重点研发需求，以生态文明建设为目标，我国还需推动优化科技立项，持续支持大气污染治理方向的重大科研项目。充分发挥利益机制在技术创新和专利产业化进程中的作用，完善知识产权法律保护体系，鼓励技术创新和专利产业化，形成"产、学、研、用"协同创新机制。

高水平科技创新平台需要高层次专业人才队伍。加强大气污染治理领域人才培养力度，关注研究生培养，建立灵活的人才引进交流机制，鼓励学术交流及培训项目，提高重点项目在团队组建、人才引进方面的自主权，创新科技人才评价考核及激励机制，切实为提高我国环保技术装备水平与核心竞争力建立技术中坚力量。

小结

当前我国大气污染防治技术整体处于高速发展阶段，以电力行业烟气治理为主的部分研究和技术已经达到世界先进水平，但在非电行业中的应用还不够成熟。在国家政策的驱动下，电力行业的超低排放改造和非电行业的脱硝及非常规污染物脱除将成为下一阶段工业烟气污染防治的重点。本研究基于文献的研究热点和专利的应用方向，结合专家的意见修正，预测了未来 20 年内不同污染物的防治技术路线发展，对当前的主流技术和未来的潜力技术进行了重点介绍，为下一步的科技立项、产业扶植和政策支持提供了明确的方向，助力各行各业决胜蓝天保卫战。

第 15 章编写组成员名单

组　长：贺克斌

成　员：李俊华　彭　悦　熊尚超　杨雯皓　杨其磊　刘　昊　佟　童　陈　雪　王　允

执笔人：李俊华　彭　悦　王　允

参 考 文 献

第 1 章

[1] 加拿大原工业部（Industry Canada）. 技术路线图简介[EB/OL]. [2011-11-28]. http://www. ic. gc. ca/eic/site/trm-crt.nsf/eng/home.

[2] 国家技术前瞻研究组. 关于编制国家技术路线图推进《规划纲要》实施的建议[J]. 中国科技论坛, 2008(05): 3-6.

[3] 李万, 吴颖颖, 汤琦, 孟海华, 庄珺, 梁偲. 日本战略性技术路线图的编制对我国的经验启示[J]. 创新科技, 2013(01): 8-11.

[4] 中国科学院. 创新2050：科学技术与中国的未来. 中国科学院战略研究系列报告发布 [EB/OL]. [2009-6-10]. 见 http://www.cas.cn/zt/kjzt/zkyzlyjxlbg/.

[5] 中国机械工程学会.《中国机械工程技术路线图》在京首发[EB/OL]. [2011-8-31]. 见 http://www.cmes.org/News/Information/2017214/1487055759339_1.html

[6] 工业和信息化部. 《<中国制造2025>重点领域技术创新绿皮书—技术路线图（2017年版）》发布会召开[EB/OL]. [2018-01-29]. 见 http://www.gov.cn/xinwen/2018-01/29/content_5261911.htm.

第 2 章

[1] 工业和信息化部, 交通运输部, 国防科工局. 智能船舶发展行动计划(2019-2021)[Z]. 工信部联装〔2018〕288号. 北京, 2018: 1-9.

[2] 柳晨光, 初秀民, 谢朔等. 船舶智能化研究现状与展望 [J]. 船舶工程, 2016, 38(3): 77-84.

[3] 贺辞. CCS《智能船舶规范》六大功能模块要求[J]. 中国船检, 2016(03): 84-85, 106.

[4] 智能船舶的发展研究 [A]. 梁云芳, 谢俊元, 陈虎, 季寒, 吴鸿程, 闵婕. 纪念《船舶力学》创刊二十周年学术会议论文集[C]. 2017.

[5] 曾晓光. 日本造船的智能化突围 [J]. 中国船检, 2018 (7): 36-37.

[6] 林赛宇, 钟韬. 智能船舶与智能航保的关系探讨 [J]. 科技创新导报, 2018 (25): 120-122.

[7] 夏启兵, 王玉林, 陈蓉. 智能航运发展研究 [J]. 航海, 2018 (2): 43-46.

[8] 郑荣才, 杨功流, 李滋刚, 汪顺亭. 综合船桥系统综述[J]. 中国惯性技术学报, 2009, 17(06): 661-665.

[9] 杨敬堡, 林丞丰. 船用燃料电池模块系统设计研究 [J]. 中国水运, 2017 (2): 46-47.

[10] 张艳. 气泡船节能关键技术与应用前景[J]. 中国水运(下半月), 2015, 15(2): 94-95.

[11] Loughney S, Wang J. Bayesian network modelling of an offshore electrical generation system for applications within an asset integrity case for normally unattended offshore installations[J]. Proceedings of the Institution of Mechanical Engineers, Part M: Journal of Engineering for the Maritime Environment, 2017: 147509021770478.

[12] OLIVEIRA P G O, BRAGA A, GARCIA P A A. Reliability study of subsurface safety valve control system in oil wells [C] //ESSREL 2016 26th European Safety and Reliability. Risk, Reliability and Safety: Innovating Theory and Practice, 2017: 801-808.

[13] 何海龙, 康萌, 董世国. 概述物联网技术在水产养殖上的发展应用[J], 黑龙江水产, 2019, 5: 13-17.

[14] 丁安. 声呐图像水下管线检测与跟踪技术研究[D]. 江苏科技大学, 2019.

[15] 刘冠灵, 卫泓宇, 李志鹏, 李德荣, 李日辉. 履带式深海网箱清洗机器人的设计[J]. 机械制造, 2019, 57(04): 11-14.

[16] 王佳佳, 陈鹏, 李兴维, 连洪正. 新型绿色智能采油系统的开发[J]. 中国石油和化工标准与质量, 2018, 38(20): 27-28, 30.

[17] 纠手才. 海水养殖智能装备产业化推进过程中的关键问题研究[D]. 上海海洋大学, 2018.

[18] 李真. 水下管线自动跟踪式 ROV 的设计及研究[D]. 大连理工大学, 2018.

[19] 闫国琦, 倪小辉, 莫嘉嗣. 深远海养殖装备技术研究现状与发展趋势[J]. 大连海洋大学学报, 2018, 33(01): 123-129.

[20] 侯海燕, 鞠晓晖, 陈雨生. 国外深海网箱养殖业发展动态及其对中国的启示[J]. 世界农业, 2017(05): 162-166.

[21] 柯鑫剑. 海洋油气资源开发技术发展的思考[J]. 山东工业技术, 2015(03): 82-83.

[22] 丁忠军, 任玉刚, 张奕, 杨磊, 李德威. 深海探测技术研发和展望[J]. 海洋开发与管理, 2019, 36(04): 71-77.

[23] 李硕, 刘健, 徐会希, 赵宏宇, 王轶群. 我国深海自主水下机器人的研究现状[J]. 中国科学: 信息科学, 2018, 48(09): 1152-1164.

[24] 钟宏伟, 李国良, 宋林桦, 莫春军. 国外大型无人水下航行器发展综述[J]. 水下无人系统学报, 2018, 26(04): 273-282.

[25] 潘光, 宋保维, 黄桥高, 施瑶. 水下无人系统发展现状及其关键技术[J]. 水下无人系统学报, 2017, 25(02): 44-51.

[26] 李成进. 仿生型水下航行器研究现状及发展趋势[J]. 鱼雷技术, 2016, 24(01): 1-7.

[27] 庞硕, 纠海峰. 智能水下机器人研究进展[J]. 科技导报, 2015, 33(23): 66-71.

[28] 柯冠岩, 吴涛, 李明, 肖定邦. 水下机器人发展现状和趋势[J]. 国防科技, 2013, 34(05): 44-47.

[29] 甄子健, 刘进长. 日本最新机器人研发计划及其发展战略[J]. 机器人技术与应用, 2016(5).

[30] 朱帅. 海洋开发, 水下机器人大有可为[J]. 中国工业评论, 2017(08): 72-76.

[31] 徐玉如, 李彭超. 水下机器人发展趋势[J]. 自然杂志, 2011, 33(03): 125-132.

[32] 甄子健, 刘进长. 日本最新机器人研发计划及其发展战略[J]. 机器人技术与应用, 2016(05): 14-19.

[33] 郎舒妍, 曾晓光, 赵羿羽. 2030: 全球海洋技术趋势[J]. 中国船检, 2017(06): 90-92.

[34] 高峰, 王辉, 王凡, 冯志纲, 陈春. 国际海洋科学技术未来战略部署[J]. 世界科技研究与发展, 2018, 40(02): 113-125.

[35] 徐会希等. 自主水下机器人[M]. 科学出版社, 2019.

第3章

[1] Intelligent Transportation Systems (ITS)Joint Program Office (JPO),《Intelligent Transportation Systems Strategic Research Plan, 2010–2014》.

[2] Intelligent Transportation Systems (ITS)Joint Program Office (JPO),《ITS 2015-2019Strategic Plan》, 2014.

[3] EUROPEAN COMMISSION,《Preliminary Descriptions of Research and Innovation Areas and Fields, Research and Innovation for Europe's Future Mobility》, 2012.

[4] International Policy Analysis,《Europe 2020- Proposals for the Post-Lisbon Strategy, Progressive policy proposals for Europe's economic, social and environmental renewal》, 2014.

[5] 日本内阁府. SIP（战略创新创造节目）、自动行驶系统、研究开发计划. 2014.

[6] 孟海华, 江洪波, 汤天波. 全球自动驾驶发展现状与趋势[J]. 华东科技, 2014(9): 68-70.

[7] 节能与新能源汽车技术路线图战略咨询委员会, 中国汽车工程学会. 节能与新能源汽车技术路线图[M]. 北京: 机械工业出版社, 2016.

[8] DOT. Preparing For the Future of Transportation: Automated Vehicles 3. 0[M]. United Stated Department of Transportation, 2018.

[9] 中国汽车工程学会, 丰田汽车公司. 中国汽车技术发展报告[M]. 北京: 北京理工大学出版社, 2016.

[10] KrishnanShu DanduBrian, Paul Ginsburg. Combining Power Amplifiers at Millimeter Wave Frequencies: United Stated, US20180069316A1[P]. 2016-09-02.

[11] Juan Pontes. Radar sensor including a radome: United Stated, US9859613B2[P]. 2013-10-08.

[12] 王典. 一种毫米波雷达系统: 中国, CN108919271A[P]. 2018-03-23.

[13] 王宗新, 杨非, 褚家美. 一种波控系统简单的单板微带缝隙相控阵天线: 中国, CN102938504A[P]. 2012-11-26.

[14] Louay Eldada, Tianyue Yu, Angus Pacala. Solid state optical phased array lidar and method of using same: United Stated, US20150293224A1[P]. 2013-05-09.

[15] David S. Hall. High definition LiDAR system: United Stated, USRE46672E1 [P]. 2006-07-13.

[16] 王红光, 向少卿. 一种激光雷达旋转装置: 中国, CN208314188U[P]. 2018-06-08.

[17] Yosef Kreinin, Yosi Arbeli, Gil Dogon. System on chip with image processing capabilities: United Stated, US20170103022A1. [P]. 2015-06-10.

[18] Levinson J, Askeland J, Becker J, et al. Towards fully autonomous driving: Systems and algorithms[C]//2011 IEEE Intelligent Vehicles Symposium (IV). IEEE, 2011: 163-168.

[19] Daily M, Medasani S, Behringer R, et al. Self-driving cars[J]. Computer, 2017, 50(12): 18-23.

[20] Nadav Cohen, Or Sharir, Amnon Shashua. On the expressive power of deep learning: A tensor analysis[C]//Conference on Learning Theory. 2016: 698-728.

[21] Dalal N, Triggs B. Computer Vision and Pattern Recognition. CVPR 2005[C]//IEEE Computer Society Conference. 2005, (1): 886-893.

[22] 辛喆, 张小雪, 陈海亮, 等. 节能型异质汽车队列的切换式有界稳定控制 [J]. 清华大学学报(自然科学版) , 2019, 59(3): 228-235.

[23] 李克强, 常雪阳, 李升波, 等. 用于车车及车路协同的云控平台系统及协同系统和方法: 中国, CN109714730A[P]. 2019-02-01.

[24] Bruce Bernhardt, Arnold Sheynman, Jingwei Xu. Multi-dimensional map for aerial vehicle routing : 全球, WO2017025884A1. [P]. 2015-08-11.

[25] Mark Steven Bell. Method of Motion Detection and Autonomous Motion Tracking Using Dynamic Sensitivity Masks in a Pan-tilt Camera: United Stated, US8041077B2. [P]. 2007-12-18.

第 4 章

[1] 中华人民共和国国务院. 国务院关于印发新一代人工智能发展规划的通知[EB/OL]. (2017-07-20)[2020-04-16]. 见 http://www.gov.cn/zhengce/content/2017-07/20/content_5211996. htm.

[2] The White House Office of Science and Technology Policy. Accelerating America's Leadership in Artificial Intelligence [EB/OL]. (2019-02-11)[2020-04-16]. whitehouse. gov/articles/accelerating-americas-leadership-in-artificial-intelligence/.

[3] The White House Office of Science and Technology Policy's National Science and Technology Council. The National Artificial Intelligence Research and Development Strategic Plan: 2019 Update[EB/OL]. (2019-06)[2020-04-16]. 见 https: //www.whitehouse. gov/wp-content/uploads/2019/06/National-AI-Research-and-Development-Strategic-Plan-2019-Update- June-2019. pdf.

[4] 郑春荣. 德国《国家工业战略 2030》及其启示[J]. 人民论坛·学术前沿, 2019(14): 102-110.

[5] 林梦瑶, 李重照, 黄璜. 英国数字政府: 战略、工具与治理结构[J]. 电子政务, 2019(08): 91-102.

[6] 张丽娟. 日本《综合创新战略2019》的政策重点[J]. 科技中国, 2020(02): 102-104.

[7] 边缘计算产业联盟、工业互联网产业联盟. 边缘计算与云计算协同白皮书 [R]. 2018.

[8] 可信软件基础研究项目组.可信软件基础研究[M]. 杭州: 浙江大学出版社, 2018.

[9] 王建民. 大数据系统软件助力工业数字化转型[N]. 中国信息化报, 2019-12-09(013).

[10] 黄铁军, 余肇飞, 刘怡俊. 类脑机的思想与体系结构综述[J].计算机研究与发展,2019,56(06):1135-1148.

[11] Natasha Noy,Yuqing Gao, Anshu Jain.Industry-Scale Knowledge Graphs: Lessons and Challenges[A].Communications of the ACM[C], 2019, 62(8): 36-43.

[12] 黄罡. 面向人机物融合的泛在系统软件技术[J]. 中国计算机学会通讯, 2020,16(04): 08-09.

第5章

[1] 殷瑞钰. 冶金流程集成理论与方法[M], 北京: 冶金工业出版社, 2013.

[2] 殷瑞钰. 冶金流程工程学（第2版）[M], 北京: 冶金工业出版社, 2009.

[3] 殷瑞钰. 关于智能化钢厂的讨论——从物理系统一侧出发讨论钢厂智能化[J], 钢铁, 2017, 52（6）: 1-12.

[4] 殷瑞钰. "流"、流程网络与耗散结构——关于流程制造型制造流程物理系统的认识[J], 中国科学: 技术科学, 2018, 48（2）: 136-142.

[5] Ruiyu YIN. Theory and Methods of Metallurgical Process Integration[M], San Diego, CA, USA: Academic Press, Elsevier Inc., and Beijing, China: Metallurgical Industry Press. 2016. 27-30.

[6] Nicolis G. and Prigogine I., Self-Organization in Nonequilibrium Systems[M], New York: John Wiley & Sons, Inc., 1977. 24-25.

[7] Ruiyu YIN. Metallurgical Process Engineering[M], Beijing: Metallurgical Industry Press, and Verlag Berlin Heidelberg: Springer. 2011. 70-73.

[8] 赵振锐, 钢铁企业智能制造架构的探索、实践及展望, 唐钢调研报告（PPT）, 2018. 7.

[9] 中国工程院. 中国智能制造发展战略研究报告, 2018.

[10] 工信部. 智能制造发展规划（2016—2020年）, 2016.

[11] 殷瑞钰, 关于智能化钢厂的讨论, 唐钢调研报告（PPT）, 2018.

[12] 曾加庆, 关于钢铁流程智能化提升的思考（PPT）, 2018.

[13] 赵振锐, 刘景钧, 孙雪娇, 等. 面向智能制造的唐钢信息系统优化与重构[J], 冶金自动化, 2017, 41（3）: 1.

[14] 夏青. 钢铁行业ODS设计与实现[J], 冶金自动化, 2017, 41（3）: 12.

[15] 王颖, 董磊, 张旭. 唐钢全流程质量管理系统的应用[J], 冶金自动化, 2017, 41（3）: 20.

[16] 胡浩. 唐钢智能化设备全生命周期管理平台的搭建[J], 冶金自动化, 2017, 41（3）: 27.

[17] 推动我国新一代人工智能健康发展, 新华社, 2018年10月31日.

[18] 《国务院关于印发<中国制造2025>的通知》, 2015年05月19日.

[19] 工信部. 智能制造发展规划（2016—2020年）, 2016.

[20] "石化工业强国战略"课题组. 石化工业强国战略研究, 2014.

[21] "石化工业强国战略"课题组. 石化工业数字化智能化制造发展路线图, 2015.

[22] 工业互联网产业联盟, 工业互联网成熟度白皮书（1.0版）, 2017.

[23] 国家智能制造标准化总体组. 国家智能制造标准体系建设指南（2018年版），2018.

[24] 李杰，等. CPS: 新一代工业智能. 上海交通大学出版社, 2017.

[25] 周济，等. 走向新一代智能制造, Engineering, 2018: 1-5.

[26] 中国信息物理系统发展论坛. 信息物理系统白皮书, 2017.

[27] 工业互联网产业联盟. 工业互联网导则: 设备智能化, 2017.

[28] 林诗万. 工业互联网与工业 4.0: 架构对接与应用, 2018 工业互联网峰会, 北京, 2018.

[29] 赵敏. 工业互联网平台与智能制造. 工业互联网平台宣讲, 北京, 2018.

[30] JimingWANG, Theoretical research and application of petrochemical Cyber-physical Systems, Front. Eng. Manag. 2017, 4(3): 242–255.

[31] 工业互联网产业联盟. 工业互联网平台白皮书, 2017.

[32] 中国石化. 中国石化打造世界一流战略规划和行动方案（未发表），2018.

[33] 埃里克@谢费尔, 等. 工业 X.0, 上海: 上海交通大学出版社, 2017.

[34] 聂向锋. 中国炼化工程技术进展及发展趋势. 当代石油石化, 2011, No.12.

[35] 王基铭. 我国石化产业面临的挑战及对策建议. 当代石油石化, 2015, No.11.

[36] 吴青. 炼化企业数字化工厂建设及其关键技术研究. 无机盐工业, 2018, No. 2.

[37] 吴青. 智慧炼化建设中工程项目全数字化交付探讨. 无机盐工业, 2018, No. 5.

[38] 寿海涛. 数字化工厂与数字化交付. 石油化工设计, 2017, No.1.

[39] 吕松寿. 应用数字化集成设计的项目管理实践. 中国勘察设计, 2016, No.1.

[40] 樊军锋. 智能化工厂数字化交付初探. 石油化工自动化, 2017, No. 3.

[41] 中华人民共和国国家标准. 石油化工工程数字化交付标准(GB/T 51296—2018).

[42] 吴青. 流程工业智慧炼化建设的研究与实践. 无机盐工业, 2017, No.12.

[43] 蒋白桦, 等. 基于物联网技术的危化品物流应用平台研究, 计算机与应用化学, 2014, No.10.

[44] 房殿军. 智能制造框架下的智能物流系统建设. 现代物流报, 2018 月 16 日.

[45] 国务院关于积极推进供应链创新与应用的指导意见, 2017.

[46] 熊晓洋, 大型流程型企业智能化工厂建设探索, 当代石油石化, 2016, No. 7.

[47] 李德芳, 等. 加快智能化工厂进程, 促进生态文明建设, 化工学报, 2014, No. 2.

[48] 桂卫华, 等. 知识自动化及工业应用, 中国科学, 2016, No. 8.

[49] 孙仁金, 等. 对我国炼油化工产业链发展的思考, 中外能源, 2009, No.10.

[50] 王会良, 等. 智慧加油站的内涵、特点及构成, 国际石油经济, 2016, No. 3.

[51] 张芳影, 等. 智慧化加油建设探讨, 云南化工, 2018, No.1.

[52] 国家制造强国建设战略咨询委员会. 《中国制造 2025》重点领域技术路线图, 2015.

[53] 国务院关于深化"互联网+先进制造业"发展工业互联网的指导意见, 2017.

[54] 新一代人工智能发展规划, 2017.

[55] 钱锋, 等. 石油和化工行业智能优化制造若干问题及挑战. 自动化学报, 2017, No. 6.

[56] 钱锋, 等. 人工智能助力制造业优化升级, 中国科学基金, 2018, No. 3.

[57] 桂卫华, 等. 流程工业实现跨越式发展的必由之路. 中国科学基金, 2015, No. 5.

[58] 袁勇, 等. 区块链技术—从数据智能到知识自动. 自动化学报, 2019, No. 9.

[59] 工业互联网产业联盟. 工业互联网典型安全解决方案案例汇编, 2017.

[60] 工业互联网产业联盟. 工业云安全防护参考方案, 2017.

[61] 工业互联网产业联盟. 工业互联网安全架构（讨论稿）, 2018.

[62] 工业互联网产业联盟. 工业互联网安全总体要求, 2018.

[63] 国家智能制造标准体系建设指南（2015 版）.

[64] 国家智能制造标准体系建设指南（2018 版）.

[65] Amanda L. Blyth, Kenneth W. Landau. Big River Steel: America's Newest Steel Mill. Iron & Steel Technology. Sep. 2017.

[66] Peters Harald, Pietrosanti Costanzo, Mouton Stephane, et al. Roadmap Integrated Intelligent Manufacturing in Steel Industry. 2016/11/30. https://www.researchgate.net/publication/313025377_Roadmap_of_Integrated_Intelligent_Manufacturing_in_Steel_Industry.

第 6 章

[1] 陆家亮, 唐红君, 孙玉平. 抑制我国天然气对外依存度过快增长的对策与建议. 天然气工业, 2019(08): 1-9.

[2] 肖钢, 白玉湖. 天然气水合物能燃烧的冰. 武汉: 武汉大学出版社, 2012: 1-7.

[3] 郭平. 油气藏流体相态理论与应用. 北京: 石油工业出版社, 2004: 185-187.

[4] 人民网. 中国油气产业发展分析与展望报告蓝皮书（2018—2019）. 见 http://energy.people.com.cn/n1/2019/0326/c71661-30996583.html. 2019-1-16.

[5] Boswell R, Collett T S. Current perspective on gas hydrate resources. Energy and Environmental Science, 2011, (4): 1206-1215.

[6] 刘鑫, 潘振, 王荧光, 等. 天然气水合物勘探和开采方法研究进展. 当代化工, 2013, 42(7): 958-960.

[7] 刘玉山. 海洋天然气水合物勘探与开采研究的新态势(一). 矿床地质, 2011, 30(6): 1154-1156.

[8] 刘玉山, 祝有海, 吴必豪. 海洋天然气水合物勘探与开采研究进展. 海洋地质前沿, 2013, 29(6): 23-31.

[9] 我国可燃冰资源储量分布格局. 见 http://www.chyxx.com/industry/201310/222540.html, 2013-10-30.

[10] 我国海域天然气水合物资源量约 800 亿吨油当量. 见 http://news.sina.com.cn/c/2017-06-02/doc-ifyfuzym7669528.shtml, 2017-6-2.

[11] 吴传芝, 赵克斌, 孙长青, 等. 天然气水合物开采研究现状. 地质科技情报, 2008, 27(1): 47-52.

[12] 张焕芝, 何艳青, 孙乃达, 等. 天然气水合物开采技术及前景展望. 石油科技论坛, 2013, (6): 15-19, 64-65.

[13] 张卫东, 王瑞和, 任韶然, 等. 由麦索雅哈水合物气田的开发谈水合物的开采. 石油钻探技术, 2007, 35(4): 94-96.

[14] Grover T, Moridis G, Holditch S A. Analysis of reservoir performance of Messoyakha Gas hydrate Field. SPE Annual Technical Conference and Exhibition, Denver, Colorado, USA, 21-24 September 2008: 49-53.

[15] 祝有海. 加拿大马更些冻土区天然气水合物试生产进展与展望. 地球科学进展, 2006, 21(5): 513-520.

[16] Agalakov S E, Kurchikov A R, Baburin A N. Geologic and geophysical prerequisites for the existence of gas hydrates in the Turonian deposits of the east Messoyakha deposit. Geol Geofiz, 2001, 42(11-12): 1785-1791.

[17] Ginsburg G D, Novozhilov A A, Duchkov A D, et al. Do natural gas hydrates exist in cenomanian strata of the Messoyakha gas field Geol Geofiz, 2000, 41(8): 1165-1177.

[18] Hunter R B, Collett T S, Boswell R, et al. Mount elbert gas hydrate stratigraphic test well, Alaska North Slope: Overview of scientific and technical program. Mar Petrol Geol, 2011, 28(2): 295-310.

[19] 周守为, 陈伟, 李清平, 周建良, 施和生. 深水浅表层非成岩天然气水合物固态流化试采技术研究及进展. 中国海上油气, 2017, 29(4): 1-8.

[20] Matsumoto R, Takedomi Y, Wasada H. Exploration of Marine Gas Hydrates in Nankai Trough, Offshore Central Japan. AAPG, 2001, 6: 3-6.

[21] Yoshioka H, Sakata S, Cragg B A, et al. Microbial methane production rates in gas hydrate-bearing sediments from the eastern Nankai Trough, off central Japan. Geochem J, 2009, 43(5): 315-321.

[22] 国家中长期科学和技术发展规划纲要（2006—2020 年）. 2006 年 2 月 9 日, 见 http://www.gov.cn/gongbao/content/2006/content_240246.htm.

[23] 周守为, 陈伟, 李清平, 等. 深水浅表层非成岩天然气水合物固态流化试采技术研究及进展. 中国海上油气, 2017, 29(4): 1-8.

[24] 周守为, 赵金洲, 李清平, 等. 全球首次海洋天然气水合物固态流化试采工程参数优化设计. 天然气工业, 2017, 37(9): 1-14.

[25] 周守为, 陈伟, 李清平. 深水浅表层天然气水合物固态流化绿色开采技术. 中国海上油气, 2014, 26(5): 1-7.

[26] 周守为, 李清平, 陈伟, 等. 深海海底浅表层非成岩地层天然气水合物的绿色开采系统. 中国专利: CN103628880A, 2014-3-12.

[27] 李洋辉. 天然气水合物储层力学特性及本构模型研究. 大连：大连理工大学出版社，2018.

[28] 伍开松, 王燕楠, 赵金洲, 周守为, 陈柯杰, 沈家栋, 郑利军. 海洋非成岩天然气水合物藏固态流化采空区安全性评价. 天然气工业, 2017, 37(12): 81-86.

[29] 伍开松, 贾同威, 廉栋, 严才秀, 代茂林. 海底表层天然气水合物藏采掘工具设计研究. 机械科学与技术, 2017, 36(2): 225-231.

[30] 赵军, 戢宇强, 武延亮. 利用声波资料计算天然气水合物饱和度的可靠性实验. 天然气工业, 2017, 37(12): 35-39.

[31] 赵金洲, 周守为, 张烈辉, 伍开松, 郭平, 李清平, 付强, 高杭, 魏纳. 世界首个海洋天然气水合物固态流化开采大型物理模拟实验系统. 天然气工业, 2017, 37(9): 15-22.

[32] 魏纳, 孙万通, 孟英峰, 周守为, 付强, 郭平, 李清平. 海洋天然气水合物藏钻探环空相态特性. 石油学报, 2017, 38(6): 710-720.

[33] 魏纳, 徐汉明, 孙万通, 赵金洲, 张烈辉, 付强, 庞维新, 郑利军, 吕鑫. 水平井段内不同丰度天然气水合物固相颗粒的运移规律. 天然气工业, 2017, 37(12): 75-80.

[34] Wei Na, Sun Wantong, Meng Yingfeng, Zhou Shouwei, Li Gao, Guo Ping, Dong Kanjicai, Li Qingping. Sensitivity analysis of multiphase flow in annulus during drilling of marine natural gas hydrate reservoirs. Journal of Natural Gas Science & Engineering, 2016, 36: 692-707.

[35] Wei Na, Meng Yingfeng, Li Gao, Guo Ping, Liu Anqi, Xu Tian, Sun Wantong. Foam drilling in natural gas hydrate. Thermal Science, 2015, 19(4): 1403-1405.

[36] Wei Na, Sun Wantong, Li Yongjie, Meng Yingfeng, Li Gao, Guo Ping, Liu Anqi. Characteristics analysis of multiphase flow in annulus in natural gas hydrate reservoir drilling. AER-Advances in Engineering Research, 2015, 40: 396-400.

[37] Wei Na, Meng Yingfeng, Zhou Shouwei, Sun Wantong, Guo Ping, Liu Anqi, Xu Tian, Chen Guangling. Analysis of wellbore flow while drilling in natural gas hydrate reservoir. 2015 International Conference on Industrial Informatics, Machinery and Materials, 2015: 122-127.

[38] 郭平. 天然气水合物气藏开发. 北京：石油工业出版社，2006.

[39] Riedel M, Bellefleur G, Dallimore S R, et al. Amplitude and frequency anomalies in regional 3D seismic data surrounding the Mallik 5L-38 research site, Mackenzie Delta, Northwest Territories, Canada. Geophysics, 2006, 71(6): B183-B191.

[40] Yun T S, Fratta D, Santamarina J C. Hydrate-Bearing Sediments from the Krishna-Godavari Basin: Physical Characterization, Pressure Core Testing, and Scaled Production Monitoring. Energ Fuel, 2010, 24: 5972-5983.

[41] 皮光林. 我国天然气水合物勘探开发行业现状、挑战与对策. 中国矿业, 2018, 27（4）: 1-5.

[42] 付强, 周守为, 李清平. 天然气水合物资源勘探与试采技术研究现状与发展战略. 中国工程科学, 2015, 17 (9): 123-132.

第7章

[1] 杨红义, 宋维. 第4代核能系统国际论坛(GIF)进展[J]. 中国原子能科学研究院年报, 2007(00): 31-32.

[2] 邓力, 史敦福, 李刚. 数值反应堆多物理耦合关键技术[J]. 计算物理, 2016, 33(6): 631-638.

[3] 张萌, 张红林, 汪永平. 美国核能最新政策解读[J]. 中国核工业, 2014(7).

[4] 王超, 蔡莉. 美将第四代核电技术开发与部署提上日程[J]. 国外核新闻, 2017.

[5] 伍浩松. 英国发布新的核工业发展战略[J]. 国外核新闻, 2013(4): 8.

[6] NNL. UK Nuclear Fission Technology Roadmap Preliminary Report[R]. UK: 2012.

[7] 伍浩松, 张焰. 法国核工业界明确中长期行动计划[J]. 国外核新闻, 2019(02): 4.

[8] 陈嘉茹. 日本核事故后各国核能政策及其对能源格局的影响[J]. 国际石油经济, 2014, 22(10): 70-75.

[9] 赵英. 日本发展核电的战略诉求与走势[J]. 2014(1): 60-64.

[10] 张焰, 伍浩松. 日内阁批准新版基础能源规划 2030年核电份额将为20%[J]. 国外核新闻, 2018(8): 4.

[11] 富贵, 陈炳硕, 张艳枫. 韩国"去核电"政策研究[J]. 全球科技经济瞭望, 2018, 33(3): 7-10.

[12] NEA I. Technology Roadmap: Nuclear Energy[Z]. OECD Publishing, 2015.

[13] 中国工程院核能发展的再研究项目组. 我国核能发展的再研究[M]. 清华大学出版社, 2015.

[14] 贾小波. 第四代核能保障体系介绍[J]. 中国核电, 2010(3): 98-103.

[15] 彭先觉. Z箍缩驱动聚变裂变混合堆——一条有竞争力的能源技术途径[J]. 西南科技大学学报, 2010, 25(4): 1-4, 8.

[16] 马纪敏, 郭海兵, 刘志勇, 等. Z箍缩聚变裂变混合堆包层中子学分析[J]. 强激光与粒子束, 2015, 27(1): 205-210.

[17] 杜祥琬, 叶奇蓁, 徐銤, 等. 核能技术方向研究及发展路线图[J]. 中国工程科学, 2018, 20(3): 17-24.

第8章

[1] 任南琪. 海绵城市建设理念与对策[J]. 城乡建设, 2018(07): 6-11.

[2] 章林伟, 牛璋彬, 张全, 马洪涛, 任心欣, 任希岩, 王家卓, 王文亮, 陈玮, 胡应均, 赵晔, 吕永鹏. 浅析海绵城市建设的顶层设计[J]. 给水排水, 2017, 53(09): 1-5.

[3] 章林伟. 中国海绵城市建设与实践[J]. 给水排水, 2018, 54(11): 1-5.

[4] 车生泉, 谢长坤, 陈丹, 等. 海绵城市理论与技术发展沿革及构建途径[J]. 中国园林, 2015, 31(6): 11-15.

[5] 张伟, 王家卓, 车晗, 王晨, 张春洋, 石炼, 范锦. 海绵城市总体规划经验探索——以南宁市为例[J]. 城市规划, 2016, 40(08): 44-52.

[6] 任南琪, 王谦, 黄鸿, 王秀蘅. 基于"大小海绵"共存模式的体系化海绵城市绩效评估[J]. 中国给水排水, 2017, 33(14): 1-4.

[7] 李树平, 黄廷林. 城市化对城市降雨径流的影响及城市雨洪控制[J]. 中国市政工程, 2002(3): 35-37.

[8] 刘文, 陈卫平, 彭驰. 城市雨洪管理低影响开发技术研究与利用进展[J]. 应用生态学报, 2015, 26(6): 1901-1912.

[9] 刘洋, 李俊奇, 刘红, 等. 新西兰典型雨水管理政策剖析与启示[J]. 中国给水排水, 2007, 23(20): 11-15.

[10] 彭翀, 张晨, 顾朝林. 面向"海绵城市"建设的特大城市总体规划编制内容响应[J]. 南方建筑, 2015(3): 48-53.

[11] 孙攸莉, 陈前虎. 海绵城市建设绩效评估体系与方法[J]. 建筑与文化, 2018(01): 154-157.

[12] 田闯. 发达国家海绵城市建设经验及启示[J]. 黄河科技大学学报, 2015, 17(5): 64-70.

[13] 王文亮, 李俊奇, 王二松, 等. 海绵城市建设要点简析[J]. 建设科技, 2015(1): 19-21.

[14] 管克江. 德国城市雨水处理有讲究[J]. 中州建设, 2014(5): 60-60.

[15] 左其亭. 我国海绵城市建设中的水科学难题[J]. 水资源保护, 2016, 32(4): 21-26.

[16] 吴丹洁, 詹圣泽, 李友华, 等. 中国特色海绵城市的新兴趋势与实践研究[J]. 中国软科学, 2016(1): 79-97.

[17] 徐振强. 我国海绵城市试点示范申报策略研究与能力建设建议[J]. 建设科技, 2015(3): 58-63.

[18] 杨一夫, 吴连丰, 王泽阳. 基于数字模型的海绵城市规划实施评估研究: 2017 中国城市规划年会, 中国广东东莞, 2017[C].

[19] 章林伟. 海绵城市建设概论[J]. 给水排水, 2015(6): 1-7.

[20] 邹宇, 许乙青, 邱灿红. 南方多雨地区海绵城市建设研究——以湖南省宁乡县为例[J]. 经济地理, 2015, 35(9): 65-71.

[21] 金吉利. 基于海绵城市背景的雨水花园应用探析[J]. 现代园艺, 2019(22): 132-133.

[22] 李兵. 基于"海绵城市"理念的雨水渗蓄试验研究[J]. 中国市政工程, 2015(06): 73-75+94.

[23] 杜晴. 海绵城市综合管廊给排水建设的思考[J]. 工程建设与设计, 2019(23): 83-84.

[24] 程小文, 凌云飞, 贾持玉, 尤学一. 城市大排水系统的规划方法与案例实践[J]. 给水排水, 2019, 55(S1): 60-63.

[25] 谢映霞. 城市排水与内涝灾害防治规划相关问题研究[J]. 中国给水排水, 2013, 29(17): 105-108.

[26] Jie Wang, Yinqiu Wei, Zhicheng Xie, Xuepeng Jiang, Hongjie Zhang, Kaihua Lu. Influence of the water spray flow rate and angle on the critical velocity in tunnels with longitudinal ventilation[J]. Energy, 2020, 190.

[27] 高美香. 城市黑臭水体成因分析及整治探讨[J]. 石化技术, 2019, 26(11): 201+217.

[28] 王波. 黑臭水体治理中排水系统优化的思考探究[J]. 工程建设与设计, 2019(20): 106-108.

[29] 张书函, 殷瑞雪, 潘姣, 孟莹莹, 赵飞. 典型海绵城市建设措施的径流减控效果[J]. 建设科技, 2017(01): 20-23.

[30] 张书函. 基于城市雨洪资源综合利用的"海绵城市"建设[J]. 建设科技, 2015(01): 26-28.

[31] Xiu-Juan Qiao, Kuei-Hsien Liao, Thomas B. Randrup. Sustainable stormwater management: A qualitative case study of the Sponge Cities initiative in China[J]. Sustainable Cities and Society, 2019.

[32] Lei Ding, Xiangyu Ren, Runzhu Gu, Yue Che. Implementation of the "sponge city" development plan in China: An evaluation of public willingness to pay for the life-cycle maintenance of its facilities[J]. Cities, 2019, 93.

[33] 李晓雷, 张高嫄. 海绵城市建设中低影响开发应用效果评估思考[J]. 天津建设科技, 2019, 29(05): 16-18.

[34] 叶水根, 刘红, 孟光辉. 设计暴雨条件下下凹式绿地的雨水蓄渗效果[J]. 中国农业大学学报, 2001(06): 53-58.

[35] 赵伟, 陈奔, 杨晴, 张丽竹. 智慧水务构建研究[J]. 水利技术监督, 2019(06): 51-54+227.

[36] 成斐鸣, 范营营, 张岐, 郑伟, 田雨. 智慧水务管理平台的设计[J]. 机械设计与制造工程, 2019, 48(10): 89-92.

[37] 段丙政, 赵建伟, 高勇, 朱端卫, 华玉妹, 周文兵. 绿色屋顶对屋面径流污染的控制效应[J]. 环境科学与技术, 2013, 36(09): 57-59+117.

[38] 李辉, 李娜, 程晓陶, 俞茜, 王虹. 海绵城市建设的挑战与发展机遇[J]. 中国水利, 2019(14): 26-28.

[39] 王明昭. 海绵城市建设项目实施的难点与建议[J]. 智能城市, 2019, 5(08): 10-11.

[40] 马含之. 低影响开发的海绵城市景观化探究[J]. 住宅与房地产, 2019(09): 68.

第 9 章

[1] "中国工程科技 2035 发展战略研究"项目组. 中国工程科技 2035 发展战略综合报告[M]. 北京: 科学出版社，2019.

[2] "中国工程科技 2035 发展战略研究"项目组. 中国工程科技 2035 发展战略技术预见报告[M]. 北京: 科学出版社，2019.

[3] "中国工程科技 2035 发展战略研究"项目组. 中国工程科技 2035 发展战略航天与海洋领域报告[M]. 北京: 科学出版社，2019.

[4] "中国工程科技 2035 发展战略研究"海洋领域课题组. 中国海洋工程科技 2035 发展战略研究. 中国工程科学，2017 年第 19 卷第 1 期.

[5] 高峰, 王辉, 王凡, 等. 国际海洋科学技术未来战略部署[J]. 世界科技研究与发展, 2018, 345(2): 4-16.

[6] 高峰, 王金平, 汤天波. 世界主要海洋国家海洋发展战略分析[J]. 世界科技研究与发展, 2009, 31(5): 973-976.

[7] 同济大学海洋科技中心海底观测组. 美国的两大海洋观测系统: OOI 与 IOOS[J]. 地球科学进展, 2011, 26(6): 650-655.

[8] J. Trowbridge, R. Weller, et. al. , The Ocean Observatories Initiative, Frontiers in Marine Science, Vol. 6, Article 74, March, 2019.

[9] 石莉. 美国综合海洋观测系统新发展[J]. 海洋信息, 2006 (2): 30.

[10] J. Snowden, D. Hernandez, et. al. , The U. S. Integrated Ocean Observing System: Governance Milestones and Lessons From Two Decades of Growth, Frontiers in Marine Science, Vol. 6, Article 242, May, 2019.

[11] 罗续业, 李彦. 海王星海底长期观测系统的技术分析[J]. 海洋技术, 2006, 25(3): 15-18.

[12] 陈建冬, 张达, 王潇, 潘筱屹, 王策男, 张自丽, 葛辉良. 海底观测网发展现状及趋势研究[J]. 海洋技术学报, 2019, 38(6): 95-103.

[13] C. Janzen, M. McCammon, T. Weingartner, et al. , Innovative Real-Time Observing Capabilities for Remote Coastal Regions, Frontiers in Marine Science, Vol. 6, Article 176, May, 2019.

[14] 惠绍棠. 关于建立中国海洋观测系统的国家计划——美国制订并实施全国性的海洋立体观测系统计划给我们的启示[J]. 海洋开发与管理, 2001，19(1): 40-45.

[15] 姜晓轶, 潘德炉. 谈谈我国智慧海洋发展的建议[J], 政策规划, 2018, 235(1): 5-10.

[16] B. Howe, B. Arbic, J. Aucan, et al. , SMART Cables for Observing the Global Ocean: Science and Implementation, Frontiers in Marine Science, Vol. 6, Article 424, Aug. , 2019.

[17] G. Smith, R. Allard, M. Babin, et al. , Polar Ocean Observations: A Critical Gap in the Observing System and Its Effect on Environmental Predictions From Hours to a Season, Frontiers in Marine Science, Vol. 6, Article 429, Aug. , 2019.

[18] Y. Fujii, E. Rémy, H. Zuo, et al. , Observing System Evaluation Based on Ocean Data Assimilation and Prediction Systems: On-Going Challenges and a Future Vision for Designing and Supporting Ocean Observational Networks, Frontiers in Marine Science, Vol. 6, Article 417, July, 2019.

[19] 雷小途, 李永平, 于润, 等. 新一代区域海-气-浪耦合台风预报系统[J]. 海洋学报, 2019, 41(6): 127-138.

[20] 唐佑民, 郑飞, 张蕴斐, 等. 高影响海气环境事件预报模式的高分辨率海洋资料同化系统研发[J], 中国基础科学, 2017, 19(5): 50-56.

[21] 黄琰, 李岩, 俞建成, 等. AUV 智能化现状与发展趋势[J]. 机器人, 2020，42(2): 215-231.

[22] A. Levin, B. Bett, A. Gates et al. , Global Observing Needs in the Deep Ocean, Frontiers in Marine Science, Vol. 6, Article 241, May, 2019.

[23] F. Ovidio, A. Pascual, J. Wang et al. , Frontiers in Fine-Scale in situ Studies: Opportunities During the SWOT Fast Sampling Phase, Frontiers in Marine Science, Vol. 6, Article 168, April, 2019.

[24] B. Villas, F. Ardhuin, A. Ayet et al, Integrated Observations of Global Surface Winds, Currents, and Waves: Requirements and Challenges for the Next Decade, Frontiers in Marine Science, Vol. 6, Article 425, July, 2019.

[25] C. Jamet, A. Ibrahim, Z. Ahmad et al., Going Beyond Standard Ocean Color Observations: Lidar and Polarimetry, Frontiers in Marine Science, Vol. 6, Article 251, May, 2019.

[26] 钱洪宝，徐文，张杰，韩鹏. 我国海洋监测高技术发展的回顾与思考[J]. 海洋技术，2015，34(3): 59-63.

[27] E. Armstrong, M. Bourassa, T. Cram et al., An Integrated Data Analytics Platform, Frontiers in Marine Science, Vol. 6, Article 354, Jul, 2019.

[28] E. Lindstrom, J. Gunn, et al., A Framework for Ocean Observing: A Report By the Task Team for an Integrated Framework for Sustained Ocean Observing. Paris: UNESCO. 2012.

[29] T. Moltmann, J. Turton, et al., A Global Ocean Observing System (GOOS), Delivered Through Enhanced Collaboration Across Regions, Communities, and New Technologies, Frontiers in Marine Science, Vol. 6, Article 291, June, 2019.

[30] B. deYoung, M. Visbeck, et al., An Integrated All-Atlantic Ocean Observing System in 2030, Frontiers in Marine Science, Vol. 6, Article 428, July, 2019.

[31] Z. A. Wang, H. Moustahfid, et al., Advancing Observation of Ocean Biogeochemistry, Biology, and Ecosystems With Cost-Effective in situ Sensing Technologies, Frontiers in Marine Science, Vol. 6, Article 519, Sep., 2019.

[32] Y. Fujii, E. Rémy, et al., Observing System Evaluation Based on Ocean Data Assimilation and Prediction Systems: On-Going Challenges and a Future Vision for Designing and Supporting Ocean Observational Networks, Frontiers in Marine Science, Vol. 6, Article 417, July, 2019.

[33] V. Ryabinin, J. Barbière, et al., The UN Decade of Ocean Science for Sustainable Development, Frontiers in Marine Science, Vol. 6, Article 470, July, 2019.

[34] T. Vance, M. Wengren, E. Burger et al., From the Oceans to the Cloud: Opportunities and Challenges for Data, Models, Computation and Workflows, Frontiers in Marine Science, Vol. 6, Article 211, May, 2019.

第10章

[1] 李杰，陈超美. CiteSpace: 科技文本挖掘及可视化[M]. 北京：首都经济贸易大学出版社，2017.

[2] 李天来. 日光温室蔬菜栽培理论与实践[M]. 北京：中国农业出版社，2013.

[3] 齐博. 中国花卉产业国际竞争力研究[D]. 中国农业科学院，2015.

[4] 张真和，马兆红. 我国设施蔬菜产业概况与"十三五"发展重点——中国蔬菜协会副会长张真和访谈录[J]. 中国蔬菜，2017(05): 1-5.

[5] 喻景权，周杰. "十二五"我国设施蔬菜生产和科技进展及其展望[J]. 中国蔬菜，2016(09): 18-30.

[6] 徐昌杰，等. 园艺学多学科交叉研究主要进展、关键科学问题与发展对策[J]. 中国科学基金，2016, 30(04): 298-305.

[7] 刘文革，等. 我国西瓜品种选育研究进展[J]. 中国瓜菜，2016, 29(01): 1-7.

[8] 蒋卫杰，等. 设施园艺发展概况、存在问题与产业发展建议[J]. 中国农业科学，2015, 48(17): 3515-3523.

[9] 秦琳琳，等. 基于物联网的温室智能监控系统设计[J]. 农业机械学报，2015, 46(03): 261-267.

[10] 李萍萍，王纪章. 温室环境信息智能化管理研究进展[J]. 农业机械学报，2014, 45(04): 236-243.

[11] 乔鑫，等. 果树全基因组测序研究进展[J]. 园艺学报，2014, 41(01): 165-177.

[12] 郭世荣，等. 国外设施园艺发展概况、特点及趋势分析[J]. 南京农业大学学报，2012, 35(05): 43-52.

[13] 郭世荣，等. 我国设施园艺概况及发展趋势[J]. 中国蔬菜，2012(18): 1-14.

[14] 袁晓敏, 等. 园艺植物可视化研究进展[J]. 中国农业科技导报, 2011, 13(06): 90-98.

[15] 乔军, 等. 园艺作物果形遗传研究进展[J]. 园艺学报, 2011, 38(07): 1385-1396.

[16] 杨文建, 等. 食用菌营养与保健功能研究进展(综述)[J]. 食药用菌, 2011, 19(01): 15-18.

[17] 杨丽梅, 等. "十一五"我国甘蓝遗传育种研究进展[J]. 中国蔬菜, 2011(02): 1-10.

[18] 喻景权. "十一五"我国设施蔬菜生产和科技进展及其展望[J]. 中国蔬菜, 2011(02): 11-23.

[19] 李秀根, 等. 我国近30a梨育种研究进展与今后工作建议[J]. 果树学报, 2010, 27(06): 987-994.

[20] 李长田, 等. 中国食用菌工厂化的现状与展望[J]. 菌物研究, 2019, 17(01): 1-10+2.

[21] 李玉. 中国食用菌产业发展现状、机遇和挑战—走中国特色菇业发展之路, 实现食用菌产业强国之梦[J]. 菌物研究, 2018, 16(03): 125-131.

[22] 李平, 等. 东亚国家食用菌贸易态势及竞争力分析—以中日韩为例[J]. 中国食用菌, 2018, 37(06): 72-78.

第11章

[1] 何方. 现代经济林解读[J]. 经济林研究, 2008(02): 93-96.

[2] Sorrenti S. Non-wood forest products in international statistical systems[C]. Non-wood Forest Products Series No. 22. Rome, FAO. 2017.

[3] 伊文芝. 经济林产业现代化发展策略探析[J]. 防护林科技, 2017(4): 75-76.

[4] 谭晓风, 马履一, 李芳东, 等. 我国木本粮油产业发展战略研究[J]. 经济林研究, 2012(1): 1-5.

[5] Shanley P, Pierce A, Laird S, et al. Beyond timber: certification of non-timber forest products[M]. 2008.

[6] 胡芳名, 谭晓风, 裴东, e 等. 我国经济林学科进展[J]. 经济林研究, 2010, 28(1): 1-8.

[7] https://www.fs.usda.gov/, 2019年7月24日

[8] Chamberlain J L, Emery M R, Patel-Weynand T. Assessment of non-timber forest products in the United States under changing conditions. General Technical Report SRS-GTR-232. USDA Forest Service, Southern Research Station . 2018.

[9] Ingram V, Ndoye O, Iponga D M, et al. Non-timber forest products: contribution to national economy and strategies for sustainable management[M]. 2012.

[10] Ghosal S. The Significance of the Non-Timber Forest Products Policy for Forest Ecology Management: A Case Study in West Bengal, India[J]. Environmental Policy and Governance, 2014, 24(2): 108-121.

[11] 陈建华, 吕芳德, 谷战英, 等. 我国现代经济林产业体系建设的成就[J]. 经济林研究, 2010, 28(3): 56-61.

[12] 何方. 建国五十年来经济林建设成就及发展战略——庆祝中华人民共和国成立五十周年[J]. 经济林研究, 1999(03): 3-8+1.

[13] 胡芳名, 谭晓风, 裴东, 等. 我国经济林学科发展报告[C] 第二届中国林业学术大会——S9 木本粮油产业化. 2009.

[14] 谭晓风, 李新岗, 李建安, 等. 经济林学科方向预测及其技术路线图[J]. 中南林业科技大学学报, 2020, 40(01): 1-8.

第12章

[1] 邵磊. 保卫国家安全铸就国家反恐铜墙铁壁[N]. 人民公安报, 2019-09-22.

[2] 陈钰. 试论美国反恐新战略[D]. 苏州: 苏州大学, 2007.

[3] Ramraj VV, Hor M, Roach K, et al. 全球反恐立法与政策[M]. 杜邈, 等译. 北京: 中国政法大学出版社, 2016.

[4] 张勤. 数据治理视角下的信息型网络恐怖主义防控[D]. 杭州: 浙江大学, 2018.

[5] 李光钰. 恐怖主义的宗教因素分析[J]. 山东省青年管理干部学院学报, 2008, 6: 133-136.

[6] 张楠. 联合国全球反恐战略及其重要意义[N]. 人民日报, 2018-10-15, 11.
[7] 王逸群. 论当代中东极端主义的特点及发展趋势[J]. 大庆师范学院学报, 2019, 5: 91-99.
[8] 外交部发言人洪磊就美国国务院对中国《反恐怖主义法》草案表示关切等问题答记者问[J]. 中国应急管理, 2015, 12: 34.
[9] 徐振荣. 国际反对恐怖主义策略研究[D]. 青岛: 青岛大学, 2006.

第13章

[1] 丁晶晶, 刘吴瑕, 徐仲卿. 慢性病管理现状[J]. 中国临床保健杂志, 2019, 22（4）: 439-442.
[2] 北京智言咨询. 2018—2024年中国养老产业市场专项调研及投资前景分析报告[R]. 智研咨询集团, 2018.
[3] 唐星月, 张清. 国内外慢性病管理模式的比较研究[J]. 中国全科医学, 2017, 20(9): 1025-1030.
[4] 本刊编辑部. "重大新药创制"国家科技重大专项实施正式启动[J]. 中国药科大学学报, 2009, 3（40）: 268.
[5] Graul A I, Piña P, Cruces E, Stringer M. 2016年全球新药研发报告—第一部分: 新药和生物制品(III)[J]. 药学进展, 2017, 41(07): 549-555.
[6] 王一然, 王奇金. 慢性病防治的重点和难点:《中国防治慢性病中长期规划(2017——2025年)》解读[J]. 第二军医大学学报, 2017, 7（38）: 828-831.
[7] 孙殿军, 孙长颢, 张凤民, 丛斌, 乔杰, 高彦辉, 张勇, 吴立军, 金焰, 赵世光, 申宝忠, 高旭, 李霞, 田野, 牛玉梅, 赵丽军, 李冬梅, 徐建国, 杨宝峰. 中国工程科技医药卫生与人口健康领域2035技术预见研究[J]. 中国工程科学, 2017, 1（19）: 96-102.
[8] 李绍奎, 杨金侠, 李霞. 胡志构建我国慢性病防治体系的思考[J]. 现代预防医学, 2008, 3（35）: 890-891.
[9] 孔灵芝. 关于当前我国慢性病防治工作的思考[J]. 中国卫生政策研究, 2012, 1（5）: 2-5.
[10] 马晨, 刘晓迪, 修璟威, 崔庆霞, 王在翔, 吴炳义. 我国慢性病防治体系的发展与现状[J]. 职业与健康, 2018, 08（34）: 1136-1139.

第14章

[1] 卫生部. "健康中国2020"战略研究报告[EB/OL]. 2012年8月17日, 见 http://www.gov.cn/gzdt/2012-08/17/content_2205978.htm.
[2] 中共中央 国务院印发的《"健康中国2030"规划纲要》[EB/OL]. 2016年10月25日, 见 http://www.gov.cn/zhengce/2016-10/25/content_5124174.htm.
[3] 科技部办公厅关于印发"十三五"医疗器械科技创新专项规划》的通知[EB/OL]. 2017年5月14日, 见 http://www.most.gov.cn/mostinfo/xinxifenlei/fgzc/gfxwj/gfxwj2017/201706/t20170614_133530.htm.
[4] 科技部, 国家卫生计生委, 国家体育总局, 国家食品药品监管总局, 国家中医药管理局, 中央军委后勤保障部. 关于印发《"十三五"卫生与健康科技创新专项规划》的通知[EB/OL]. 2017年5月31日, 见 http://www.most.gov.cn/tztg/201706/t20170613_133484.htm.
[5] 国家中长期科学和技术发展规划纲要（2006—2020年）[EB/OL]. 2006年2月9日, 见 http://www.gov.cn/gongbao/content/2006/content_240244.htm.
[6] 林忠钦, 奚立峰, 蒋家东, 等. 中国制造业质量与品牌发展战略研究[J], 中国工程科学, 2017, 19(3): 20-28.
[7] 中共中央 国务院印发的《国家创新驱动发展战略纲要》[EB/OL]. 2016年5月19日, 见 http://www.gov.cn/zhengce/2016-05/19/content_5074812.htm.
[8] 中国药品监督管理研究会. 中国医疗器械行业发展报告（2017）[M]. 北京: 社会科学文献出版社. 2017.

[9] The Joint United Nations Programme on HIV/AIDS (UNAIDS). Knowledge is power[EB/OL]，2018-11-22. https://www.unaids.org/en/resources/presscentre/pressreleaseandstatementarchive/2018/november/20181122_WADreport_PR.

[10] 中华人民共和国国家卫生和计划生育委员会. 中国疾病预防控制工作进展（2015 年）[J]. 首都公共卫生, 2015, 9(3): 97-101.

[11] 卫生部等 15 部门关于印发《中国慢性病防治工作规划(2012—2015 年)》的通知[EB/OL]. 2012 年 5 月 8 日, https://law.lawtime.cn/d688449693543.html.

[12] 国务院办公厅. 国务院办公厅关于印发中国防治慢性病中长期规划（2017—2025 年）的通知[EB/OL]. 2017-2-14. http://www.gov.cn/zhengce/content/2017-02/14/content_5167886.htm.

[13] 卫生部. 中国出生缺陷防治报告（2012）[R]. 2012-9-4.

[14] 前瞻产业研究院.中国康复医疗行业发展前景与投资预测分析[EB/OL]. 2018 年 6 月 7 日, 见 https://www.sohu.com/a/234483740_99900352.

第 15 章

[1] Wang S, Hao J. Air quality management in China: Issues, challenges, and options. Journal of Environmental Sciences, 2012, 24(1): 2-13.

[2] 郝吉明, 程真, 王书肖. 我国大气环境污染现状及防治措施研究. 环境保护, 2012 (9): 16-20.

[3] Zhang Q, He K, Huo H. Policy: cleaning China's air. Nature, 2012, 484(7393): 161.

[4] Huang R J, Zhang Y, Bozzetti C, et al. High secondary aerosol contribution to particulate pollution during haze events in China. Nature, 2014, 514(7521): 218-222.

[5] 中华人民共和国生态环境部. 2013 年《中国环境状况公报》, 2014.

[6] 中华人民共和国生态环境部. 2016 年《中国环境状况公报》, 2017.

[7] 夏怀祥. 选择性催化还原法（SCR）烟气脱硝. 北京: 中国电力出版, 2012.

[8] 李俊华, 杨恂, 常化振. 烟气催化脱硝关键技术研发及应用. 北京: 科学出版社, 2012.

[9] 席劲瑛, 王灿, 武俊良, 工业源挥发性有机物（VOCs）排放特征与控制技术. 北京: 中国环境出版社, 2014.

[10] 宁淼, 刘杰、邵霞, 张鑫, 杨金田, 雷宇, 工业涂装污染源挥发性有机物排放特征及防治对策. 北京: 中国环境出版社, 2018.

[11] 李守信, 苏建华, 马德刚, 挥发性有机物污染控制工程. 北京: 化学工业出版社, 2017

[12] 李培, 王新, 柴发合, 王淑兰, 我国城市大气污染控制综合管理对策. 环境与可持续发展 2011, (5), 8-14.